高职高专『十三五』规划教材

钢结构工程施工

国家示范性高职院校重点建设专业精品规划教材（土建大类）

国家高职高专土建大类高技能应用型人才培养解决方案

主 编／颜功兴

GANGJIEGOU

GONGCHENG SHIGONG

U0160628

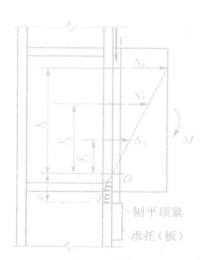

侧平顶紧

承托（板）

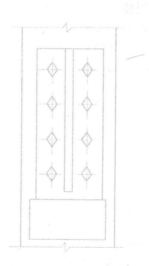

天津大学出版社

TIANJIN UNIVERSITY PRESS

图书在版编目(CIP)数据

钢结构工程施工 / 颜功兴主编. — 天津 : 天津大
学出版社, 2020.6(2021.1 重印)
  高职高专"十三五"规划教材　国家示范性高职院校
重点建设专业精品规划教材. 土建大类　国家高职高专土
建大类高技能应用型人才培养解决方案
  ISBN 978-7-5618-6695-5

  Ⅰ.①钢… Ⅱ.①颜… Ⅲ.①钢结构－工程施工－高
等职业教育－教材 Ⅳ.①TU758.11

  中国版本图书馆CIP数据核字(2020)第108539号

出版发行	天津大学出版社	
地　　址	天津市卫津路92号天津大学内（邮编:300072）	
电　　话	发行部:022-27403647	
网　　址	www.tjupress.com.cn	
印　　刷	北京盛通商印快线网络科技有限公司	
经　　销	全国各地新华书店	
开　　本	185mm×260mm	
印　　张	18.25	
字　　数	462千	
版　　次	2020年6月第1版	
印　　次	2021年1月第2次	
定　　价	67.00元	

前　　言

在我国,钢结构工程在 21 世纪进入了一个崭新的发展时期,钢材产量逐年提高,以此为基础的钢结构成为建筑业发展的重要支柱之一。为了满足相应的生产需要,达到培养技能型紧缺人才的目标,编者编写了本书。

本书以提高读者的职业实践能力和职业素质为宗旨,以钢结构设计原理,钢结构加工、制造及安装为主线,简要讲述了建筑钢材、钢结构的连接、钢结构构件及钢结构构造,旨在使读者掌握钢结构的基本知识点,着重了解钢结构的制作和安装,其中包括钢结构施工图识读、钢结构加工制作、钢结构安装、钢结构验收等,使读者系统地掌握钢结构制作工艺、钢结构安装方法及基本要领。

在编写本书的过程中,编者针对高等职业院校建筑工程专业学生今后主要从事建筑施工工作的特点,以建筑基础理论为基础,在基本理论部分重点介绍概念,公式推导简明扼要。本书联系工程实际,突出钢结构加工、制造及安装的方法,以培养学生识读图样、理解设计意图、处理施工问题的能力。

编者编写本书时参考了部分国内外教材、内部资料、论文等,在此特向有关参考文献的作者表示诚挚的感谢。

由于编者实践经验不足,理论水平有限,加之时间仓促,书中难免存在不妥之处,恳请广大读者批评、指正。

编者

2020 年 6 月

目　录

1 绪论

【学习目标】

通过本章的学习,学生应了解钢结构的组成、特点、应用范围及发展历程,掌握钢结构的设计原理及方法。

【能力要求】

通过本章的学习,学生能够熟悉钢结构的应用、组成、特点以及钢结构的基本设计原理。

1.1 钢结构的应用与发展

钢结构是用钢材制成的结构。钢结构通常由型钢、钢板或冷加工成型的薄壁型钢等制成的拉杆、压杆、梁、柱和桁架等构件组成,各构件或部件间采用焊缝或螺栓连接。钢结构在土木工程中有着悠久的历史和广泛的应用,目前钢结构在我国的发展迎来了前所未有的机遇,前景广阔。

1.1.1 钢结构的应用范围

钢结构的应用范围与钢材的供应情况密切相关。20 世纪 60—70 年代,我国钢材供应短缺,节约钢材、少用钢材是当时的重要任务,致使钢结构的应用受到很大限制。20 世纪 80 年代以来,钢产量逐年提高,钢材品种不断增加,钢结构的应用范围不断扩大。目前,钢结构常用于大跨、超高、过重、振动、密闭、高耸和轻型等工程结构中,其应用范围如下。

1. 厂房结构

对于单层厂房,钢结构一般用作重型、大型车间(例如,冶金工厂的平炉车间,重型机械厂的铸钢车间、锻压车间等)的承重骨架。单层厂房通常由檩条、天窗架、屋架、托架、柱、吊车梁、制动梁(桁架)、各种支撑及墙架等构件组成。

2. 大跨结构

体育馆、影剧院、大会堂等公共建筑及飞机装配车间或检修库等工业建筑要求有较大的内部自由空间,故屋盖结构的跨度很大,减轻屋盖结构自重成为结构设计的主要问题。这就需要用到材料强度高而质量轻的钢结构。其结构体系主要有框架结构、拱架结构、网架结构、悬索结构和预应力钢结构等。

3. 多层、高层结构

多层、高层建筑多采用钢结构,如旅馆、饭店、公寓等多层及高层楼房。

4. 高耸结构

高耸结构包括塔架结构和桅杆结构,如高压输电线路塔架、广播和电视发射用的塔架和桅杆多采用钢结构。这类结构的特点是高度大和主要承受风荷载,采用钢结构可以减轻自重,方便架设和安装。钢结构因构件截面小而使风荷载大大减小,从而取得了更好的经济效益。

5. 密闭压力容器

钢结构还可用于要求密闭的容器,如大型储液罐、煤气库等要求能承受很大内力的容器。另外,温度急剧变化的高炉结构、大直径高压输油管和煤气管等均采用钢结构。

6. 移动结构

钢结构不仅质量轻,而且可以用螺栓或其他便于拆装的构件来连接,需要搬迁或移动的结构,如流动式展览馆和活动房屋,采用钢结构最适宜。另外,钢结构还可用于水工闸门、桥式吊车和各种塔式起重机、缆绳起重机等。

7. 桥梁结构

钢结构广泛应用于中等跨度和大跨度的桥梁结构中,如武汉长江大桥和南京长江大桥均为钢结构,其建造难度和规模都举世闻名;上海南浦大桥、杨浦大桥均为钢结构斜拉桥。

8. 轻型钢结构

跨度较小、屋面较轻的工业用房和商业用房,常采用冷弯薄壁型钢、小角钢、圆钢等焊接而成。轻型钢结构因具有节省钢材、造价低、供货迅速、安装方便、外形美观、内部空旷等特点,近年来发展迅速。

9. 住宅钢结构

钢结构住宅是以钢结构为骨架配合多种复合材料的轻型墙体拼装而成的,所用材料均为工厂标准化、系列化、批量化生产,它改变了传统住宅和沿用已久的钢筋混凝土、砖、瓦、灰、砂、石的现场作业模式。《关于推进住宅产业现代化提高住宅质量的若干意见》(国办发〔1999〕72号)明确提出:积极开发和推广使用轻钢框架结构及其配套的装配式板材。此后,在北京、上海、天津、新疆、湖南、安徽、山东等地,陆续建成一批钢结构住宅示范试点工程,例如:位于北京金融街的12层板式钢结构住宅金宸国际公寓、上海中福花苑钢结构住宅等。

1.1.2　钢结构的发展历程

钢结构是由生铁结构逐步发展起来的。中国是最早用铁制造承重结构的国家。远在秦始皇时代(公元前200多年),我国就有了用铁建造的桥墩。

20世纪二三十年代,我国工程技术人员在金属结构方面就已取得了卓越的成就,例如1927年建成的沈阳皇姑屯机车厂钢结构厂房、1928—1931年建成的广州中山纪念堂圆屋顶、1934—1937年建成的杭州钱塘江大桥等。

20世纪50年代后,钢结构的设计、制造、安装水平有了很大提高,我国陆续建成了大量钢结构工程,有些在规模和技术上已达到世界先进水平,例如:采用大跨度网架结构的首都体育馆、上海体育馆、深圳体育馆,采用大跨度三角拱结构的西安秦始皇陵兵马俑陈列馆,采用悬索结构的北京工人体育馆、浙江体育馆，采用高耸结构的广州广播电视塔（高 200 m）、上海东方明珠广播电视塔（高 420 m），采用板壳结构、有效容积达 54 000 m³ 的湿式储气柜等。

高层建筑钢结构近年来如雨后春笋般拔地而起，发展迅速。我国 20 世纪 80 年代建成的 11 幢钢结构高层建筑中最高的为 208 m，90 年代以来建造或设计的钢结构高层建筑中最高的已超过 400 m。

人们最先了解的大跨度空间钢结构是网架结构，其发展速度较快，计算方法也比较成熟，国内有许多专用网架计算和绘图程序，这是其迅速发展的重要原因。悬索及斜拉结构、膜和索膜结构在国内应用也较多，主要用于体育馆、车站等大空间公共建筑。其他大跨度空间钢结构还包括立体桁架、预应力拱结构、弓式结构、悬吊结构、索杆杂交结构、索穹顶结构等，在全国各地均有应用实例。

轻型钢结构近 10 年来发展最快，在美国轻型钢结构投资占非住宅建筑投资的 50% 以上。这种结构工业化、商品化程度高，施工速度快，综合效益高，市场需求量很大，已引起我国结构设计人员的注意。轻型钢结构住宅的研究开发已在我国各地试点，这是轻型钢结构发展的一个重要方向，目前已经有多种低层、多层和高层的设计方案和实例。因其可做到大跨度、大空间并具有分隔使用灵活、施工速度快、抗震有利等特点，必将对我国传统的住宅结构模式产生较大冲击。

尽管我国钢结构产业有了可喜的进步，但是发展力度还远远不够。表现如下：一是世界各国建筑业都是钢材的主要用户之一，工业发达国家在其建筑业增长时期的基本建设用钢量一般占钢材总量的 30% 以上，而我国 2014 年的建筑用钢量只有 22%~26%。与国外相比，我国基本建设用钢量较少的原因主要在于我国房屋结构的用钢量较少。二是虽然行业管理部门和社会各界都在强调发展钢结构建筑，但由于多年以来钢结构的发展较钢筋混凝土结构慢，人们对钢结构还不太熟悉，对钢结构建筑多方面的优越性认识不够，一些工程还不能采用最优方案的钢结构体系，人们的观念有待转变。三是钢结构正在逐步改变着传统的建筑设计理念，这需要结构设计人员不断学习钢结构设计知识和先进的设计经验，突破传统结构设计思想的约束，以不断适应新形势的要求。

尽管目前还存在着种种不尽如人意或有待提高的方面，但钢结构的发展潜力巨大，前景广阔。我国 40 多年来的改革开放和经济发展，已经为钢结构体系的应用创造了极为有利的发展环境。首先，从发展钢结构的主要物质基础来看，自 1996 年开始，我国钢材总产量就已超过 1 亿吨，2019 年我国钢产量 12.05 亿吨，居世界首位，这个数字史无前例，已达到几个发达国家钢产量的总和，而且随着钢材产量和质量持续提高，其价格正在逐步下降，钢结构的造价相应有了较大幅度的降低。与之相对应的是，与钢结构配套的新型建材也得到了迅速发展。其次，从发展钢结构的技术基础来看，普通钢结构、薄壁轻型钢结构、高层民用建筑钢结构、门式刚架轻型房屋钢结构、网架结构、压型钢板结构、钢结构焊接和高强度螺栓连接、钢与混凝土组合楼盖、钢管混凝土结构及钢骨（型钢）混凝土结构等方面的设计、施工、验收规范、规程及行业标准已发行 20 余种。有关钢结构的规范、规程的不断完善为钢结构体系的应用奠定了必要的技术基础，为设计提供了依据。最后，从发展钢结构的人才素质来看，目前，专业钢结构设计人员已经形成一定的规模，而且他们的专业素质在实践中不断得到提高。随着计算机在工程设计中普遍应用,国内外钢结构设计软件发展迅速,功能日臻完善,为设计人员完成结构分析设计和施工图绘制提供了极大的便利条件。

随着社会分工不断细化,钢结构设计必将走向专业化发展的道路。专业钢结构设计可弥补由于不熟悉钢结构形式而无法优化结构设计方案的缺陷。

1.2 钢结构的组成和特点

1.2.1 钢结构的组成

钢结构在建筑工程中有着广泛的应用。由于使用功能及结构组成方式不同,钢结构种类繁多,形式各异。钢结构尽管用途、形式各不相同,但它们都是由钢板和型钢经过加工、组合、连接制成的,如将拉杆(有时还包括钢索)、压杆、梁、柱及桁架等基本构件按一定方式通过焊接和螺栓连接组成结构,以满足使用要求。

下面结合单层房屋和多层房屋对如何按一定方式将基本构件组成能满足各种使用功能要求的钢结构作简要说明。

单层房屋钢结构的特点是主要承受重力荷载,水平荷载风力及吊车制动力等一般属于次要荷载。对于这类结构,一般的做法是形成一系列竖向的平面承重结构,并用纵向构件和支撑构件把它们连成空间整体,这些构件同时也起到承受和传递纵向水平荷载的作用。图 1-1 所示是单层房屋钢结构组成示意图,图中屋盖桁架和柱组成系列的平面承重结构(图 1-1(a))。这些平面承重结构又用纵向构件和各种支撑(如图 1-1(b)中所示的上弦横向支撑、垂直支撑及柱间支撑等)连成一个空间整体(图 1-1(b)),以保证整个结构在空间各个方向都成为一个几何不变体系。除此之外,还可以由实腹梁和柱组成框架或拱。框架和拱可以做成三铰、二铰或无铰,跨度大的还可以用桁架拱。

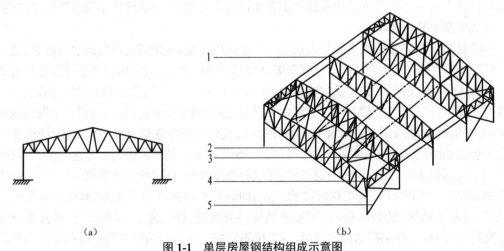

（a）　　　　　　　　　　　　　（b）

图 1-1　单层房屋钢结构组成示意图

（a）平面承重结构;（b）空间整体

1—纵向构件;2—屋架;3—上弦横向支撑;4—垂直支撑;5—柱间支撑

上述结构属于平面结构体系,其特点是结构由承重体系与附加构件两部分组成,其中承重体系是一系列相互平行的平面结构,结构平面内的垂直和横向水平荷载由它承担,并在该结构平面内传递到基础。附加构件(纵向构件及支撑)的作用是将各个平面结构连成整体,同时承受结构平面外的纵向水平力。当建筑物的长度和宽度接近或平面呈圆形时,如果将各个承重构件组成空间几何不变体系并省去附加构件,受力就更为合理。图 1-2 所示为平板网架屋盖结构,它由倒置的四角锥体组成,锥底的四边为网架的上弦杆,锥棱为腹杆,连接各锥顶的杆件为下弦杆。屋架的荷载沿两个方向传到四边的柱上,再传至基础,形成一种空间传力体系。因此,这种结构体系也称为空间结构体系。这个平板网架中,所有构件都是主要承重体系的部件,没有附加构件,因此内力分布合理,能节省钢材。

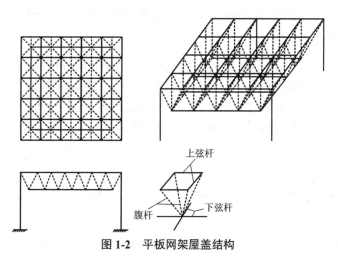

图 1-2 平板网架屋盖结构

多层房屋钢结构的特点是房屋高度越大,水平风荷载(以及地震荷载)所起的作用越大。一般多层钢结构房屋的体系主要有:框架体系,即由梁和柱组成多层多跨框架,如图 1-3(a)所示;带刚性加强层的结构,即在两列柱之间设置斜撑,形成竖向悬臂桁架,以承受更大的水平荷载,如图 1-3(b)所示;悬挂结构体系,即利用房屋中心的内筒承受全部重力和水平荷载,筒顶有悬伸的桁架,楼板用高强钢材制成的拉杆挂在桁架上,如图 1-3(c)所示。

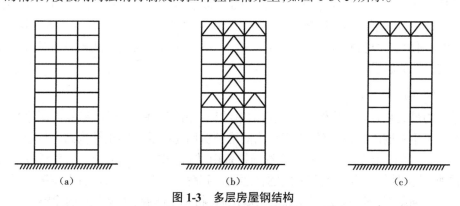

图 1-3 多层房屋钢结构

(a)框架体系;(b)带刚性加强层的结构;(c)悬挂结构体系

通过以上对房屋钢结构组成的简要分析可以发现,在满足结构使用功能要求的同时,结构必须形成空间整体(几何不变体系),才能有效而经济地承受荷载,具有较高的强度、稳定性和刚度;如果主要承重构件本身已经形成空间整体,不需要附加支撑,则可以形成十分有效的结构方案。结构方案的适宜性与施工及材料供应条件也有很大关系,应加以考虑。

本节仅对单层及多层房屋的钢结构组成作了简单介绍,其他结构,如桥梁、塔架等同样也应遵循这些原则,同时应看到,随着工程技术的不断发展,对结构组成规律的研究不断深入,将会创造和开发出更多的新型结构体系。

1.2.2　钢结构的特点

钢结构在工程中得到广泛应用和发展,是由于钢结构与其他结构相比有以下特点。

1. 轻质高强,质地均匀

钢材与混凝土、木材相比,虽然质量密度较大,但其屈服点较混凝土和木材要高得多,其质量密度与屈服点的比值相对较低。在承载力相同的条件下,钢结构与钢筋混凝土结构、木结构相比构件较小,质量较轻,便于运输和安装。钢材质地均匀,各向同性,弹性模量大,有良好的塑性和韧性,为理想的弹塑性体,完全符合目前所采用的钢结构计算方法和基本理论。

2. 生产、安装工业化程度高,施工周期短

钢结构生产具备成批大件生产和高度准确性等特点,可以采用工厂制作、工地安装的施工方法,所以其生产作业面多,可缩短施工周期,进而为降低造价、提高效益创造条件。

3. 密闭性能好

钢材的组织非常致密,当采用焊接连接、螺栓连接时都可以做到完全密封不渗漏。因此,一些要求气密性和水密性好的高压容器、大型油库、气柜、管道等板壳结构都采用钢结构。

4. 抗震及抗动力荷载性能好

钢结构因自重轻、质地均匀,具有较好的延性,因而抗震及抗动力荷载性能好。

5. 耐热性好,但防火性差

钢的性质在250 ℃以下变化很小,达到300 ℃以上时,强度逐渐下降,达到450~650 ℃时,强度降为零。因此,钢结构可用于温度不高于250 ℃的场合。在自身有特殊防火要求的建筑中,钢结构必须用耐火材料予以保护。当防火设计不当或防火层处于破坏的状况时,钢结构有可能产生灾难性的后果。

6. 抗腐蚀性较差

钢结构的最大缺点是易腐蚀。新建造的钢结构一般都需仔细除锈、镀锌或刷涂料,以后每隔一定时间要重新刷涂料,这就使得钢结构的维护费用比钢筋混凝土结构高。目前,国内外正在发展不易锈蚀的耐候钢,其可大量节省维护费用,但尚未被广泛采用。随着科技的发展,钢结构易锈蚀、防火性能比混凝土差的问题将逐渐得到解决。一方面从钢材本身解决,如采用耐候钢和耐火高强度钢;另一方面采用高效防腐涂料,特别是防腐、防火合一的涂料。

1.3 钢结构的基本设计原理

1.3.1 结构设计的目的

结构设计的目的是使所设计的结构做到技术先进、经济合理、安全适用和确保质量。也就是说,力求以最经济的方法,使所建造的结构以适当的可靠度满足下列各项基本功能。

1. 安全性

结构能承受正常施工和正常使用时可能出现的各种作用,包括荷载、温度变化、基础不均匀沉降及地震作用等;在偶然事件发生时及发生后仍能保持必需的整体稳定性,不致倒塌。

2. 适用性

结构在正常使用时,应具有良好的工作性能,满足预定的使用要求,如不发生影响正常使用的过大变形、振动等。

3. 耐久性

结构在正常维护下,随时间变化仍能满足预定的功能要求,如不发生严重锈蚀而影响结构的使用寿命等。

上述功能要求可概括为结构的可靠性。结构的可靠性与结构的经济性经常是相互矛盾的,科学的设计方法是使结构的可靠性与经济性达到合理的平衡,力求以最经济的途径、适当的可靠度达到结构设计的目的。

1.3.2 钢结构的设计思想

钢结构设计是在以下设计思想的指导下进行的。

(1)钢结构在运输、安装和使用过程中应有足够的强度、刚度和稳定性,整个结构必须安全可靠。

(2)应从实际工程出发,合理选用材料、结构方案和构造措施,符合建筑物的使用要求。

(3)尽可能地缩短制造、安装时间,节约劳动量。

(4)尽可能地节约钢材。

(5)结构要便于运输、维护。

(6)在可能的条件下,注意美观。

1.3.3 钢结构的设计方法

钢结构的设计过程:根据建筑布局确定结构方案→荷载计算→内力分析→选定材料及规格→构件及连接验算。

精确计算要求上述每步都要很准确,但事实上这是很困难的。其主要问题在于:计算模型与实际结构有一定的差距,计算尺寸与实际尺寸有一定的差距,计算荷载与实际荷载有一定的差距。此外,材料性能、施工质量等因素的变化也很复杂。我国钢结构的计算方法近 60 年来发生了 4 次变化。

1. 总安全系数的容许应力计算方法

1957 年以前采用这种方法。该方法主要是把钢材可以使用的最大强度除以一个笼统的安全系数,作为结构设计计算时构件容许达到的最大应力,简称容许应力法。此法最大的优点是简单、明确,但是其安全系数主要由经验确定且单一(对不同类型荷载情况下的结构都采用同一个安全系数),从可靠度观点看不够合理、准确,不能保证所设计的各种结构具有比较一致的可靠度水平。

2. 三个系数的极限状态计算方法

三个系数的极限状态计算方法是 1957—1974 年使用的方法,主要是根据结构的使用要求,在结构中规定两种使用极限状态,即承载能力极限状态和变形极限状态。同时,引入三个系数,即以超载系数 K_1' 考虑荷载可能的变动,以材料均质系数 K_2' 考虑材料性质的不一致性,以工作条件系数 K_3' 考虑结构及构件的工作特点以及某些设定的计算简图与实际情况不完全相符等因素。这种方法的优点是比较细致,特别是荷载与材料强度的取值分别部分地考虑了概率原则,缺点是某些系数的确定有时缺乏客观依据和科学方法。

3. 单一设计安全系数的容许应力计算方法

1974—1988 年采用单一设计安全系数的容许应力计算方法。它以结构的极限状态(强度、稳定、疲劳、变形)为依据,对影响结构安全度的诸因素进行数理统计,并结合工程实践经验进行分析。其实质是半概率、半经验的极限状态计算方法。这种方法对结构可靠性的处理较之前有所改进。

4. 以概率论为基础的一次二阶矩极限状态设计法

这是目前钢结构设计规范所采用的方法。其引入了可靠性设计理论,把影响结构或构件可靠性的各种因素都视为独立的随机变量,根据统计分析确定失效概率来量度结构或构件的可靠性。整个结构或结构的某一部分超过某一特定状态就不能满足设计规定的某一功能要求,此特定的状态称为该功能的极限状态。结构的极限状态可分为以下两类。

1)承载能力极限状态

这种极限状态对应结构或构件达到最大承载能力或不适宜继续承载的变形。这里有两个极限准则:一个是最大承载能力;另一个是不适宜继续承载的变形。对于钢结构来说,两个极限准则都采用,且第二个准则主要应用于钢结构。

2)正常使用极限状态

这种极限状态对应结构或构件达到正常使用或耐久性能的某项规定限值。对钢结构来说,主要是控制构件的刚度,避免出现影响正常使用的过大变形或在动力作用下的较大振动。

按极限状态方法设计钢结构时,结构或构件的极限状态方程可表达为

$$Z = g(X_1, X_2, \cdots, X_n) = 0 \tag{1-1}$$

式中　$X_1, X_2, \cdots, X_n$——影响结构或构件可靠性的随机变量,如材料的抗力、几何参数和各种

作用产生的效应,各种作用包括恒荷载、活荷载、地震、温度变化及支座沉陷等;

$Z=g(X_1,X_2,\cdots,X_n)$——结构的功能函数。

将各因素概括为两个基本变量S、R,则结构的功能函数为

$$Z=g(S,R)=R-S \tag{1-2}$$

式中　S——各种作用对结构或构件产生的效应;

　　　R——结构或构件的抗力。

S与R之间存在下列关系:

$$\begin{cases} R>S \\ R<S \\ R=S \end{cases} \tag{1-3}$$

即有可能出现$S>R$(结构失效)的情况,也就是说结构设计存在风险,不能保证绝对安全。但是,只要存在的风险很小,或者说$S>R$的概率(失效概率)很小,小到人们可以接受的程度,就说这一结构的安全性是被认可的。因此,对结构的安全保证,只能是一定概率的保证,而这一概率当然不是百分之百,在此基础上的计算方法称为概率法。因此,概率法的实质是考虑"$Z=R-S<0$"这一事件的概率。结构或构件的失效概率为

$$p_f=g(R-S)<0 \tag{1-4}$$

设R和S的概率统计值服从正态分布,可分别算出它们的平均值μ_R、μ_S和标准差σ_R、σ_S,则极限状态函数$Z=R-S$也服从正态分布,它的平均值和标准差分别为

$$\mu_Z=\mu_R-\mu_S \qquad \sigma_Z=\sqrt{\sigma_R^2+\sigma_S^2} \tag{1-5}$$

图1-4表示极限状态函数$Z=R-S$的正态分布。图中由$-\infty$到0的阴影面积表示$R-S<0$的概率,即失效概率p_f,需采用积分法求得。由图可见,Z的标准差σ_Z与平均值μ_Z之间存在下列关系:

$$\mu_Z=\beta\sigma_Z \tag{1-6}$$

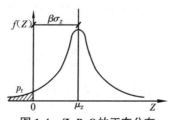

图1-4　$Z=R-S$的正态分布

即由$Z=0$到平均值μ_Z的距离等于$\beta\sigma_Z$。只要分布一定,p_f与β就有一一对应的关系。β愈大,p_f就愈小;β愈小,p_f就愈大,这就说明β值完全可以作为衡量结构可靠度的一个数量指标。我们把β称为可靠指标,由下式计算:

$$\beta=\frac{\mu_Z}{\sigma_Z}=\frac{\mu_R-\mu_S}{\sqrt{\sigma_R^2+\sigma_S^2}} \tag{1-7}$$

由于 R 和 S 的实际分布规律相当复杂,我们采用了典型的正态分布,因而算得的 β 和 p_f 值是近似的,故称为近似概率极限状态设计法。在推导 β 的计算公式时,只采用了 R 和 S 的二阶中心矩,同时作了线性化的近似处理,故该方法又称为"一次二阶矩法"。

有了结构或构件的失效概率 p_f 或可靠指标作为结构可靠度的定量尺度后,就可以真正从数量上对结构可靠度进行对比分析了。但是如何选择一个结构最优的失效概率或者可靠指标,以达到结构可靠度与经济的最佳平衡呢? 因为找不到一种合理的定量分析方法,所以这是一个难题。目前,很多国家都从实际出发,采用"校准法"。所谓"校准法",就是对按原有使用多年的规范设计的结构,反算其隐含的可靠指标,再结合使用经验和经济等因素来确定新的可靠指标。因为它以长期的工程实践为基础,所以能为人们所接受。

《建筑结构可靠性设计统一标准》(GB 50068—2018)规定,对于承载能力极限状态,结构或构件的可靠指标应根据结构或构件的破坏类型和安全等级按表 1-1 选用。

表 1-1　结构或构件按承载能力极限状态设计时的可靠指标 β 值

破坏类型	安全等级		
	一级	二级	三级
延性破坏	3.7	3.2	2.7
脆性破坏	4.2	3.7	3.2

注:1.民用建筑的安全等级可按有关民用建筑等级标准的规定采用,工业建筑钢结构一般为二级。
　　2. 当有充分依据时,采用的 β 值,可按本表规定作不超过 ± 0.25 幅度的调整。

按照给定的 β 值直接进行设计比较麻烦,而且目前还面临较大困难,主要是因为有些统计参数不易求得,而且此表达式与设计人员以前习惯用的计算方法相差甚远,不易被人们接受。解决的办法是将一次二阶矩法等效地转化为分项系数表达式。

当结构上同时作用多种荷载时,由于这些荷载同时以其标准值(正常情况下的最大值)出现的概率较小,故应对有关标准值进行折减,即乘以小于 1.0 的组合系数,这样才能使该构件所具有的可靠指标与仅有一种可变荷载的情况有最佳的一致性。用分项系数表达的极限状态设计表达式为

$$\gamma_0 \left(\gamma_G S_{G_k} + \gamma_{Q_1} S_{Q_{1k}} + \sum_{i=1}^{n} \psi_{ci} \gamma_{Q_i} S_{Q_{ik}} \right) \leq R \qquad (1-8)$$

式中　γ_0——结构重要性系数,与结构的安全等级相对应,一级为 1.1,二级为 1.0,三级为 0.9;

　　　γ_G——永久荷载分项系数,一般采用 1.2,当永久荷载效应对结构或构件的承载能力有利时,宜采用 1.0;

　　　S_{G_k}——永久荷载标准值的作用效应;

　　　$S_{Q_{1k}}$——第 1 个可变荷载标准值的作用效应;

　　　$S_{Q_{ik}}$——其他第 i 个可变荷载标准值的作用效应;

$\gamma_{Q_1}, \gamma_{Q_i}$——第 1 个和其他第 i 个可变荷载的分项系数,一般情况下可采用 1.4;

ψ_{ci}——其他第 i 个可变荷载的组合系数,当有两种或两种以上可变荷载且其中包括风荷载时,取 $\psi_{ci} = 0.6$,其他情况取 $\psi_{ci} = 1$ 。

$$R = \frac{R_k}{\gamma_R}$$

式中　R_k——抗力的标准值;

　　　γ_R——抗力分项系数。

对于一般的排架、框架结构,由于确定产生最大荷载效应的第 i 个可变荷载的过程较为复杂,为简便计算,可采用下列简化的设计表达式:

$$\gamma_0 \left(\gamma_G S_{G_k} + \psi \sum_{i=1}^{n} \gamma_{Q_i} S_{Q_{ik}} \right) \leq R \qquad (1-9)$$

式中　ψ——简化设计表达式采用的荷载组合系数,当参与组合的可变荷载有两种或两种以上,并有风荷载时,取 $\psi = 0.85$,其他情况取 $\psi = 1.0$ 。

对于正常使用极限状态,应使结构或构件在荷载标准值及组合值作用下产生的变形和裂缝等不超过相应的容许值。根据不同的情况,分别考虑荷载的短期效应组合或长期效应组合。对钢结构,只需考虑短期效应组合,其组合为

$$v_S = v_{G_k} + v_{Q_{1k}} + \sum_{i=1}^{n} \psi_{ci} v_{Q_{ik}} \leq [v] \qquad (1-10)$$

式中　v_{G_k}——永久荷载标准值在结构或构件中产生的变形值;

　　　$v_{Q_{1k}}$——第 1 个可变荷载标准值在结构或构件中产生的变形值(该值大于其他第 i 个可变荷载标准值产生的变形值);

　　　$v_{Q_{ik}}$——其他第 i 个可变荷载标准值在结构或构件中产生的变形值;

　　　$[v]$——结构或构件的容许变形值,按规范规定采用。

有时只需要保证结构或构件在可变荷载作用下产生的变形能够满足正常使用要求,此时,式(1-10)中的 v_{G_k} 可不计入。

【实训任务】

1. 认知钢结构模型

目的:通过钢结构模型的实训学习,掌握钢结构房屋的各部分构件。

能力目标及要求:分组认知钢结构房屋模型,能准确识别钢结构的梁、板、柱、屋架、网架、焊缝、支撑等构件。

步骤提示:

(1)准备典型的钢结构房屋模型,如单层厂房钢结构、多层房屋钢结构、网架结构等;

(2)结合课堂的讲解及课本的图例,熟悉结构模型中各主要构件的名称,初步了解各主要

构件(如梁、柱、屋架、支撑等)在整个结构中的作用,能说出结构的传力途径。

2.现场教学

目的:通过大型钢结构厂房的现场教学,掌握钢结构房屋的各部分构件。

能力目标及要求:参观一大型钢结构厂房,认识钢结构的梁、板、柱、屋架、网架、焊缝、支撑等构件。

步骤提示:

(1)到一大型的钢结构厂房进行实地考察;

(2)在认知模型的基础上,进一步认知钢结构厂房中各主要构件及其在整个结构中的作用;

(3)写一份认知实习报告。

本章小结

(1)钢结构通常由型钢、钢板或冷加工成型的薄壁型钢等制成的拉杆、压杆、梁、柱和桁架等构件组成,各构件或部件间采用焊缝或螺栓连接。为满足结构使用功能要求,结构必须形成空间整体(几何不变体系)才能有效而经济地承受荷载,并具有较高的强度、稳定性和刚度。根据组成方式不同,进行钢结构设计时,有的可按平面结构计算,有的可按空间结构计算。

(2)钢结构的优点是强度高,自重轻,塑性、韧性好,材质均匀,工作可靠,工业化生产程度高,环保性能好,可重复利用,可节约能源,能制成不渗漏的密闭结构,耐热性能好,最适用于跨度大、高耸、重型、受动力荷载的结构。使用轻型钢结构的住宅建筑也具有许多其他住宅不具备的优点。钢结构的缺点是防火性差、易腐蚀。

(3)我国钢结构设计方法采用以概率论为基础、用分项系数表达的极限状态设计法。

(4)钢结构已在建筑工程中发挥着独特且日益重要的作用,从钢结构发展的物质基础、技术基础及人才素质方面来看,钢结构的发展潜力巨大,前景广阔。

【思考题】

1-1 目前我国的钢结构主要应用在哪些方面?钢结构与其他结构相比有哪些优点?

1-2 通过收集和阅读有关钢结构发展的资料,谈谈你自己的看法。

2　材料与连接

【学习目标】

通过本章的学习,学生应掌握钢结构常用钢材的力学性能,化学成分等对钢材性能的影响,建筑钢材的种类、规格及选择方法,焊接、普通螺栓连接、高强度螺栓连接的基本构造及计算方法。

【能力要求】

通过本章的学习,学生应了解对接焊缝和角焊缝连接的形式、构造、质量检验、焊缝符号标注,高强度螺栓连接的构造和计算要点;掌握钢结构钢材的基本要求和主要力学性能(强度、塑性、冷弯试验、韧性、焊接性能),建筑钢材的种类、规格及选择方法,连接材料及油漆、防腐涂料、防火涂料等的基本知识和选择方法,简单焊缝的计算方法,普通螺栓连接的构造,普通螺栓在轴力、弯矩、剪力作用下的计算公式和应用,摩擦型高强度螺栓连接的方法。

2.1　材料

2.1.1　钢材

1. 钢材的力学性能

1）强度和塑性

建筑钢材的强度和塑性一般由常温静载下的单向拉伸试验曲线表示。该试验将钢材的标准试件放在拉伸试验机上,在常温下按规定的加载速度逐渐施加拉力荷载,使试件逐渐伸长,直至拉断破坏,然后根据加载过程中所测得的数据画出其应力－应变曲线(即 $\sigma\text{-}\varepsilon$ 曲线)。

图 2-1 所示是低碳钢在常温静载下的单向拉伸 $\sigma\text{-}\varepsilon$ 曲线。由该曲线可以看出,钢材在单向受拉过程中有下列 5 个阶段。

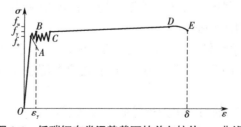

图 2-1　低碳钢在常温静载下的单向拉伸 $\sigma\text{-}\varepsilon$ 曲线

（1）弹性阶段（曲线的 OA 段）。在此阶段应力很小，不超过 A 点对应的应力。这时如果卸载，σ-ε 曲线将沿着原来的曲线下降，至应力为 0 时，应变也为 0，即没有残余的永久变形，这时钢材处于弹性工作阶段，A 点的应力称为钢材的弹性极限 f_e，所发生的变形（应变）称为弹性变形（应变）。该阶段的应变随应力的增加而成比例增长，即应力、应变关系符合胡克定律，直线的斜率 $E = \dfrac{\Delta \sigma}{\Delta \varepsilon}$ 为钢材的弹性模量，《钢结构设计标准》（GB 50017—2017）（以下简称《标准》）取各类建筑钢材的弹性模量 $E = 2.06 \times 10^5 \text{ N/mm}^2$。

（2）弹塑性阶段（曲线的 AB 段）。在这一阶段应力与应变不再保持线性变化而呈曲线关系。弹性模量亦由 A 点处的 $E = 2.06 \times 10^5 \text{ N/mm}^2$ 逐渐下降，至 B 点趋于 0。B 点应力称为钢材的屈服点（或称屈服应力、屈服强度）f_y。这时如果卸载，σ-ε 曲线将从卸载点开始沿着与 OA 平行的方向下降，至应力为 0 时，应变将保持一定数值（$\varepsilon_y = 0.15\%$），该应变称为塑性应变或残余应变。在这一阶段，试件既包括弹性变形（应变），也包括塑性变形（应变），因此 AB 段称为弹塑性阶段。其中，弹性变形在卸载后可以恢复，塑性变形在卸载后仍旧保留，故塑性变形又称为永久变形。

（3）屈服阶段（曲线的 BC 段）。低碳钢在应力达到屈服强度 f_y 后，应力不再增加，应变却可以继续增加，应变由 B 点开始屈服（$\varepsilon_y = 0.15\%$）增加到屈服终点 C（$\varepsilon \approx 2.5\%$）。这一阶段曲线保持水平，故又称为屈服台阶，在这一阶段钢材处于完全塑性状态。对于材料厚度（直径）不大于 16 mm 的 Q235 钢，$f_y \approx 235 \text{ N/mm}^2$。

（4）应变硬化阶段（曲线的 CD 段）。钢材在屈服阶段有很大的塑性变形，达到 C 点以后又恢复继续承载的能力，直到应力达到 D 点的最大值，即抗拉强度 f_u，这一阶段（CD 段）称为应变硬化阶段。

（5）颈缩阶段（曲线的 DE 段）。试件应力达到抗拉强度 f_u 时，试件中部截面变细，出现颈缩现象。随后 σ-ε 曲线下降直到试件被拉断（E 点），曲线的 DE 段称为颈缩阶段。试件拉断后的残余应变称为伸长率 δ。

$$\delta = \frac{L_1 - L_0}{L_0} \times 100\% \tag{2-1}$$

式中　L_0——试件原标距长度；

　　　L_1——试件拉断后的标距长度。

由钢材拉伸试验所得的屈服强度 f_y、抗拉强度 f_u 和伸长率 δ 是钢结构设计对钢材力学性能要求的 3 项重要指标。f_y、f_u 反映钢材强度，其值愈大，钢材的承载能力愈强。钢结构设计中，常把钢材应力达到屈服强度 f_y 作为评价钢结构承载能力（抗拉、抗压、抗弯强度）极限状态的标志，即取 f_y 作为钢材的标准强度。

钢材的伸长率 δ 是反映钢材塑性（或延性）的指标之一。其值愈大，钢材破坏吸收的应变能愈多，塑性愈好。建筑用的钢材不仅要求强度高，还要求塑性好，能够调整局部高应力，提高结构抗脆断的能力。

反映钢材塑性（或延性）的另一个指标是截面收缩率 ψ，其值为试件发生颈缩拉断后，断口处横截面面积（颈缩处最小横截面面积）A_1 与原横截面面积 A_0 的缩减百分比，即

$$\psi = \frac{A_0 - A_1}{A_0} \times 100\% \qquad (2\text{-}2)$$

截面收缩率标志着钢材颈缩区在三向拉应力状态下的最大塑性变形能力，ψ 值愈大，钢材的塑性愈好。

2）冷弯试验

冷弯试验又称为弯曲试验，它是将钢材按原有厚度（直径）做成标准试件，放在图 2-2 所示的冷弯试验机上，用具有一定弯心直径 d 的冲头，在常温下对标准试件中部施加荷载，使之弯曲达 180°，然后检查试件表面，如果不出现裂纹和起层，则认为试件材料冷弯试验合格。

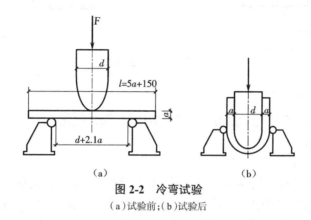

图 2-2　冷弯试验
（a）试验前；（b）试验后

冷弯试验可以检验钢材能否适应构件加工制作过程中的冷作工艺，也可暴露出钢材的内部缺陷（如颗粒组织，结晶状况，夹杂物分布及夹层情况，内部微观裂纹、气泡等）。同时，冷弯试验性能指标也是考查钢材在复杂应力状态下发展塑性变形能力的一项指标。

3）韧性

韧性是指钢材抵抗冲击或振动荷载的能力，其衡量指标称为冲击韧性值。冲击韧性值由冲击试验求得，即用带 V 形缺口的夏比标准试件（截面 10 mm × 10 mm、长 55 mm），在冲击试验机上通过动摆施加冲击荷载，使之断裂（图 2-3），由此测出的试件在冲击荷载作用下发生断裂所吸收的冲击功即为材料的冲击韧性值，用 A_{kv} 表示，单位为 J。A_{kv} 值愈大，表明材料破坏时吸收的能量愈多，其抵抗脆性破坏的能力愈强，韧性愈好。因此，冲击韧性值是衡量钢材强度、塑性及材质的一项综合指标。

4）焊接性能

钢材的焊接性能是指在一定的焊接工艺条件下，获得符合质量要求的焊接接头的性能。焊接过程中要求焊缝及焊缝附近金属不产生热裂纹或冷却收缩裂纹；在使用过程中要求焊缝处的冲击韧性和热影响区内的塑性良好，不低于母材的力学性能。《标准》规定的几种建筑钢材均有良好的焊接性能。

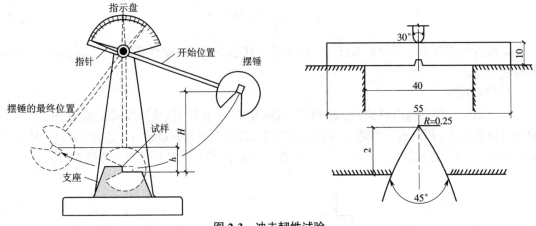

图 2-3　冲击韧性试验

2.影响钢材性能的因素

影响钢材性能的因素有化学成分、钢材制造过程、钢材硬化、复杂应力、应力集中、残余应力、温度变化及疲劳等。

1)化学成分的影响

钢结构主要采用碳素结构钢和低合金结构钢。钢的主要成分是铁(Fe)。碳素结构钢中铁含量占 99% 以上,其余是碳(C)、硅(Si)、锰(Mn)、硫(S)、磷(P)、氧(O)、氮(N)等冶炼过程中留在钢中的其他元素。低合金高强度结构钢中,冶炼时还特意加入少量合金元素,如钒(V)、铜(Cu)、铬(Cr)、钼(Mo)等。这些合金元素通过冶炼工艺以一定的结晶形态存在于钢中,可以改善钢材的性能。表 2-1 分别列出了各种元素对钢材性能的影响。

表 2-1　各种元素对钢材性能的影响

元素名称	在钢材中的应用	对钢材性能的影响
碳(C)	决定强度的重要元素。碳素钢含量应为 0.04%~1.7%,合金钢含量一般在 0.1%~1%	含量增高,强度和硬度增高,塑性和冲击韧性下降,脆性增大,冷弯性能、焊接性能变差
硅(Si)	加入少量硅能提高钢的强度、硬度和弹性,能使钢脱氧,有较好的耐热性、耐酸性。在碳素钢中含量不超过 0.5%,超过限值则成为合金钢中的合金元素	含量超过 1% 时,使钢的塑性和冲击韧性增大,可焊性、抗腐蚀性变差
锰(Mn)	提高钢的强度和硬度,可使钢脱氧去硫,含量在 1% 以下,合金钢中锰含量大于 1% 时即成为合金元素	少量锰可降低钢的脆性、韧性、热加工性和焊接性;含量较高时,会使钢的塑性和韧性下降,脆性增大,焊接性能变差
磷(P)	有害元素,降低钢的塑性和韧性,使钢出现冷脆性,但能使钢的强度显著提高,同时提高抗腐蚀性,含量应限制在 0.05% 以下	含量较高时,在低温下使钢变脆,在高温下使钢缺乏塑性和韧性,焊接及冷弯性能变差;其危害与含碳量有关,在低碳钢中影响较小
硫(S)	有害元素,使钢的热脆性增大,含量应限制在 0.05% 以下	含量高时,钢的焊接性能、韧性和抗腐蚀性将变差;在高温热加工时容易使钢产生断裂,形成热脆性

元素名称	在钢材中的应用	对钢材性能的影响
钒、铌 （V、Nb）	使钢脱氧除气，显著提高强度。合金钢中含量应小于0.5%	少量可提高低温韧性，改善可焊性；含量高时，会降低焊接性能
钛（Ti）	钢的强脱氧剂和除气剂，可显著提高强度，能与碳和氮作用生成碳化钛（TiC）和氮化钛（TiN）。低合金钢中含量为0.06%~0.12%	少量可改善塑性、韧性和焊接性能，降低热敏感性
铜（Cu）	含少量铜对钢不起显著作用，可提高其抗腐蚀性	含量增加到0.25%~0.3%时钢的焊接性能变差；增加到0.4%时，发生热脆现象

2）冶炼、浇注、轧制过程的影响

钢材在冶炼、浇注、轧制过程中常常出现的缺陷有偏析、夹层、裂纹等。偏析是指金属结晶后化学成分分布不均匀。钢材中的夹层是由于钢锭内留有气泡，有时气泡内还有非金属夹渣，当轧制温度及压力不够时，不能使气泡压合，气泡被压扁延伸从而形成了夹层。此外，冶炼过程中残留的气泡、非金属夹渣，或者钢锭冷却收缩，或者轧制工艺不当，还可能导致钢材内部形成细小的裂纹。偏析、夹层、裂纹等缺陷都会使钢材的性能变差。

根据脱氧程度的不同，钢材分为沸腾钢、镇静钢及特殊镇静钢。

沸腾钢是以脱氧能力较弱的锰作为脱氧剂，因此脱氧不够充分，在浇注过程中，有大量气体逸出，钢液表面剧烈沸腾，故称为沸腾钢。沸腾钢注锭时冷却快，钢液中的气体（氧、氮、氢等）来不及逸出，在钢中形成气泡。同时沸腾钢结晶构造粗细不匀，偏析严重，常有夹层，塑性、韧性及可焊性相对较差。

镇静钢所用脱氧剂除锰之外，还有脱氧能力较强的硅，因而脱氧充分，同时脱氧过程中产生很多热量，使钢液冷却缓慢，气体容易逸出，浇注时没有沸腾现象，钢锭模内钢液表面平静，故称为镇静钢。镇静钢结晶构造细密，杂质气泡少，偏析程度低，因而其塑性、冲击韧性及可焊性比沸腾钢好。

特殊镇静钢是在用锰和硅脱氧之后，再加铝或铁补充脱氧，其性能得到明显改善，尤其是可焊性显著提高。

轧制钢材时，在轧机压力作用下，钢材的结晶晶粒会变得更加细密均匀，钢材内部的气泡、裂缝可以得到压合。因此，轧制钢材的性能比铸钢优越。

3）钢材硬化的影响

（1）时效硬化。轧制钢材放置一段时间后，其力学性能会发生变化，强度提高，塑性降低，这种现象称为时效硬化。

（2）冷作硬化（应变硬化）。钢材受荷超过弹性范围以后，若重复地卸载、加载，将使钢材的弹性极限提高，塑性降低，这种现象称为冷作硬化或应变硬化。

4）复杂应力的影响

钢材受二向或三向复杂应力作用时，其屈服应力以折算应力 σ 进行判别。试验表明，复杂应力对钢材性能的影响是：钢材受同号复杂应力作用时，强度提高，塑性降低，性能变脆；钢材受异号复杂应力作用时，强度降低，塑性增加。

5)应力集中的影响

实际钢结构中的构件,常因构造要求有孔洞、缺口、凹槽,或者采用变厚度、变宽度的截面。这类构件由于截面突然改变,使应力线曲折、密集,故在孔洞边缘处或缺口尖端处等局部位置出现应力高峰,其余部分则应力较低,这种现象称为应力集中,如图2-4所示。应力集中导致钢材的塑性降低、脆性增加,使结构发生脆性破坏的危险性增大。

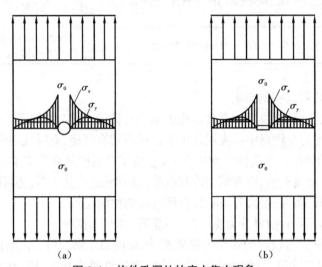

图 2-4 构件孔洞处的应力集中现象

σ_x—沿孔洞截面的纵向应力;σ_y—沿孔洞截面的横向应力

为避免构件截面急剧变化,减小应力集中程度,应采取构造措施来防止钢材脆性破坏。图2-5所示为一双盖板的对接接头,为减少拼接盖板四角的应力集中,将图2-5(a)中的矩形盖板改为八边形盖板,如图2-5(b)所示。

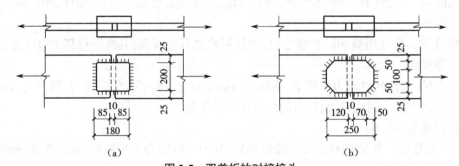

图 2-5 双盖板的对接接头

(a)矩形盖板;(b)八边形盖板

6)残余应力的影响

残余应力是钢材在热轧、焊接时的加热和冷却过程中产生的,先冷却的部分常形成压应力,而后冷却的部分则形成拉应力。钢材中的残余应力是自相平衡的,与外荷载无关,对构件的强度极限状态承载力没有影响,但能降低构件的刚度和稳定性。对钢材进行退火热处理,可以消除一些残余应力。

7)温度变化的影响

从总的趋势来看,随温度升高,钢材强度(包括屈服强度 f_y 和抗拉强度 f_u)及弹性模量降低,但在 200 ℃ 以内钢材的性能变化不大,超过 200 ℃,尤其是在 430~540 ℃,f_y、f_u 急剧下降,到 600 ℃ 时,钢材强度很低,不能继续承载。所以,钢结构是一种不耐火的结构,故《标准》对受高温作用的钢结构根据不同情况所采取的相应措施都有具体的规定。

此外,钢材在 250 ℃ 附近时,f_u 局部提高,f_y 也有回升现象,这时塑性相应降低,钢材性能转脆,由于在此温度下,钢材表面氧化膜呈蓝色,故称这种现象为蓝脆。在蓝脆温度区加工钢材,可能引起裂纹,故应尽量避免在这个温度区进行热加工。

在负温度范围,随温度下降,f_y、f_u 增加,但塑性变形能力、冲击韧性降低,即钢材在低温下性能转脆。钢材低温转脆的情况一般用冲击韧性试验来评定。《标准》要求在低温下工作的结构,尤其是焊接结构,应保证钢材在低温下(如 0 ℃、-20 ℃、-40 ℃)冲击韧性值合格。

8)重复荷载作用(疲劳)的影响

钢材承受重复变化的荷载作用时,材料强度降低,破坏提早,这种现象称为疲劳破坏。疲劳破坏的特点是强度降低、材料转为脆性、破坏突然。

3.建筑钢材的种类、规格与选用

1)建筑钢材的种类

建筑结构用钢的钢种主要是碳素结构钢和低合金钢。在碳素结构钢中,建筑钢材只使用低碳钢(含碳量不大于 0.25%)。低合金钢是在冶炼碳素结构钢时增加一些合金元素炼成的钢,目的是提高钢材的强度、冲击韧性、耐腐蚀性等,但又不使其塑性降低过多。

《碳素结构钢》(GB/T 700—2006)将碳素结构钢按屈服点数值分为 4 个牌号:Q195、Q215、Q235 及 Q275,《标准》中推荐的碳素结构钢是 Q235 钢。《低合金高强度结构钢》(GB/T 1591—2018)将低合金高强度结构钢按屈服点数值分为 5 个牌号:Q295、Q345、Q390、Q420 及 Q460,《标准》推荐的低合金高强度结构钢是 Q345、Q390 及 Q420。

《碳素结构钢》(GB/T 700—2006)中钢材牌号由字母 Q、屈服点数值(单位为 N/mm²)、质量等级代号(A、B、C、D)及脱氧方法代号(F、Z、TZ)4 部分组成。Q 是"屈"字汉语拼音的首字母,质量等级中以 A 级为最差、D 级为最优,F、Z、TZ 则分别是"沸""镇"及"特镇"汉语拼音的首字母,分别代表沸腾钢、镇静钢及特殊镇静钢。其中,代号 Z、TZ 可以省略。Q235 中 A、B 级有沸腾钢、镇静钢,C 级全部为镇静钢,D 级全部为特殊镇静钢。《低合金高强度结构钢》(GB/T 1591—2018)中钢材全部为镇静钢或特殊镇静钢,因此它的牌号由 Q、屈服点数值及质量等级三部分组成,其中质量等级有 A~E 5 个级别。

A 级钢要保证 3 项指标,即屈服强度 f_y、抗拉强度 f_u 和伸长率 δ,冲击韧性不作要求,冷弯试验只在需方有要求时才进行,而 B、C、D 级钢均要求保证屈服强度 f_y、抗拉强度 f_u、伸长率 δ、冷弯试验和冲击韧性(温度分别为:B 级 20 ℃,C 级 0 ℃,D 级 -20 ℃,E 级 -40 ℃)。

按照国家标准,钢号的意义表示如下。

Q235-A:屈服强度为 235 N/mm² 的 A 级镇静碳素结构钢。

Q235-BF：屈服强度为 235 N/mm² 的 B 级沸腾碳素结构钢。

Q235-D：屈服强度为 235 N/mm² 的 D 级特殊镇静碳素结构钢。

Q345-E：屈服强度为 345 N/mm² 的 E 级低合金高强度结构钢。

除上述 Q235、Q345、Q390 和 Q420 4 个牌号以外，其他专用结构钢有《桥梁用结构钢》（GB/T 714—2015）中的 Q235q、Q345q、Q390q 和 Q420q（字母 q 表示"桥"）等，《耐候结构钢》（GB/T 4171—2008）中的 Q235NH（原 16CuCr）、Q345NH（原 15MnCuCr）（字母 NH 表示"耐候"）等，《高层建筑结构用钢板》（YB 4104—2000）中的 Q235GJ、Q345GJ 和 Q235GJZ、Q345GJZ（字母 GJ 表示"高层建筑"，字母 Z 表示"Z 向钢板"）等，由于其力学性能优于一般钢种，故也适用于钢结构。钢材的性能见附录1。

2）钢材的选用

钢材的选用原则是保证结构安全可靠，同时要经济合理、节约钢材。考虑的因素如下。

（1）结构的重要性。根据建筑结构的重要程度和安全等级选择相应的钢材等级。

（2）荷载特征。根据荷载的不同性质选用适当的钢材，包括静力或动力、经常作用还是偶然作用、满载还是不满载等情况，同时提出必要的质量保证项目。

（3）连接方式。焊接连接时要求所用钢材的碳、硫、磷及其他有害化学元素的含量较低，塑性和韧性指标要高，焊接性要好。非焊接连接的结构可适当降低要求。

（4）结构的工作环境温度。对于低温下工作的结构，尤其是焊接结构，应选用有良好抗低温脆断性能的镇静钢。

（5）钢材厚度。厚度大的钢材性能较差，应选用质量好的钢材。

3）钢材的规格

钢结构采用的钢材品种主要为钢板、热轧型钢、冷弯薄壁型钢和压型钢板。

（1）钢板。钢板分厚钢板（厚度大于 4 mm，宽度为 600~3 000 mm，长度为 4~12 m）、薄钢板（厚度小于 4 mm，宽度为 500~1 500 mm，长度为 0.5~4 m）和扁钢（厚度为 4~60 mm，宽度为 12~200 mm，长度为 3~9 m），其规格用符号"−"和宽度 × 厚度 × 长度的毫米数表示。例如：−300 × 10 × 3 000 表示宽度为 300 mm、厚度为 10 mm、长度为 3 000 mm 的钢板。

（2）热轧型钢。常用的热轧型钢有 H 型钢、T 型钢、工字钢、槽钢、角钢和钢管（图 2-6）。

H 型钢和 T 型钢是近年来我国推广应用的热轧型钢的新品种。其内、外表面平行，便于和其他构件连接，因此只需少量加工便可直接用作柱、梁和屋架杆件。H 型钢和 T 型钢均分为宽、中、窄三种类别，其代号分别为 HW、HM、HN 和 TW、TM、TN。宽翼缘 H 型钢的翼缘宽度 B 与其截面高度 H 相等，中翼缘 H 型钢的 $B=(1/2~2/3)H$，窄翼缘 H 型钢的 $B=(1/3~1/2)H$。H 型钢和 T 型钢的规格均采用高度 H× 宽度 B× 腹板厚度 t_1× 厚度 t_2 的形式表示，H 型钢见附表 3-5，T 型钢见附表 3-6。

工字钢型号用符号"I"及号数表示，见附表 3-3，号数代表截面高度的厘米数。20 号以上（含 20 号）和 32 号以上（含 32 号）的普通工字钢，同一号数中分别又分 a、b 和 a、b、c 类型，同类的普通工字钢宜尽量采用腹板厚度最薄的 a 类，这是因为其质量轻，而截面惯性矩相对较大。我国生产的最大普通工字钢为 63 号，长度为 5~19 m。工字钢由于宽度方向的惯性矩和回转半径比高度方向的小得多，因而在应用上有一定的局限性，一般宜用于单向受弯构件。

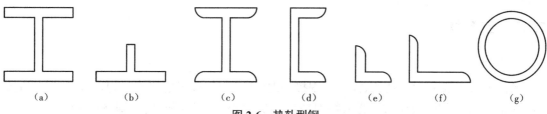

图 2-6　热轧型钢

（a）H 型钢；（b）T 型钢；（c）工字钢；（d）槽钢；（e）等边角钢；（f）不等边角钢；（g）钢管

　　槽钢型号用符号"匚"及号数表示，见附表 3-4，号数代表截面高度的厘米数，14 号以上（含 14 号）和 25 号以上（含 25 号）的普通槽钢，同一号数中分别又分 a、b 和 a、b、c 类型。我国生产的最大槽钢为 40 号，长度为 5~19 m。

　　角钢分等边角钢和不等边角钢两种，见附表 3-1 及附表 3-2。等边角钢的型号用符号"∟"和肢宽 × 肢厚的毫米数表示，如∟100×10 表示肢宽 100 mm、肢厚 10 mm 的等边角钢；不等边角钢的型号用符号"∟"和长肢宽 × 短肢宽 × 肢厚的毫米数表示，如∟100×80×8 为长肢宽 100 mm、短肢宽 80 mm、肢厚 8 mm 的不等边角钢。我国目前生产的最大等边角钢的肢宽为 200 mm，最大不等边角钢的两个肢宽分别为 200 mm 和 125 mm，角钢的长度一般为 3~19 m。

　　钢管分无缝钢管和电焊钢管两种，型号用"ϕ"和外径 × 壁厚的毫米数表示，如ϕ219×14 表示外径 219 mm、壁厚 14 mm 的钢管。我国生产的最大无缝钢管为ϕ630×16，最大电焊钢管为ϕ152×5.5。

　　（3）冷弯型钢和压型钢板。建筑中使用的冷弯型钢常用厚度为 1.5~5 mm 的薄钢板或钢带经冷轧（弯）或模压而成，故也称冷弯薄壁型钢（图 2-7）。另外，还有用厚钢板（厚度大于 6 mm）冷弯成的方管、矩形管、圆管等，称为冷弯厚壁型钢。压型钢板是冷弯型钢的另一种形式，它是厚度为 0.3~2 mm 的镀锌或镀铝锌钢板、彩色涂层钢板经冷轧（压）而成的各种类型的波形板，如图 2-8 所示。冷弯型钢和压型钢板分别适用于轻型钢结构的承重构件和屋面、墙面构件。冷弯型钢和压型钢板都属于高效经济截面，由于其壁薄、截面几何形状开展、截面惯性矩大、刚度好，故能高效地发挥材料的作用，节约钢材。

图 2-7　冷弯薄壁型钢

（a）方钢管；（b）等肢角钢；（c）槽钢；（d）卷边槽钢；（e）卷边 Z 型钢；（f）卷边等肢角钢；（g）焊接薄壁钢管

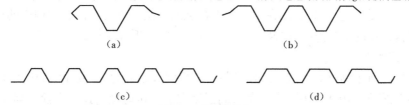

图 2-8　压型钢板

（a）S 形；（b）W 形；（c）V 形；（d）U 形

2.1.2 连接材料

1. 焊材

钢结构中焊接材料的使用,需适应焊接场地(工厂焊接或工地焊接)、焊接方法、焊接方式(连续焊缝、断续焊缝或局部焊缝),特别是要与焊件钢材的强度和材质要求相适应。

1)手工焊接用焊条

手工电弧焊采用的焊条应符合《非合金钢及细晶粒钢焊条》(GB/T 5117—2012)或《热强钢焊条》(GB/T 5118—2012)的规定。标准中焊条型号的表示方法根据熔敷金属的抗拉强度、药皮类型、焊接位置和电源种类等确定。焊条用字母 E 表示。建筑钢结构中用手工焊接时,碳钢焊条有 E43、E50 系列,低合金钢焊条有 E50、E55 等系列。

2)焊丝

自动或半自动埋弧焊采用的焊丝应与主体金属强度相适应,即应使熔敷金属的强度与主体金属的强度相等。焊丝应符合《熔化焊用钢丝》(GB/T 14957—1994)、《非合金钢及细晶粒钢药芯焊丝》(GB/T 10045—2018)和《热强钢药芯焊丝》(GB/T 17493—2018)的规定。气体保护焊采用的焊丝应符合《气体保护电弧焊用碳钢、低合金钢焊丝》(GB/T 8110—2008)的规定。

3)焊剂

焊剂应满足《埋弧焊用非合金钢及细晶粒钢实心焊丝、药芯焊丝和焊丝 - 焊剂组合分类要求》(GB/T 5293—2018)和《埋弧焊用热强钢实心焊丝、药芯焊丝和焊丝 - 焊剂组合分类要求》(GB/T 12470—2003)的规定。

2. 螺栓

1)普通螺栓

普通螺栓用 Q235 钢制成,分为 A、B、C 三级,A 级和 B 级螺栓采用性能等级为 5.6 级或 8.8 级的钢材制造,C 级螺栓则用 4.6 级或 4.8 级钢材制造。其中,"."前的数字表示公称抗拉强度 f_u 的 1/100,"."后的数字表示公称屈服强度 f_y 与公称抗拉强度 f_u 之比(屈强比)的 10 倍,如 4.6 级表示 f_u 不小于 400 N/mm²,而最低屈服强度 f_y =0.6 × 400 N/mm² =240 N/mm²。

A 级和 B 级螺栓表面需经车床加工,故其尺寸准确,精度较高,受剪性能良好。但其制造和安装过于费工,加之现在高强度螺栓已替代其用于受剪连接,所以目前已极少采用。

C 级螺栓一般用圆钢冷镦压制而成,表面不加工,尺寸不很准确,只能用于孔的精度和孔壁表面粗糙度要求不太高的 II 类孔。C 级螺栓在沿其杆轴方向的受拉性能较好,可用于受拉螺栓连接。对于受剪连接,只宜用在承受静力荷载或间接承受动力荷载结构中的次要连接,或者临时固定构件用的安装连接,以及不承受动力荷载的可拆卸结构的连接等。

2)高强度螺栓

高强度螺栓所用钢材的性能等级按其热处理后强度划分为 8.8 级和 10.9 级,8.8 级用于大六角头高强度螺栓,10.9 级用于大六角头高强度螺栓及扭剪型高强度螺栓。高强度螺栓采用的钢号和力学性能见表 2-2,与其配套的螺母、垫圈的制作材料见表 2-3。

表 2-2　高强度螺栓采用的钢号和力学性能

螺栓种类	性能等级	钢号	屈服强度 f_y/(N/mm²)	抗拉强度 f_u/(N/mm²)
大六角头	8.8 级	40B 钢、45 钢、35 钢	≥ 660	830~1 030
	10.9 级	20MnTiB、35VB	≥ 940	1 040~1 240
扭剪型	10.9 级	20MnTiB	≥ 940	1 040~1 240

表 2-3　高强度螺栓的等级及与其配套的螺母、垫圈的制作材料

螺栓种类	性能等级	螺杆用钢材	螺母	垫圈	使用规格 /mm
扭剪型	10.9 级	20MnTiB	35 钢、10H	45 钢、HRC35~45	d=16、20、(22)、24
大六角头	10.9 级	35VB	45 钢	45 钢	d=12、16、20、(22)、24、(27)、30
		20MnTi10B	35 钢	35 钢	$d \leqslant 24$
		40B	15MnVTi10H	HRC35~45	$d \leqslant 24$
	8.8 级	45 钢	35 钢	45 钢、35 钢	$d \leqslant 22$
		35 钢	—	HRC35~45	$d \leqslant 16$

注:表中螺栓直径 d 为目前生产的规格,其中带括号者为非标准型,尽量少用。

2.1.3　油漆、防腐涂料、防火涂料

1. 油漆

钢结构的锈蚀不仅会造成其自身的经济损失,还会直接影响生产和安全,损失的价值要比钢结构本身大得多。因此,做好钢结构的防锈工作具有重要的经济意义和社会意义。为了减轻或防止钢结构锈蚀,目前国内外基本采用油漆涂装方法进行防护。

油漆防护是利用油漆涂层使被涂物与环境隔离,从而达到防锈蚀的目的,延长被涂物件的使用寿命。油漆的质量是影响防锈效果的关键因素,防锈效果还与涂装之前钢构件表面的除锈质量、涂膜厚度、涂装的施工工艺条件等因素有关。

2. 防腐涂料

防腐涂料具有良好的绝缘性,能阻止铁离子的运动,故腐蚀电流不易产生,起到保护钢材的作用。

3. 防火涂料

钢结构防火涂料分为薄涂型和厚涂型两类,选用时应遵照以下原则:对室内裸露钢结构、轻型屋盖钢结构及有装饰要求的钢结构,当规定其耐火极限在 1.5 h 以下时,应选用薄涂型钢结构防火涂料;对室内隐蔽钢结构、高层钢结构及多层厂房钢结构,当规定其耐火极限在 1.5 h 以上时,应选用厚涂型钢结构防火涂料。当防火涂料分为底层和面层涂料时,两层涂料应相互匹配,且底层不得腐蚀钢结构,不得与防锈底漆发生化学反应;面层若为装饰涂料,选用涂料应通过试验验证。

2.2 焊接

2.2.1 焊接的方法、形式,焊缝符号和标注及焊缝质量等级

钢结构的连接方法一般分为焊接、铆钉连接和螺栓连接,如图 2-9 所示。

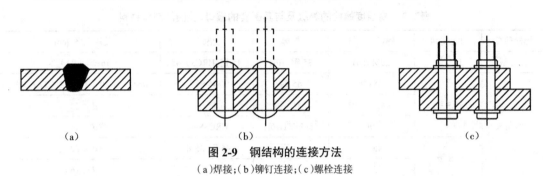

图 2-9 钢结构的连接方法
(a)焊接;(b)铆钉连接;(c)螺栓连接

焊接应用较为普遍。其操作方法一般是通过电弧产生热量使焊条和焊件局部熔化,然后经冷却凝结成焊缝,从而使焊件连接成一体。焊接的优点较多,如焊件一般不设连接板而直接连接,且不削弱焊件截面,构造简单,节省材料,操作简便,省工,生产效率高,在一定条件下还可采用自动化作业。另外,焊接结构的刚度大,密闭性能好。但是,焊接也有一些缺点,如焊缝附近热影响区的材质变脆,焊接产生的残余应力和残余变形对结构有不利影响。此外,焊接结构因刚度大,故对裂纹很敏感,一旦产生局部裂纹便易于扩展,尤其在低温下更易产生脆断。

1. 焊接的方法

焊接的方法较多,钢结构主要采用电弧焊。电弧焊设备简单,易于操作,且焊缝质量可靠,优点较多。根据操作的自动化程度和焊接时用于保护熔化金属的物质种类,电弧焊可分为手工电弧焊、自动或半自动埋弧焊和气体保护焊等。

1)手工电弧焊

图 2-10(a)所示为手工电弧焊原理图,它是由焊件、焊条、焊钳、电焊机和导线组成的电路。施焊时,首先使分别接在电焊机两极的焊条和焊件瞬间短路,打火引弧,从而使焊条和焊件迅速熔化。熔化的焊条金属与焊件金属结合成为焊缝金属。

手工电弧焊电焊设备简单,使用方便,只需用焊钳持住焊接部位即可施焊,适用于全方位空间焊接,故应用广泛,且特别适用于工地安装焊缝、短焊缝和曲折焊缝。但其生产效率低,且劳动条件差,弧光眩目,焊接质量在一定程度上取决于焊工水平,容易波动。

2)自动或半自动埋弧焊

图 2-10(b)所示为自动或半自动埋弧焊原理图。将焊丝埋在焊剂层下,当通电引弧后,焊丝、焊件和焊剂熔化。焊剂熔化后形成熔渣浮在熔化的焊缝金属表面,使其与空气隔绝,并供给必要的合金元素以改善焊缝质量。焊丝随着焊机的自动移动而下降和熔化,颗粒状的焊剂

也不断由漏斗漏下埋住眩目电弧。当全部焊接过程自动进行时,称为自动埋弧焊;焊机移动由人工操纵时,称为半自动埋弧焊。

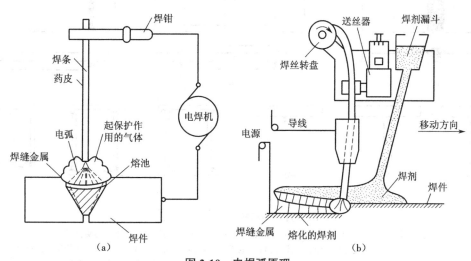

图 2-10 电焊弧原理
(a)手工电弧焊原理;(b)自动焊原理

埋弧焊焊接速度快,生产效率高,成本低,劳动条件好。但是,它的应用也受到其自身条件的限制,由于焊机需沿着顺焊缝的导轨移动,故要有一定的操作条件,因此特别适用于梁、柱、板等的大批量拼装制造焊缝。

3)气体保护焊

气体保护焊指用喷枪喷出 CO_2 气体作为电弧的保护介质,使熔化金属与空气隔绝,以保持焊接过程的稳定。由于焊接时没有焊剂产生的熔渣,故便于观察焊缝的成型过程,但操作时须在室内避风处,在工地则需搭设防风棚。气体保护焊电弧加热集中,焊接速度快,熔深大,故焊缝强度比手工焊的高,且塑性和抗腐蚀性好,适用于厚钢板或特厚钢板($t > 100\ mm$)的焊缝。

2. 焊接接头与焊缝的形式

钢结构连接可分为对接、搭接、T 形连接和角接等接头形式。当采用焊接时,根据焊缝的截面形状,又可分为对接焊缝和角焊缝以及由这两种焊缝组合成的对接与角接组合焊缝,如图 2-11 所示。

对接焊缝又称坡口焊缝,因为在施焊时,焊件间需具有适合焊条运转的空间,故一般均将焊件边缘开成坡口,焊缝则焊在两焊件的坡口面间或一焊件的坡口与另一焊件的表面间,如图 2-11(a)所示。对接焊缝按是否焊透又分为全焊透和部分焊透两种。焊透的对接焊缝强度高,受力性能好,故应用广泛。对接焊缝通常指这种焊缝。

角焊缝为沿两个直交或斜交焊件的交线边缘焊接的焊缝,如图 2-11(b)~(d)、(g)所示。直交的称为直角角焊缝,斜交的则称为斜角角焊缝。后者除因构造需要采用外,一般不宜用作受力焊缝(钢管结构除外)。前者受力性能较好,应用广泛。角焊缝通常指这种焊缝。

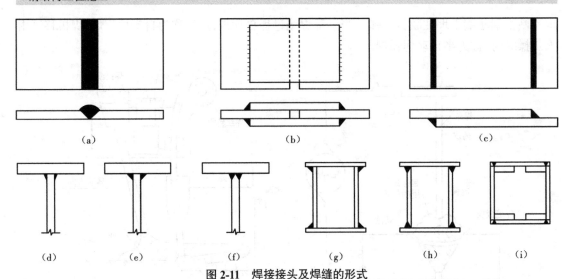

图 2-11 焊接接头及焊缝的形式

（a）对接接头,对接焊缝;（b）对接接头,角焊缝;（c）搭接接头,角焊缝;（d）T形接头,角焊缝;
（e）T形接头,部分焊透对接与角焊组合焊缝;（f）T形接头,全焊透对接与角焊组合焊缝;（g）角接接头,角焊缝;
（h）角接接头,部分焊透对接与角焊组合焊缝;（i）角接接头,全焊透对接与角焊组合焊缝

对接与角接组合焊缝的形式是在部分焊透或全焊透的对接焊缝外再增焊一定焊脚尺寸的角焊缝,如图 2-11（e）、（f）、（h）、（i）所示。相对于（无焊脚的）对接焊缝,增加的角焊缝可减少应力集中,改善焊缝受力性能,尤其是疲劳性能。

对接焊缝由于和焊件处在同一平面,截面也一样,故其受力性能好于角焊缝,且用料省,但较费工,角焊缝则反之,对接与角接组合焊缝的受力性能优于对接焊缝。

角焊缝按沿长度方向的布置,还可分为连续角焊缝和断续角焊缝两种形式,如图 2-12 所示。前者为基本形式,其受力性能好,应用广泛。后者因在焊缝分段的两端应力集中严重,故一般只用在次要构件或次要焊缝连接中。断续角焊缝之间的净距不宜过大,以免连接不紧密,导致潮气侵入引起锈蚀,故对受压构件一般应不大于 $15t$（t 为较薄焊件的厚度）,对受拉构件应不大于 $30t$。断续角焊缝焊段的长度不得小于 $10h_f$（h_f 为角焊缝的焊脚尺寸）或 50 mm。

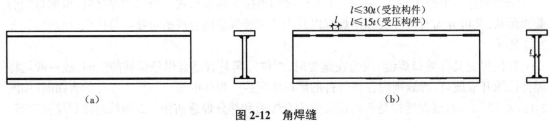

图 2-12 角焊缝

（a）连续角焊缝;（b）断续角焊缝

焊缝按施焊位置可分为平焊、立焊、横焊和仰焊 4 种形式,如图 2-13（a）所示。平焊施工方便,质量易于保证,故应尽量采用平焊。立焊、横焊施焊较难,焊缝质量和效率均较平焊低。仰焊的施焊条件最差,焊缝质量不易保证,故应尽量从设计构造上避免,图 2-13（b）所示为 T

形接头角焊缝在工厂常采用的船形焊，也属于平焊。

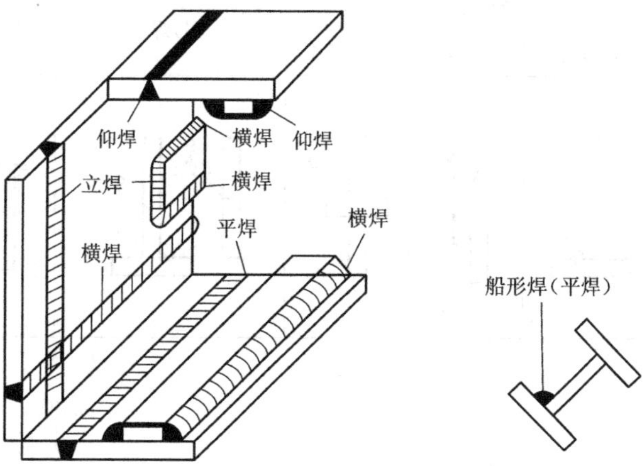

图 2-13 焊缝的施焊位置

3. 焊缝符号和标注

焊缝一般应按照《焊缝符号表示法》（GB/T 324—2008）和《建筑结构制图标准》（GB/T 50105—2010）的规定，采用焊缝符号在钢结构施工图中标注。

表 2-4 所示为部分常用焊缝符号。图 2-14 所示为对接焊缝的坡口形式、符号及尺寸标注。焊缝符号主要由图形符号、辅助符号和引出线等部分组成。图形符号表示焊缝截面的基本形式，如◣表示角焊缝（竖线在左、斜线向右），V 表示 V 形坡口的对接焊缝等。辅助符号表示焊缝的辅助要求，如涂黑的三角形旗表示安装焊缝、3/4 圆弧表示相同焊缝等，均绘在引出线的转折处。引出线由横线、斜线及箭头组成，横线的上方和下方用来标注各种符号和尺寸等，斜线和箭头用来将整个焊缝符号指到图形上的有关焊缝处。对于单面焊缝，当箭头指在焊缝所在的一面时，应将图形符号和尺寸标注在横线的上方；当箭头指在焊缝所在的另一面时，则应将图形符号和尺寸标注在横线的下方。必要时，还可在横线的末端加一尾部，以作其他辅助说明之用，如标注焊条型号等。

表 2-4 焊缝符号

焊缝类型	角焊缝				对接焊缝	塞焊缝	三面焊缝
	单面焊缝	双面焊缝	安装焊缝	相同焊缝			
形式	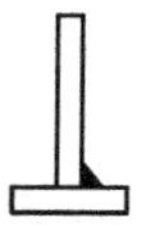	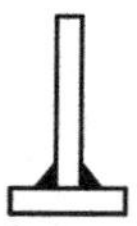	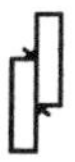	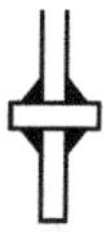	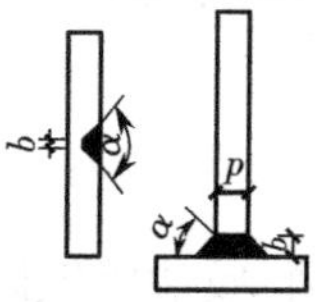	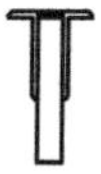	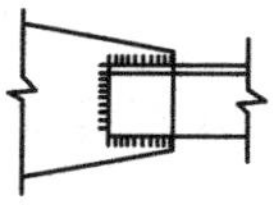

焊缝类型	角焊缝				对接焊缝	塞焊缝	三面焊缝
	单面焊缝	双面焊缝	安装焊缝	相同焊缝			
标注方法							

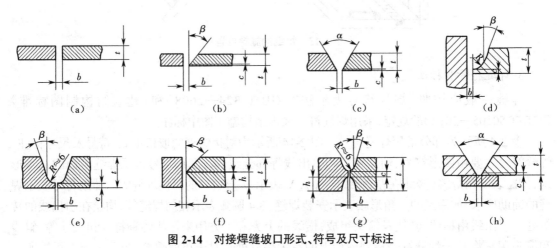

图 2-14 对接焊缝坡口形式、符号及尺寸标注
(a)I形;(b)单边V形;(c)V形;(d)单边U形;(e)U形;(f)K形;(g)X形;(h)加垫板的V形

当焊缝分布不规则时,在标注焊缝符号的同时,宜在焊缝处加粗线以表示可见焊缝,加栅线以表示不可见焊缝,加"×"以表示工地安装焊缝。焊缝标注图形如图 2-15 所示。

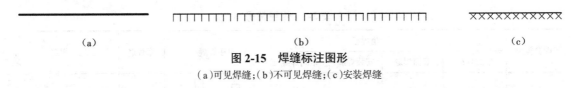

图 2-15 焊缝标注图形
(a)可见焊缝;(b)不可见焊缝;(c)安装焊缝

4.焊缝质量等级

焊缝中存在的气孔、夹渣、咬边等缺陷,不但使焊缝的受力面积减小,而且在缺陷处引起应力集中,易形成裂纹。在受拉连接中,裂纹更易扩展延伸,从而使焊缝在低于母材强度的情况下破坏。同样,缺陷也会降低连接的疲劳强度。因此,应对焊缝质量进行严格检验。

焊缝缺陷一般位于焊缝或其附近热影响区钢材的表面及内部,通常表现为裂纹、未熔合、夹渣、焊瘤、咬边、烧穿、弧坑、气孔、电弧擦伤、未焊透、根部收缩等,如图 2-16 所示。

　　焊缝表面缺陷可通过外观检查确定,内部缺陷则用无损探伤(超声波或 X 射线、γ 射线)确定。

　　焊缝按其检验方法和质量要求分为一级、二级和三级。三级焊缝只要求对全部焊缝进行外观检查且符合三级质量标准;一级、二级焊缝除外观检查外,还要求有一定数量的超声波检验并符合相应级别的质量标准。

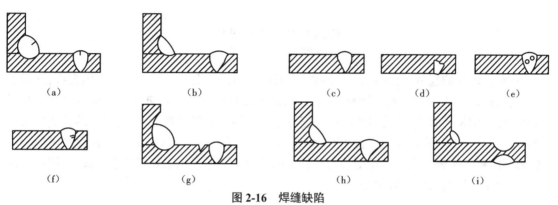

图 2-16　焊缝缺陷
(a)裂纹;(b)焊瘤;(c)烧穿;(d)弧坑;(e)气孔;(f)夹渣;(g)咬边;(h)未熔合;(i)未焊透

　　钢结构中一般采用三级焊缝即可满足通常的强度要求。对有较大拉应力的对接焊缝以及直接承受动力荷载构件的较重要焊缝,可部分采用二级焊缝;对抗动力和疲劳性能有较高要求处可采用一级焊缝。

2.2.2　对接焊缝的构造

　　对接焊缝坡口的形状可分为 I 形、单边 V 形、V 形、X 形、单边 U 形、U 形和 K 形等,如图 2-14 所示。一般当焊件厚度较小(手工焊 $t \leqslant 6$ mm,埋弧焊 $t \leqslant 12$ mm)时,可不开坡口,即采用 I 形坡口;对于中等厚度(手工焊 $t=6\sim16$ mm,埋弧焊 $t=10\sim20$ mm)焊件,宜采用单边 V 形、V 形或单边 U 形坡口。图 2-14 中,p 称为钝边(手工焊为 $0\sim3$ mm,埋弧焊为 $2\sim6$ mm),可起托住熔化金属的作用;b 称为间隙(手工焊为 $0\sim3$ mm,埋弧焊一般为 0),可使焊缝有收缩余地且和斜坡口组成一个施焊空间,使焊条得以运转,焊缝能够焊透。对于较厚(手工焊 $t>16$ mm,埋弧焊 $t>20$ mm)焊件,则宜采用 U 形、K 形或 X 形坡口。相对而言,它们的截面面积均较 V 形坡口小,但其坡口加工较费时。V 形和 U 形坡口对接焊缝主要为正面焊,但对反面焊根应清根补焊,以达到焊透的目的。若不具备这种条件,或者因装配条件限制间隙过大,则应在坡口下面预设垫板,如图 2-14(h)所示,以阻止熔化金属流淌和使根部焊透。K 形和 X 形坡口焊缝均应清根并双面施焊。

　　当对接焊缝拼接的焊件宽度不同或厚度相差 4 mm 以上时,应分别在宽度或厚度方向从一侧或两侧做成坡度不大于 1:2.5 或 1:4(对承受动力荷载且需要计算疲劳的结构)的斜角,如图 2-17 所示,以使截面平缓过渡,减少应力集中。当厚度相差不大(较薄钢板的厚度为

5~9 mm 时为 2 mm，为 10~12 mm 时为 3 mm，大于 12 mm 时为 4 mm）时，可不加工斜坡。这是因为焊缝表面形成的斜度即可满足平缓过渡的要求。

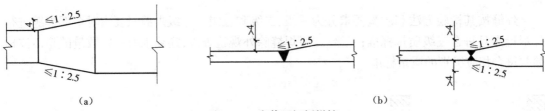

（a）

（b）

图 2-17 变截面钢板拼接

（a）变宽度；（b）变厚度

在对接焊缝的起弧、落弧处，常出现弧坑等缺陷，以致引起应力集中并易产生裂纹，这对承受动力荷载的结构尤为不利。因此，各种接头的对接焊缝均应在焊缝的两端设置引弧板和引出板，如图 2-18 所示，其材质和坡口形式应与焊件相同。对于埋弧焊，焊缝引出的长度应大于 80 mm；对于手工电弧焊及气体保护焊，焊缝引出的长度应大于 25 mm，并应在焊接完毕后用气割切除、修磨平整。当某些承受静力荷载结构的焊缝无法采用引弧板和引出板时，则应在计算中将每条焊缝的长度各减去 $2t$。

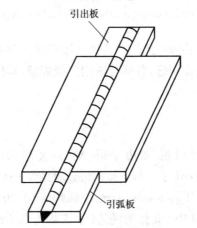

引出板

引弧板

图 2-18 焊缝施焊用的引弧板和引出板

2.2.3 对接焊缝的计算

对接焊缝可视为焊件截面的延续组成部分，焊缝中的应力分布情况基本与原有焊件的相同，故计算时可利用材料力学中各种受力状态下构件强度的计算公式。

1. 轴心力（拉力或压力）作用时的对接焊缝计算

对接焊缝受垂直于焊缝的轴心拉力或轴心压力作用时（图 2-19），其强度应按下式计算：

$$\sigma = \frac{N}{l_w t} \le f_t^w（或\ f_c^w） \tag{2-3}$$

式中 N——轴心拉力或轴心压力；

l_w——焊缝的计算长度，当未采用引弧板和引出板时，取实际长度减去 $2t$；

t——在对接接头中为连接件的较小厚度，在 T 形接头中为腹板厚度；

f_t^w、f_c^w——对接焊缝的抗拉强度、抗压强度设计值，按附表 1-3 选用。

由于一、二级检验的焊缝与母材强度相等，故只有三级检验的焊缝才需按式（2-3）进行抗拉强度验算。如果直缝不能满足强度要求，可采用图 2-19 所示的斜对接焊缝。焊缝与作用力间的夹角 θ 满足 $\tan\theta \leqslant 1.5$ 时，斜焊缝的强度不低于母材强度，不再进行验算。

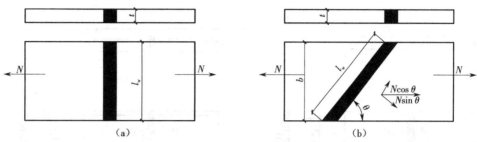

图 2-19 轴心力（拉力或压力）作用下的对接焊缝
（a）直焊缝；（b）斜焊缝

2. 弯矩和剪力共同作用时的对接焊缝计算

1）矩形截面

如图 2-20（a）所示，焊缝中的最大正应力和剪（切）应力应分别符合式（2-4）和式（2-5）的要求：

$$\sigma_{max} = \frac{M}{W_w} \leqslant f_t^w \tag{2-4}$$

$$\tau_{max} = \frac{VS_w}{I_w t_w} \leqslant f_v^w \tag{2-5}$$

式中 M——弯矩；

W_w——焊缝截面模量，对矩形截面 $W_w = \dfrac{l_w^2 t}{6}$；

S_w——焊缝截面计算剪（切）应力处以上部分对中和轴的面积矩；

I_w——焊缝截面惯性矩；

V——剪力；

t_w——腹板厚度；

f_v^w——对接焊缝的抗剪强度设计值，按附表 1-3 选用。

2）工字形截面

如图 2-20（b）所示，焊缝中的最大正应力和剪应力除应分别符合式（2-4）和式（2-5）的要求外，在同时受有较大正应力 σ_1 和剪（切）应力 τ_1 的梁腹板横向对接焊缝受拉区的端部"1"点，还应按下式折算应力：

$$\sqrt{\sigma_1^2 + 3\tau_1^2} \le 1.1 f_t^w \qquad (2\text{-}6)$$

式中　σ_1——腹板对接焊缝"1"点处的正应力，$\sigma_1 = \dfrac{M}{I_w} \cdot \dfrac{h_0}{2}$；

　　　τ_1——腹板对接焊缝"1"点处的剪（切）应力，$\tau_1 = \dfrac{VS_{w1}}{I_w t_w}$，$S_{w1}$ 为受拉翼缘对中和轴的面积矩；

　　　1.1——系数，考虑最大折算应力只在焊缝的局部产生，因而将焊缝强度设计值提高。

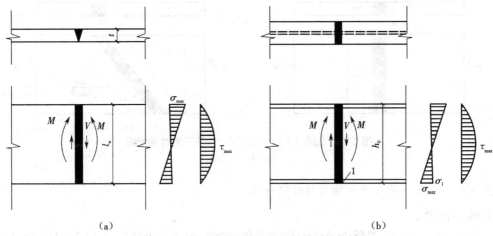

图 2-20　弯矩和剪力共同作用时的对接焊缝
（a）矩形截面；（b）工字形截面

【**例 2-1**】　试验算图 2-19（a）所示钢板的对接焊缝。图中 $l_w = 540$ mm，$t = 22$ mm，轴心力的设计值 $N = 2\,150$ kN。钢材为 Q235-B，手工焊，焊条为 E43 型，三级检验标准的焊缝，施焊时加引出板和引弧板。

【**解**】　直缝连接计算长度 $l_w = 540$ mm，厚度 $t = 22$ mm。焊缝正应力为

$$\sigma = \frac{N}{l_w t} = \frac{2\,150 \times 10^3}{540 \times 22} = 181 \text{ N/mm}^2 > f_t^w = 175 \text{ N/mm}^2$$

不满足要求，改为对接斜缝（图 2-19（b）），取 $\tan\theta = 1.5$（$\theta = 56°$），焊缝计算长度

$$l_w = \frac{540}{\sin 56°} = 650 \text{ mm}$$

故此时的焊缝正应力为

$$\sigma = \frac{N\sin\theta}{l_w t} = \frac{2\,150 \times 10^3 \times \sin 56°}{650 \times 22} = 125 \text{ N/mm}^2 < f_t^w = 175 \text{ N/mm}^2$$

$$\tau = \frac{N\cos\theta}{l_w t} = \frac{2\,150 \times 10^3 \times \cos 56°}{650 \times 22} = 84 \text{ N/mm}^2 < f_v^w = 120 \text{ N/mm}^2$$

这说明当 $\theta \le 56°$ 时，焊缝强度能够得到保证，不必验算。

【**例 2-2**】　计算图 2-21 所示牛腿与柱子连接的对接焊缝。已知 $F = 260$ kN（设计值），钢

材为 Q235,焊条为 E43 型,手工焊,施焊时无引出板和引弧板,三级检验标准的焊缝。

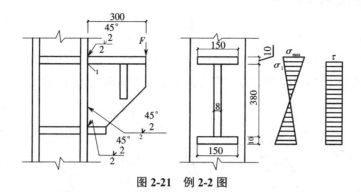

图 2-21 例 2-2 图

【解】 工字形(或 T 形)截面牛腿与柱子连接的对接焊缝,有着不同于一般工字形截面梁的特点。其在邻近的竖向剪力作用下,由于翼缘在此方向的抗剪刚度很小,故一般不宜考虑其承受剪力,即在计算时假定剪力全部由腹板上的焊缝平均承受,弯矩由整个焊缝承受。

焊缝计算截面的几何特性:焊缝的截面与牛腿相等,但因无引弧板和引出板,故在计算时需将每条焊缝长度减去 $2t$。

$$I_w = \frac{1}{12} \times 0.8 \times (38 - 2 \times 0.8)^3 + 2 \times 1 \times (15 - 2 \times 1) \times 19.5^2 = 13\,102\,cm^4$$

由于翼缘焊缝厚度较小,故算式中忽略了对其自身轴的惯性矩一项。凡类似情况,包括对构件截面,本节以后皆同。

$$W_w = \frac{13\,102}{20} = 655\,cm^3$$

$$A_w^w = 0.8 \times (38 - 2 \times 0.8) = 29\,cm^2$$

按式(2-4)~ 式(2-6)计算焊缝强度。

最大正应力:

$$\sigma_{max} = \frac{M}{W_w} = \frac{260 \times 10^3 \times 30}{655 \times 10^2} = 119\,N/mm^2 < f_t^w = 185\,N/mm^2 (满足要求)$$

剪(切)应力:

$$\tau = \frac{V}{A_w^w} = \frac{260 \times 10^3}{29 \times 10^2} = 89.7\,N/mm^2 < f_v^w = 125\,N/mm^2 (满足要求)$$

则"1"点的折算应力:

$$\sigma_1 = 119 \times \frac{380}{400} = 113\,N/mm^2$$

$$\sqrt{\sigma_1^2 + 3\tau^2} = \sqrt{113^2 + 3 \times 89.7^2} = 191.6\,N/mm^2$$

$$< 1.1 f_t^w = 1.1 \times 185 = 204\,N/mm^2 (满足要求)$$

2.2.4 角焊缝的形式与构造

1. 角焊缝的形式

角焊缝按其长度方向和外力作用方向的不同可分为平行于力作用方向的侧面角焊缝、垂直于力作用方向的正面角焊缝和与力作用方向成斜角的斜向角焊缝，如图 2-22 所示。

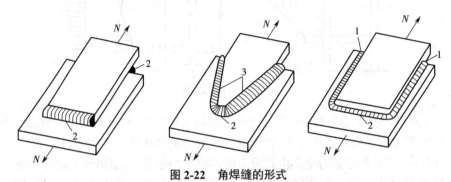

图 2-22 角焊缝的形式

1—侧面角焊缝；2—正面角焊缝；3—斜向角焊缝

角焊缝的截面类型可分为普通型、凹面型和平坦型三种，如图 2-23 所示。图中 h_f 称为角焊缝的焊脚尺寸。钢结构一般采用表面微凸的普通型截面，其两焊脚尺寸比例为 1∶1，近似于等腰直角三角形，故力线弯折较多，应力集中严重。对直接承受动力荷载的结构，为使传力平缓，正面角焊缝宜采用两焊脚尺寸比例为 1∶1.5 的平坦型（长边顺内力方向），侧面角焊缝则宜采用两焊脚尺寸比例为 1∶1 的凹面型。

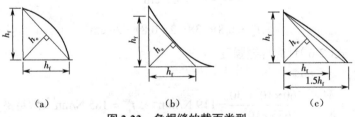

图 2-23 角焊缝的截面类型

（a）普通型；（b）凹面型；（c）平坦型

2. 角焊缝的构造

（1）最小焊脚尺寸 h_{fmin}。角焊缝的焊脚尺寸与焊件的厚度有关，当焊件较厚而焊脚过小时，焊缝内部将因冷却过快而产生淬硬组织，容易形成裂纹。因此，角焊缝的最小焊脚尺寸 h_{fmin}（图 2-24（a））应符合下式要求：

$$h_{fmin} \geq 1.5\sqrt{t_{max}} \tag{2-7}$$

式中 t_{max}——较厚焊件的厚度，mm；当采用低氢型碱性焊条施焊时，可采用较薄焊件的厚度。

（2）最大焊脚尺寸 h_{fmax}。角焊缝的焊脚过大，易使焊件形成烧伤、烧穿等"过烧"现象，且使焊件产生较大的焊接残余应力和焊接变形。因此，角焊缝的最大焊脚尺寸 h_{fmax}（图 2-24

（b））应符合下式要求：

$$h_{fmax} \leq 1.2t_{min} \qquad (2-8)$$

式中　t_{min}——较薄焊件的厚度，mm。

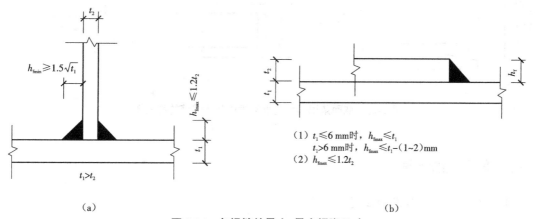

图 2-24　角焊缝的最小、最大焊脚尺寸

（a）最小焊脚尺寸；（b）最大焊脚尺寸

对位于焊件边缘的角焊缝（图 2-24（b）），施焊时一般难以焊满整个厚度，且容易产生"咬边"现象，故应比焊件厚度稍小。但薄焊件一般用较细焊条施焊，焊接电流小，操作较易掌握，故 h_{fmax} 可与焊件等厚。因此，当 $t_1>6\,mm$ 时，$h_{fmax} \leq t_1-（1\sim2）mm$；当 $t_1 \leq 6\,mm$ 时，$h_{fmax} \leq t_1$。

（3）不等焊脚尺寸。当两焊件的厚度相差较大，且采用等焊脚尺寸无法满足最大和最小焊脚尺寸的要求时，可采用不等焊脚尺寸，即与较薄焊件接触的焊脚边应符合式（2-8)的要求，与较厚焊件接触的焊脚边则应符合式（2-7)的要求。

（4）最小计算长度。角焊缝焊脚尺寸大而长度过小时，会使焊件局部受热严重，且焊缝起落弧的弧坑相距太近，加上可能产生的其他缺陷，使焊缝不够可靠。因此，角焊缝的计算长度不宜小于 $8h_f$ 和 40 mm，即其最小实际长度应为 $8h_f+2h_f$；当 $h_f \leq 5\,mm$ 时，则应为 50 mm。

（5）最大计算长度。侧面角焊缝沿长度方向的剪（切）应力分布很不均匀，两端大，中间小，且焊缝长度与其焊脚尺寸的比值愈大，其差别愈大。当此比值过大时，焊缝两端将会首先出现裂纹，而此时焊缝中部还未充分发挥其承载能力。因此，侧面角焊缝的计算长度不宜大于 $60h_f$，当大于此数值时，其超过部分在计算中不予考虑。若内力沿侧面角焊缝全长分布，其计算长度不受此限，如工字形截面柱或梁的翼缘与腹板的连接焊缝等。

（6）当板件的端部仅由两侧面角焊缝连接时（图 2-25（a）），为了避免应力传递过分弯折而使构件中的应力分布不均匀，应使每条侧面角焊缝长度大于它们之间的距离，即 $l_w \geq b$；为了避免焊缝收缩时引起板件的拱曲过大，还宜使 $b \leq 16t（t>12\,mm）$或 $b \leq 190\,mm（t \leq 12\,mm）$，$t$ 为较薄焊件的厚度。当不满足此规定时，则应加正面角焊缝。

（7）在搭接连接中，因焊缝收缩产生的残余应力及因偏心产生的附加弯矩，搭接长度不得小于焊件较小厚度的 5 倍，且不得小于 25 mm。

（8）当角焊缝的端部在构件转角处时，为避免起落弧的缺陷发生在此应力较为集中的部位,宜进行长度为 $2h_f$ 的绕角焊(图 2-25(b)),且转角处必须连续施焊,不能断弧。

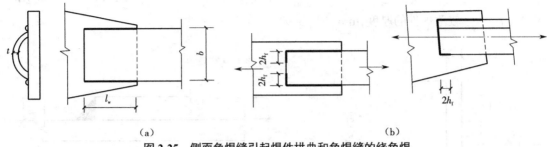

（a）   （b）

图 2-25   侧面角焊缝引起焊件拱曲和角焊缝的绕角焊

（a）侧面角焊缝；（b）绕角焊

2.2.5   角焊缝的计算

1. 角焊缝的应力状态和强度

1）侧面角焊缝

如图 2-26 所示,在轴心力 N 作用下,侧面角焊缝主要承受平行于焊缝长度方向的剪应力 $\tau_{//}$,$\tau_{//}$ 沿焊缝长度方向分布不均匀,两端大,中间小。侧面角焊缝的破坏常由两端开始,在出现裂纹后,通常沿 45° 喉部截面迅速断裂。

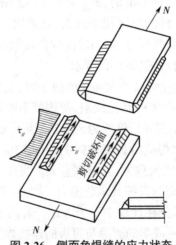

图 2-26   侧面角焊缝的应力状态

2）正面角焊缝

在轴心力 N 作用下,正面角焊缝中的应力沿焊缝长度方向分布比较均匀,其破坏面不太规则,除沿 45° 喉部截面破坏外,也可能沿焊缝的两熔合边破坏,如图 2-27 所示。正面角焊缝刚度大,塑性较差,破坏时变形小,但强度较高,其平均破坏强度为侧面角焊缝的 1.35~1.55 倍。

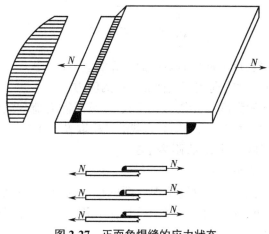

图 2-27 正面角焊缝的应力状态

工程中假定角焊缝的破坏面均位于 45° 喉部截面, 但不计熔深和凸度, 这一截面称为有效截面, 如图 2-28 所示。其宽度 $h_e=h_f\cos 45° \approx 0.7h_f$, 称为计算厚度, h_f 为较小焊脚尺寸。另外, 还假定截面上的应力均匀分布。

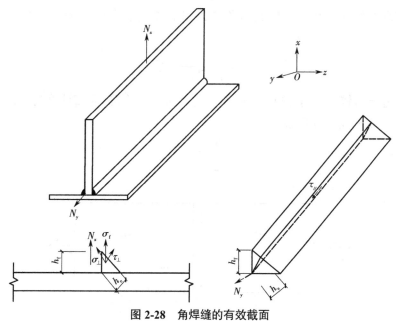

图 2-28 角焊缝的有效截面

每条焊缝的有效长度取其实际长度减去 $2h_f$（每端 h_f, 以考虑起落弧缺陷）。

2. 角焊缝强度条件的一般表达式

角焊缝强度条件的一般表达式为

$$\sqrt{\left(\frac{\sigma_f}{\beta_f}\right)^2 + \tau_f^2} \leq f_f^w \qquad (2-9)$$

式中　σ_f——垂直于焊缝长度方向按有效截面计算的应力；

　　　τ_f——平行于焊缝长度方向按有效截面计算的应力；

　　　β_f——正面角焊缝的强度设计值增大系数，对承受静力荷载或间接承受动力荷载的结构取 β_f=1.22,对直接承受动力荷载的结构取 $\beta_f = 1.0$。

　　　f_f^w——角焊缝的强度设计值，查附表 1-3。

1）轴心力作用时的角焊缝计算

当作用力（拉力、压力、剪力）通过角焊缝群的形心时，可认为焊缝的应力为均匀分布。但由于作用力与焊缝长度方向间的关系不同，在应用式（2-9）计算时应分别按以下情况进行。

（1）当作用力垂直于焊缝长度方向（图 2-27（a））时，相当于正面角焊缝受力,此时式（2-9）中 $\tau_f = 0$,故得

$$\sigma_f = \frac{N}{h_e \sum l_w} \leq \beta_f f_f^w \qquad (2-10)$$

（2）当作用力平行于焊缝长度方向（图 2-26）时，相当于侧面角焊缝受力,此时式（2-9）中 σ_f=0,故得

$$\tau_f = \frac{N}{h_e \sum l_w} \leq f_f^w \qquad (2-11)$$

（3）当焊缝方向较复杂时，如图 2-29 所示为菱形盖板连接,为使计算简化,均按侧面角焊缝对待。偏安全地取 $\beta_f = 1.0$,故得

$$\frac{N}{h_e \sum l_w} \leq f_f^w \qquad (2-12)$$

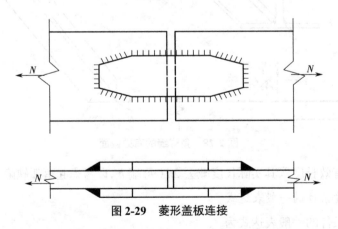

图 2-29　菱形盖板连接

（4）角钢与连接板用角焊缝连接（图 2-30）时，一般宜采用两面侧焊,也可用三面围焊或 L 形围焊。为避免偏心受力,应使焊缝传递的合力作用线与角钢杆件的轴线重合。各种形式的

焊缝内力如下。

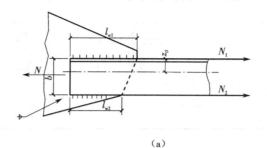

（a）

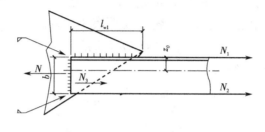

（c）

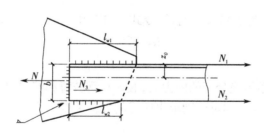

（b）

图 2-30 角钢与连接板的角焊缝连接
（a）两面侧焊；（b）三面围焊；（c）L 形围焊

①当采用两面侧焊（图 2-30（a））时，设 N_1 和 N_2 分别为角钢肢背和肢尖焊缝分担的内力，由平衡条件 $\sum M=0$，可得

$$N_1 = \frac{b - z_0}{b} N = \eta_1 N \qquad (2\text{-}13)$$

$$N_2 = \frac{z_0}{b} N = \eta_2 N \qquad (2\text{-}14)$$

式中　b——角钢肢宽；

z_0——角钢形心距（见附表 3-1、附表 3-2）；

η_1, η_2——角钢肢背和肢尖焊缝的内力分配系数，可按表 2-5 的参数近似值取用。

表 2-5　角钢两侧角焊缝的内力分配系数

角钢类型		等边	不等边	
连接情况				
内力分配系数	角钢肢背 η_1	0.7	0.75	0.65
	角钢肢尖 η_2	0.3	0.25	0.35

②当采用三面围焊（图 2-30（b））时，可先选取正面角焊缝的焊脚尺寸 h_{f3}，并计算其所能承受的内力（设截面为双角钢组成的 T 形截面，见附表 3-1、附表 3-2 中的附图）：

$$N_3 = 2 \times 0.7 h_{f3} b \beta_f f_f^w \qquad (2\text{-}15)$$

再由平衡条件 $\sum M = 0$，可得

$$N_1 = \frac{b - z_0}{b} N - \frac{N_3}{2} = \eta_1 N - \frac{N_3}{2} \qquad (2\text{-}16)$$

$$N_2 = \frac{z_0}{b} N - \frac{N_3}{2} = \eta_2 N - \frac{N_3}{2} \qquad (2\text{-}17)$$

③当采用 L 形围焊（图 2-30（c））时，可令式（2-17）中的 $N_2 = 0$，即得

$$N_3 = 2\eta_2 N \qquad (2\text{-}18)$$

$$N_1 = N - N_3 \qquad (2\text{-}19)$$

按上述方法求出各条焊缝分担的内力后，假定角钢肢背和肢尖焊缝尺寸 h_{f1} 和 h_{f2}（对三面围焊宜假定 h_{f1}、h_{f2}、h_{f3} 相等），即可分别求出所需的焊缝长度：

$$l_{w1} = \frac{N_1}{2 \times 0.7 h_{f1} f_f^w} \qquad (2\text{-}20)$$

$$l_{w2} = \frac{N_2}{2 \times 0.7 h_{f2} f_f^w} \qquad (2\text{-}21)$$

对 L 形围焊可按下式先求其正面角焊缝的焊脚尺寸 h_{f3}，然后使 $h_{f1} = h_{f3}$，再由式（2-20）即可求出 l_{w1}，即

$$h_{f3} = \frac{N_3}{2 \times 0.7 b \beta_f f_f^w} \qquad (2\text{-}22)$$

采用的每条焊缝实际长度应取其计算长度加 $2h_f$，并取 5 mm 的倍数。

2）弯矩、剪力和轴力共同作用时的角焊缝计算

如图 2-31（a）所示，将力 F 分解并向角焊缝有效截面的形心简化后，可与图 2-31（b）所示 M、V 和 N 的共同作用等效。图中焊缝端点 A 为危险点，其所受由 M 和 N 产生的垂直于焊缝长度方向的应力分别为

$$\sigma_f^M = \frac{M}{W_f^w} = \frac{6M}{2 \times 0.7 h_f l_w^2} \qquad (2\text{-}23)$$

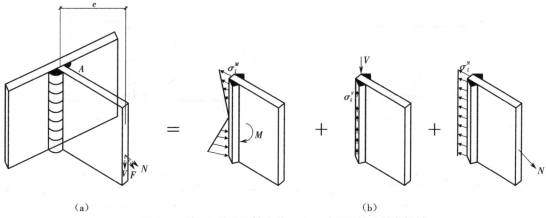

图 2-31 弯矩、剪力和轴力共同作用时 T 形接头的角焊缝

$$\sigma_f^N = \frac{N}{A_f^w} = \frac{N}{2 \times 0.7 h_f l_w} \tag{2-24}$$

式中 W_f^w, A_f^w——角焊缝有效截面的截面模量和截面面积。

由 V 产生的平行于焊缝长度方向的应力为

$$\tau_f^V = \frac{V}{A_f^w} = \frac{V}{2 \times 0.7 h_f l_w} \tag{2-25}$$

根据式(2-9), A 点焊缝应满足

$$\sqrt{\left(\frac{\sigma_f^M + \sigma_f^N}{\beta_f}\right)^2 + (\tau_f^V)^2} \leqslant f_f^w \tag{2-26}$$

仅有弯矩和剪力共同作用,即上式中 $\sigma_f^N = 0$ 时,可得

$$\sqrt{\left(\frac{\sigma_f^M}{\beta_f}\right)^2 + \left(\tau_f^V\right)^2} \leqslant f_f^w \tag{2-27}$$

【例 2-3】 试设计一对盖板的角焊缝对接接头(图 2-32)。已知钢板截面尺寸为 300 mm × 14 mm,承受轴心力设计值 N=800 kN(静力荷载)。钢材为 Q235,手工焊,焊条为 E43 型。

【解】 根据焊件与母材等强的原则,取 2-260 × 8 盖板,钢材为 Q235,其截面面积为

$$A = 2 \times 26 \times 0.8 = 41.6 \text{ cm}^2 \approx 30 \times 1.4 = 42 \text{ cm}^2$$

取 $h_f = 6$ mm

$$h_f < h_{f\max} = t - (1 \sim 2) \text{ mm} = 8 \text{ mm} - (1 \sim 2) \text{ mm} = (6 \sim 7) \text{ mm}$$

$$h_f < h_{f\max} = 1.2 t_{\min} = 1.2 \times 8 = 9.6 \text{ mm}$$

$$h_f > h_{f\min} = 1.5 \sqrt{t_{\max}} = 1.5 \sqrt{14} = 5.6 \text{ mm}$$

因 $t = 8$ mm<12 mm,且 $b = 260$ mm>190 mm,为防止因仅用侧面角焊缝引起板件拱曲过大,故采用三面围焊(图 2-32(a))。正面角焊缝能承受的内力为

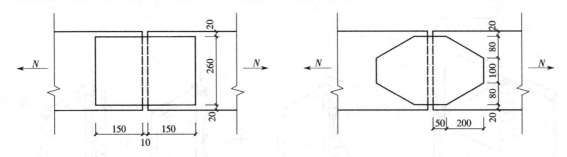

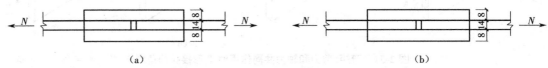

图 2-32　例 2-3 图

$$N' = 2 \times 0.7 h_f l'_w \beta_f f_f^w = 2 \times 0.7 \times 6 \times 260 \times 1.22 \times 160 = 426 \text{ kN}$$

接头一面的长度：

$$l''_w = \frac{N - N'}{4 \times 0.7 h_f f_f^w} = \frac{(800 - 426) \times 10^3}{4 \times 0.7 \times 6 \times 160} = 139 \text{ mm}$$

盖板总长：

$$l = 2 \times (139 + 6) + 10 = 300 \text{ mm}$$

取 310 mm（式中，6 mm 是考虑三面围焊连续施焊,故可按一条焊缝,仅在侧面焊缝一端减去起落弧缺陷 h_f），接头布置如图 2-32（a）所示。

为了减少矩形盖板四角处焊缝的应力集中,现改用图 2-32（b）所示的菱形盖板。接头一侧需要焊缝的总长度按式（2-12）计算：

$$\sum l_w = \frac{N}{h_e f_f^w} = \frac{800 \times 10^3}{2 \times 0.7 \times 6 \times 160} = 595 \text{ mm}$$

实际焊缝的总长度：

$$\sum l_w = 2 \times \left(50 + \sqrt{200^2 + 80^2}\right) + 100 - 2 \times 6 = 619 \text{ mm} > 595 \text{ mm}（满足要求）$$

改用菱形盖板后长度有所增加,但焊缝受力情况有较大改善。

【例 2-4】 试设计角钢与连接板的角焊缝（图 2-33）。轴心力设计值 N=800 kN（静力荷载）,角钢为 2 ∟ 125×80×10,长肢相连,连接板厚度 t=12 mm,钢材为 Q235,手工焊,焊条为 E43 型。

【解】 取 $h_f = 8$ mm

$$h_f < h_{f\max} = t - (1 \sim 2) \text{ mm} = 10 \text{ mm} - (1 \sim 2) \text{ mm} = (8 \sim 9) \text{ mm}（角钢肢尖）$$

$$h_f < h_{f\max} = 1.2 t_{\min} = 1.2 \times 10 = 12 \text{ mm}（角钢肢背）$$

$$h_f > h_{f\min} = 1.5 \sqrt{t_{\max}} = 1.5 \sqrt{12} = 5.2 \text{ mm}$$

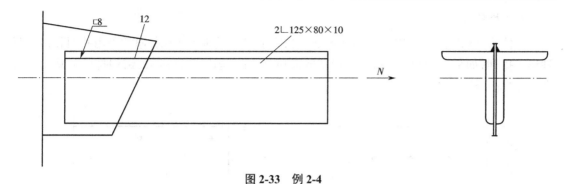

图 2-33　例 2-4

采用三面围焊。正面角焊缝能承受的内力按式（2-15）计算：

$$N_3 = 2 \times 0.7 h_f b \beta_f f_f^w = 2 \times 0.7 \times 8 \times 125 \times 1.22 \times 160 = 273 \text{ kN}$$

肢背和肢尖需要的焊缝实际长度按式（2-16）、式（2-17）计算：

$$N_1 = \eta_1 N - \frac{N_3}{2} = 0.65 \times 800 - \frac{273}{2} = 383.5 \text{ kN}$$

$$N_2 = \eta_2 N - \frac{N_3}{2} = 0.35 \times 800 - \frac{273}{2} = 143.5 \text{ kN}$$

肢背和肢尖需要的焊缝实际长度按式（2-20）、式（2-21）计算：

$$l_{w1} = \frac{N_1}{2 \times 0.7 h_f f_f^w} + h_f = \frac{383.5 \times 10^3}{2 \times 0.7 \times 8 \times 160} + 8 = 222 \text{ mm}$$

故取 225 mm。

$$l_{w2} = \frac{N_2}{2 \times 0.7 h_f f_f^w} + h_f = \frac{143.5 \times 10^3}{2 \times 0.7 \times 8 \times 160} + 8 = 88 \text{ mm}$$

故取 90 mm。

2.3　普通螺栓连接

2.3.1　普通螺栓连接的构造

1. 普通螺栓的形式和规格

钢结构采用的普通螺栓形式为六角头形，普通粗牙螺纹，其代号用字母 M 与公称直径表示，工程中常用的为 M16、M20、M22 和 M24。螺栓的最大连接长度因螺栓直径不同而异，选用时宜控制其不超过螺栓标准中规定的夹紧长度，一般为 4~6 倍螺栓直径，高强度螺栓为 5~7 倍。另外，螺栓长度还应考虑螺栓头部及螺母下各设一个垫圈，螺栓拧紧后外露螺纹不少于 2~3 道。

C 级螺栓的孔径比螺栓杆径大 1.5~3 mm，具体是 M12、M16 为 1.5 mm，M18、M22、M24 为 2 mm，M27、M30 为 3 mm。

2. 螺栓的排列

螺栓的排列应遵循简单、紧凑、整齐划一和便于安装、紧固的原则,通常采用并列和错列两种形式排列,如图 2-34(a)所示。并列排放简单,但栓孔削弱截面较大;错列排放可减少截面削弱,但排列较繁。

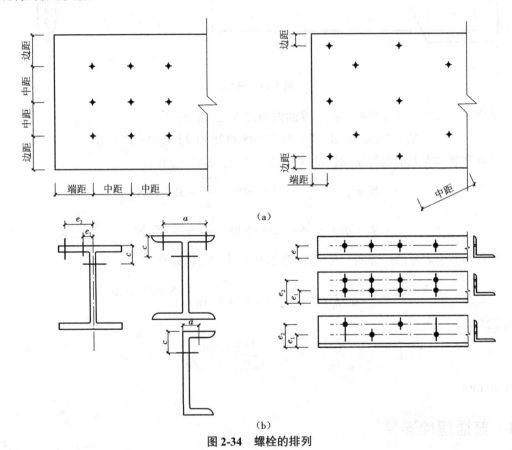

（a）

（b）

图 2-34　螺栓的排列

不论采用哪种排列,螺栓的中距(螺栓中心间距)、端距(顺内力方向螺栓中心至构件边缘的距离)和边距(垂直于内力方向螺栓中心至构件边缘的距离)应满足下列要求。

（1）受力要求。螺栓任意方向的中距、边距和端距均不应过小,以免构件在承受拉力作用时加剧孔壁周围的应力集中,防止钢板过度削弱而承载力过低,造成孔与孔或孔与边间拉断或剪断。当构件承受压力作用时,顺压力方向的中距不应过大,否则螺栓间钢板可能失稳形成鼓曲。

（2）构造要求。螺栓的中距不应过大,否则钢板不能紧密贴合。外排螺栓的中距、边距和端距更不应过大,以防止潮气侵入引起锈蚀。

（3）施工要求。螺栓间应有足够距离,以便于转动扳手,拧紧螺母。

《标准》规定的螺栓最大、最小容许距离见表 2-6。排列螺栓时,宜按最小容许距离取用,且应取 5 mm 的倍数,并按等距离布置,以缩小连接的尺寸。最大容许距离一般只在起联系作用的构造连接中采用。

表 2-6　螺栓的最大、最小容许距离

名称	位置和方向			最大容许距离 （取二者的较小值）	最小容许距离
中心距离	外排（垂直于内力方向或顺内力方向）			$8d_0$ 或 $12t$	$3d_0$
	中间排	垂直于内力方向		$16d_0$ 或 $24t$	
		顺内力方向	构件受压力	$12d_0$ 或 $18t$	
			构件受拉力	$16d_0$ 或 $24t$	
	沿对角方向			—	
中心至构件 边缘距离	顺内力方向			$4d_0$ 或 $8t$	$2d_0$
	垂直于内力 方向	剪切边或手工气割边			$1.5d_0$
		轧制边、自动精密 气割或锯割边	高强度螺栓、 其他螺栓		$1.2d_0$

注：1. d_0 为螺栓孔直径，t 为外层较薄板件的厚度。
　　2. 钢板边缘与刚性构件（如角钢、槽钢）相连的螺栓的最大间距，可按中间排数值采用。

　　工字钢、槽钢、角钢上螺栓的排列如图 2-34（b）所示，除应满足表 2-6 规定的最大、最小容许距离外，还应符合各自的线距和最大孔径 d_{0max} 的要求（表 2-7~ 表 2-9），以使螺栓大小和位置适当并便于拧固。H 型钢腹板和翼缘上螺栓的线距和最大孔径，可分别参照工字钢腹板和角钢选用。

表 2-7　工字钢翼缘和腹板上螺栓的最小容许线距和最大孔径　　（mm）

型号	12.6	14	16	18	20	22	25	28	32	36	40	45	50	56	63
a	40	45	50	50	55	60	65	70	75	80	80	85	90	90	95
c	40	45	45	45	50	50	55	60	60	65	70	75	75	75	75
d_{0max}	11.5	13.5	15.5	17.5	17.5	20	20	20	22	24	24	26	26	26	26

表 2-8　槽钢翼缘和腹板上螺栓的最小容许线距和最大孔径　　（mm）

型号	12.6	14	16	18	20	22	25	28	32	36	40
a	30	35	35	40	40	45	45	45	50	55	60
c	40	45	50	50	55	55	55	60	65	70	75
d_{0max}	17.5	17.5	20	22	22	22	22	24	24	26	26

表2-9　角钢上螺栓的最小容许线距和最大孔径　（mm）

肢宽		40	45	50	56	63	70	75	80	90	100	110	125	140	160	180	200
单行	e	25	25	30	30	35	40	40	45	50	55	60	70	—	—	—	—
	d_{0max}	11.5	13.5	13.5	15.5	17.5	20	22	22	24	24	26	26	—	—	—	—
双行错列	e_1	—	—	—	—	—	—	—	—	—	—	—	55	60	70	70	80
	e_2	—	—	—	—	—	—	—	—	—	—	—	90	100	120	140	160
	d_{0max}	—	—	—	—	—	—	—	—	—	—	—	24	24	26	26	26
双行并列	e_1	—	—	—	—	—	—	—	—	—	—	—			60	70	80
	e_2	—	—	—	—	—	—	—	—	—	—	—			130	140	160
	d_{0max}	—	—	—	—	—	—	—	—	—	—	—			24	24	26

2.3.2　普通螺栓连接的计算

1. 受剪普通螺栓连接

（1）受剪螺栓连接在达到极限承载力时可能出现五种破坏形式。

①栓杆剪断（图2-35（a））：当螺栓直径较小而钢板相对较厚时可能发生。

②孔壁挤压破坏（图2-35（b））：当螺栓直径较大而钢板相对较薄时可能发生。

③钢板拉断（图2-35（c））：当钢板因螺孔削弱过多时可能发生。

④端部钢板剪断（图2-35（d））：当顺受力方向的端距过小时可能发生。

⑤栓杆受弯破坏（图2-35（e））：当螺栓过长时可能发生。

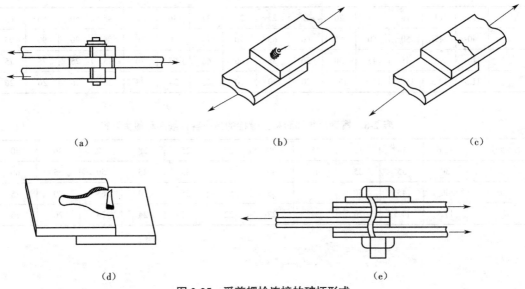

（a）　　　　　　　　　（b）　　　　　　　　　（c）

（d）　　　　　　　　　（e）

图2-35　受剪螺栓连接的破坏形式

（a）栓杆剪断；（b）孔壁挤压破坏；（c）钢板拉断；（d）端部钢板剪断；（e）栓杆受弯破坏

上述破坏形式中的后两种在选用最小容许端距 $2d$ 和使螺栓的夹紧长度不超过 4~6 倍螺栓直径的条件下,均不会发生。其他三种形式的破坏需通过计算来防止。

(2)计算方法。

①单个普通螺栓受剪的抗剪承载力设计值(假定螺栓受剪面上的剪(切)应力为均匀分布):

$$N_v^b = n_v \frac{\pi d^2}{4} f_v^b \qquad (2\text{-}28)$$

式中 n_v——受剪面数目,单剪 $n_v=1$,双剪 $n_v=2$,四剪 $n_v=4$,如图 2-36 所示;

d——螺栓杆直径;

f_v^b——螺栓的抗剪强度设计值,根据试验值确定,见附表 1-4。

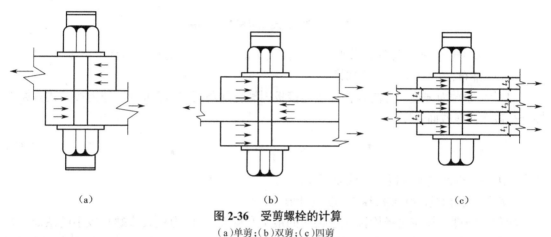

图 2-36 受剪螺栓的计算
(a)单剪;(b)双剪;(c)四剪

②单个普通螺栓受剪的承压承载力设计值(假定承压应力沿螺栓直径的投影面均匀分布):

$$N_c^b = d \sum t f_c^b \qquad (2\text{-}29)$$

式中 $\sum t$——在同一受力方向的承压构件的较小总厚度(图 2-36(c)中的四剪,$\sum t$ 取 $t_1+t_3+t_5$ 和 t_2+t_4 中的较小值);

f_c^b——螺栓的(孔壁)承压强度设计值,与构件的钢号有关,根据试验值确定,见附表 1-4;

d——螺栓杆直径。

③普通螺栓群受轴心剪力作用时的数目计算。

图 2-37 所示为一受轴心力 N 作用的螺栓连接双盖板对接接头。尽管 N 通过螺栓群形心,但试验证明,各螺栓在弹性工作阶段受力并不相等,两端大,中间小,但在进入弹塑性工作阶段后,由于内力重新分布,各螺栓受力将逐渐趋于相等,故可按平均受力计算。因此,连接一侧螺栓需要的数目为

$$n = \frac{N}{N_{min}^b} \qquad (2\text{-}30)$$

式中　$N_{\min}^{b}$——一个螺栓抗剪承载力设计值与承压承载力设计值的较小值。

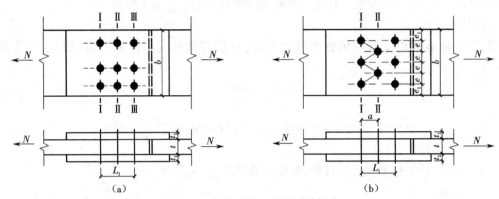

图 2-37　螺栓连接双盖板对接接头

按《标准》规定,每一杆件在节点上及拼接接头的一端,永久螺栓数不宜少于 2 个,图 2-37(a)为并列排布,图 2-37(b)为错列排布。

④验算净截面强度。为防止构件或连接板因螺孔削弱而拉(或压)断,还需按下式验算连接开孔截面的净截面强度:

$$\sigma = \frac{N}{A_{\rm n}} \leqslant f \qquad (2\text{-}31)$$

式中　$A_{\rm n}$——构件或连接板的净截面面积;

f——钢材的抗拉(或抗压)强度设计值。

净截面强度验算应选择构件或连接板的最不利截面,即内力最大或螺孔较多的截面。如图 2-37(a)所示,当螺栓为并列布置时,构件最不利截面为截面Ⅰ—Ⅰ,其内力最大为 N。而截面Ⅱ—Ⅱ和截面Ⅲ—Ⅲ因前面螺栓已传递部分力,故内力分别递减。但对连接板各截面,因受力相反,截面Ⅲ—Ⅲ受力最大,也为 N,故还需按下式将其与构件截面比较,以确定最不利截面($A_{\rm n}$ 最小):

$$A_{\rm n} = (b - n_1 d_0) t \qquad (2\text{-}32)$$
$$A_{\rm n} = 2(b - n_3 d_0) t_1 \qquad (2\text{-}33)$$

式中　n_1, n_3——截面Ⅰ—Ⅰ和截面Ⅲ—Ⅲ上的螺孔数;

t, t_1——构件和连接板的厚度;

b——构件和连接板的宽度。

当螺栓为错列布置(图 2-37(b))时,构件或连接板除可能沿直线截面Ⅰ—Ⅰ破坏外,还可能沿折线截面Ⅱ—Ⅱ破坏,其长度虽较长,但螺孔数较多,故需按下式计算净截面面积,以确定最不利截面:

$$A_{\rm n} = \left[2e_1 + (n_1 - 1)\sqrt{a^2 + e^2} - n_2 d_0 \right] t \qquad (2\text{-}34)$$

式中　n_2——折线截面Ⅱ—Ⅱ上的螺孔数。

【例 2-5】 两截面为 -400×14 的钢板(图 2-38),采用双盖板和 C 级普通螺栓拼接,螺栓为 M20,钢材为 Q235,承受轴心拉力值 $N = 960$ kN。试设计此连接。

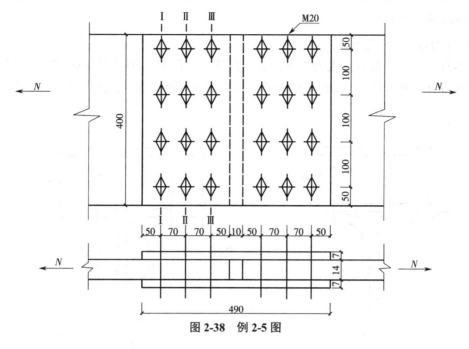

图 2-38　例 2-5 图

【解】 (1)确定连接盖板截面。

采用双盖板拼接,截面尺寸选 400 mm × 7 mm,与被连接钢板截面面积相等,钢材亦采用 Q235。

(2)确定所需螺栓数目和螺栓排列布置。

由附表 1-4 查得 f_v^b =140 N/mm²,f_c^b =305 N/mm²,单个螺栓承压承载力设计值:

$$N_v^b = n_v \frac{\pi d^2}{4} f_v^b = 2 \times \frac{\pi \times 20^2}{4} \times 140 = 87\ 964\ \text{N}$$

$$N_c^b = d \sum t f_c^b = 20 \times 14 \times 305 = 85\ 400\ \text{N}$$

$$N_{min}^b = \min\{N_v^b, N_c^b\} = 85\ 400\ \text{N}$$

则连接一侧所需螺栓数目为

$$n = \frac{N}{N_{min}^b} = \frac{960 \times 10^3}{85\ 400} = 11\ (\text{取}\ n=12)$$

采用图 2-38 所示的并列排布。连接盖板尺寸采用 2-400 × 7 × 490,其螺栓的中距和端距均满足要求。

(3)验算连接板件的净截面强度。

连接钢板在截面 I—I 受力最大,为 N;连接盖板则是截面 III—III 受力最大,为 N,但因二者钢材、截面均相同,故只验算连接钢板。取螺栓孔径 d_0 = 22 mm,连接钢板的 f = 215 N/mm²。

$$A_n = (b - n_1 d_0)t = (400 - 4 \times 22) \times 14 = 4\ 368\ \text{mm}^2$$

$$\sigma = \frac{N}{A_n} = \frac{960 \times 10^3}{4\ 368} = 220\ \text{N/mm}^2\ (\text{满足要求})$$

2. 受拉普通螺栓连接

（1）受力性能和破坏形式。

图 2-39 所示为一螺栓连接的 T 形接头。在外力 N 作用下，构件相互间有分离的趋势，从而使螺栓沿杆轴方向受拉。受拉螺栓的破坏形式是栓杆被拉断，其部位多在被螺纹削弱的截面处。

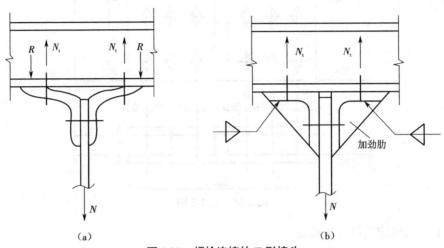

图 2-39 螺栓连接的 T 形接头

（2）计算方法。

①单个受拉螺栓的承载力设计值。假定拉应力在螺栓螺纹处截面上均匀分布。因此单个螺栓的抗拉承载力设计值为

$$N_t^b = A_e f_t^b = \frac{\pi d_e^2}{4} f_t^b \qquad (2\text{-}35)$$

式中 A_e, d_e ——螺栓螺纹处的有效截面面积和有效直径，按表 2-10 选用；

f_t^b ——螺栓的抗拉强度设计值。

表 2-10 螺栓螺纹处的有效截面面积和有效直径 （mm）

螺栓直径 d	16	18	20	22	24	27	30
螺距 p	2	2.5	2.5	2.5	3	3	3.5
螺栓有效直径 d_e	14.123 6	15.654 5	17.654 5	19.654 5	21.185 4	24.185 4	26.716 3
螺栓有效截面面积 A_e	156.7	192.5	244.88	303.4	352.5	495.4	560.6

注：表中的螺栓有效截面面积 A_e 值按式 $A_e = \frac{\pi}{4}\left(d - \frac{13}{14}\sqrt{3}p\right)$ 计算。

在螺栓连接的 T 形接头中，构造上一般须采用连接件，如图 2-39（b）中的角钢或钢板，以加强连接件的刚度，减少螺栓中的附加力 R（图 2-39（a））。

②普通螺栓群受轴心拉力作用时的计算。当外力 N 通过螺栓群形心时，假定每个螺栓所

受的拉力相等,则连接所需螺栓数目为

$$n = \frac{N}{N_t^b} \qquad (2\text{-}36)$$

③普通螺栓群受偏心拉力作用时的计算。图2-40所示为钢结构中常见的一种普通螺栓连接形式(如屋架下弦端部与柱的连接)。螺栓群受偏心拉力 F(与图2-40中所示的 $M=Fe$ 和 $N=F$ 共同作用等效)和剪力 V 的作用。由于有焊在柱上的支托承受剪力 V,故螺栓群只承受偏心拉力 N 的作用。但在计算时还须根据偏心距的大小将其区分为小偏心和大偏心两种情况。

a. 小偏心情况,即偏心距 e 不大,弯矩 M 不大,连接以承受轴心拉力 N 为主。在此种情况下,螺栓群将全部受拉,下部端板不出现受压区,故在计算 M 产生的螺栓内力时,中和轴应取在螺栓群的形心轴处,螺栓内力按三角形分布(上部螺栓受拉,下部螺栓受压),即每个螺栓 i 所受拉力或压力的大小与该螺栓至中和轴的距离 y_i 成正比;在轴心拉力 N 作用下,每个螺栓均匀受力,由此可得顶端螺栓1和底端螺栓1′由弯矩 M 和拉力 N 产生的拉力和压力为

$$N_{1\max} = \frac{N}{n} + \frac{Ney_1}{m\sum y_i^2} \leqslant N_t^b \qquad (2\text{-}37)$$

$$N_{1'\max} = \frac{N}{n} + \frac{Ney_{1'}}{m\sum y_i^2} \geqslant 0 \qquad (2\text{-}38)$$

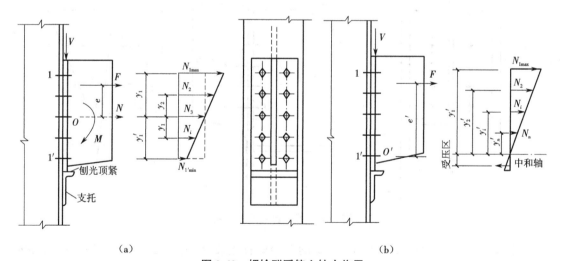

图2-40 螺栓群受偏心拉力作用
(a)小偏心情况;(b)大偏心情况

式中 y_i, y_i' ——螺栓 i 和 i' 至中和轴的距离;

m ——螺栓列数(图2-40中 $m=2$)。

若 $N_{1'\min} < 0$ 或 $e > m\sum y_i^2 / n y_i$,则表示最下一排螺栓为受压(实际是端板底部受压),此时需改用下述大偏心情况计算。

b. 大偏心情况,即偏心距 e 较大,弯矩 M 较大。在此种情况下,端板底会出现受压区(图

2-40（b）），中和轴位置将下移。为简化计算，可近似地将中和轴假定在（弯矩指向一侧）最外一排螺栓轴线 O' 处。因此，按与小偏心情况相似的方法，由力的平衡条件（端板底部压力的力矩因力臂很小可忽略）可得最不利螺栓 1 所受的拉力和应满足的强度条件为

$$N_{1max} = \frac{Fe'}{m \sum y_i'^2} \leq N_t^b \qquad (2\text{-}39)$$

式中 e'，y'，y_i' ——自轴线 O' 计算的偏心距及至螺栓 1 和螺栓 i 的距离。

④螺栓群受弯矩作用时的计算。图 2-41 所示亦为钢结构常见的另一种普通螺栓连接形式，如牛腿或梁端部与柱的连接。螺栓群受偏心力 F 或弯矩 $M(M=Fe)$ 和剪力 $V(V=F)$ 的共同作用。由于有焊在柱上的支托承受剪力 V，故螺栓群只承受弯矩的作用。此种情况类似于前述螺栓群受偏心力作用时的大偏心（弯矩较大）情况，即中和轴可近似地取在弯矩指向一侧最外一排螺栓轴线 O' 处，并同样可得类似式（2-39）计算最不利螺栓 1 所受的拉力和应满足的强度条件为

$$N_{1max} = \frac{My_1'}{m \sum y_i'^2} \leq N_t^b \qquad (2\text{-}40)$$

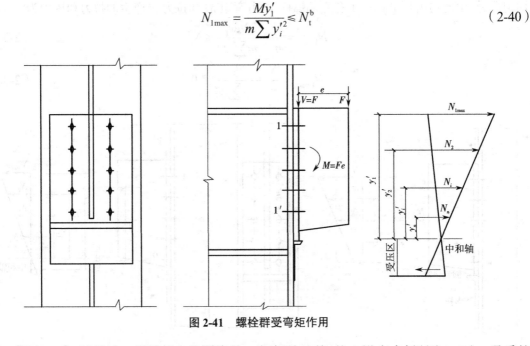

图 2-41 螺栓群受弯矩作用

【例 2-6】 试设计一梁端部和柱翼缘的 C 级螺栓连接，柱上设有支托（图 2-42）。承受的竖向剪力 $V=350$ kN，弯矩 $M=60$ kN·m（均为设计值）。梁和柱钢材均为 Q235 钢。

【解】 初选 10 个 M20 螺栓，$d_0=22$ mm，并按图中尺寸排列。中距布置较大，以增加抵抗弯矩的能力。

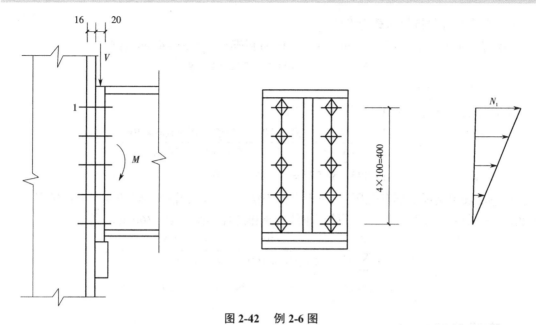

图 2-42　例 2-6 图

单个螺栓的抗拉承载力设计值按式（2-35）计算：

$$N_t^b = A_e f_t^b = 244.8 \times 170 = 41\,616\,\text{N} = 41.6\,\text{kN}$$

由式（2-40）得

$$N_{1max} = \frac{My_1'}{m\sum y_i'^2} = \frac{60 \times 10^2 \times 40}{2 \times (10^2 + 20^2 + 30^2 + 40^2)} = 40\,\text{kN} < N_t^b = 41.6\,\text{kN}（满足要求）$$

【例 2-7】　图 2-43（a）所示屋架下弦端节点 A 的连接如图 2-43（b）所示。 图中下弦、腹杆与节点板等在工厂焊成整体,在工地吊装就位于柱的支托处,然后用螺栓与柱连成整体,钢材为 Q235,采用 C 级普通螺栓 M22。试验算该连接的螺栓是否安全。

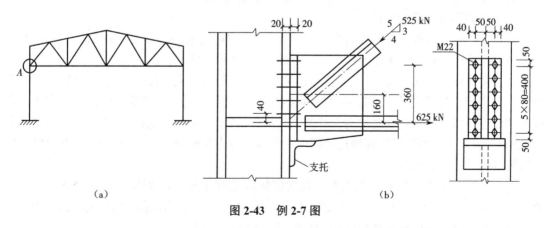

（a）　　　　　　　　　　　　　　　　　（b）

图 2-43　例 2-7 图

【解】　竖向剪力 $V = 525 \times 3/5 = 315\,\text{kN}$,全部由支托承担;水平偏心力 $N = 625 - 525 \times 4/5 = 205\,\text{kN}$,由螺栓群连接承受（最底排螺栓受力最大）。

（1）单个螺栓的抗拉承载力设计值。

由附表 1-4 查得 $f_t^b = 170$ N/mm², 由表 2-10 查得螺栓 $A_e = 303.4$ mm², 则

$$N_t^b = A_e f_t^b = 303.4 \times 170 = 51\,578 \text{ N}$$

（2）螺栓强度验算。

下弦杆轴线与螺栓群中心的距离 $e = 160$ mm, 则

$$N'_{min} = \frac{N}{n} - \frac{M y'_i}{m \sum y_i^2} = \frac{205 \times 10^3}{12} - \frac{205 \times 10^3 \times 160 \times 200}{2 \times (40^2 + 120^2 + 200^2)}$$

$$= 17\,083 - 58\,571 = -41\,488 \text{ N} < 0$$

$N'_{min} < 0$ 表示端板上部有受压区, 属于大偏心情况。此时, 螺栓群转动轴在最顶排螺栓处, 最底排螺栓受力最大值为 N_{max}。下弦杆轴线与顶排螺栓的距离 $e' = 360$ mm, 所以

$$N_{1max} = \frac{F e' \, y'_1}{m \sum y_i'^2} = \frac{205 \times 10^3 \times 360 \times 400}{2 \times (80^2 + 160^2 + 240^2 + 320^2 + 400^2)}$$

$$= 41\,932 \text{ N} < N_t^b = 51\,578 \text{ N (满足要求)}$$

2.4　高强度螺栓连接

2.4.1　概述

1. 高强度螺栓连接的工作性能及构造

高强度螺栓连接分为摩擦型连接和承压型连接。

1) 摩擦型高强度螺栓连接

摩擦型高强度螺栓连接只依靠摩擦阻力传力, 并以剪力不超过接触面摩擦力作为设计准则。其特点是连接紧密、变形小、不松动、耐疲劳、安装简单。

2) 承压型高强度螺栓连接

承压型高强度螺栓连接在摩擦阻力被克服后允许接触面滑移, 依靠栓杆和螺孔之间的承压来传力。承压型高强度螺栓连接在摩擦力被克服后剪切变形较大。

高强度螺栓可广泛应用于厂房、高层建筑和桥梁等钢结构重要部位的安装连接, 但根据摩擦型高强度螺栓连接和承压型高强度螺栓连接的不同特点, 其应用还应有所区别。摩擦型高强度螺栓连接以用于直接承受动力荷载的结构最佳, 如吊车梁的工地拼接、重级工作制吊车梁与柱的连接等; 承压型高强度螺栓连接则仅用于承受静力荷载或间接承受动力荷载的结构, 以能发挥其高承载力的优点为宜。

高强度螺栓孔应用钻孔。摩擦型高强度螺栓因受力时不产生滑移, 故其孔径比螺栓公称直径稍大, 一般采用大 1.5 mm（M16）或 2.0 mm（≥ M20）; 承压型高强度螺栓则应比上列数值分别减少 0.5 mm, 一般采用大 1.0 mm（M16）或 1.5 mm（≥ M20）。

高强度螺栓的排列与普通螺栓的排列相同。

2. 高强度螺栓连接的预拉力和紧固方法

摩擦型高强度螺栓不论是用于受剪螺栓连接、受拉螺栓连接还是拉剪螺栓连接,其受力都是依靠螺栓对板叠强大的法向压力,即紧固预拉力。承压型高强度螺栓连接也要部分地利用这一特性。因此控制预拉力,即控制螺栓的紧固程度,是保证高强度螺栓连接质量的一个关键因素,高强度螺栓的紧固预拉力 P 见表 2-11。

表 2-11　高强度螺栓的紧固预拉力 P　　　　　　　　　　（kN）

螺栓的性能等级	螺栓					
	M16	M20	M22	M24	M27	M30
8.8 级	80	125	150	175	230	280
10.9 级	100	155	190	225	290	355

高强度螺栓的预拉力通过紧固螺母建立。为保证其数值准确,施工时应严格控制螺母的紧固程度,不得漏拧、欠拧或超拧。一般采用的紧固方法有以下几种。

1）扭矩法

为了减小先拧与后拧的高强度螺栓预拉力的差别,一般要先用普通扳手对其初拧(不小于终拧扭矩值的 50%),使板叠靠拢,然后用一种可显示扭矩值的扭矩扳手终拧。终拧扭矩值根据预先测定的扭矩和预拉力(增加 5%~10%,以补偿紧固后的松弛影响)之间的关系确定,施拧时偏差不得超过 ±10%。此法在我国应用广泛。

2）转角法

此法是通过控制螺栓应变即控制螺母的转角来获得规定的预拉力,因不需专门扳手,故简单有效。操作时从初拧作出的标记线开始,用长扳手(或电动、风动扳手)终拧 1/3~ 2/3 圈（120°~240°）。终拧角度与板叠厚度和螺栓直径等有关,可预先测定。

3）扭掉螺栓尾部梅花卡头

此法适用于扭剪型高强度螺栓。先对螺栓初拧,然后用特制电动扳手的两个套筒分别套住螺母和螺栓尾部梅花卡头(图 2-44)。操作时,大套筒正转施加紧固扭矩,小套筒则施加紧固反扭矩,将螺栓紧固后,再沿尾部槽口将梅花卡头拧掉。由于螺栓尾部槽口深度是按终拧扭矩和预拉力之间的关系确定的,故当梅花卡头拧掉时,螺栓即达到规定的预拉力值。扭剪型高强度螺栓由于具有施工简便且便于检查漏拧的优点,近年来在我国也得到广泛应用。

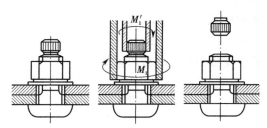

图 2-44　扭剪型高强度螺栓连接副的安装

3. 高强度螺栓连接摩擦面的处理及抗滑移系数 μ

高强度螺栓连接中,摩擦面的状态对连接接头的抗滑移承载力有很大的影响。因此必须对摩擦面进行处理,常见的处理方法如下。

1)喷砂或喷丸处理

砂粒粒径为 1.2~1.4 mm,喷射时间为 1~2 min,喷射风压为 0.5 MPa。处理后,其表面粗糙度可达 45~50 μm。

2)喷砂后生赤锈处理

喷砂后露天生锈 60~90 d,表面粗糙度可达到 55 μm,安装前应清除表面浮锈。

3)喷砂后涂无机富锌漆处理

该处理是为了防锈,一般要求涂层厚度为 0.6~0.8 μm。

4)手工钢丝刷清理浮锈

使用钢丝刷将钢材表面的氧化铁皮等污物清理干净,该处理方法比较简便,但抗滑移系数较小,适用于次要结构和构件。

摩擦面的抗滑移系数 μ 见表 2-12。

表 2-12　摩擦面的抗滑移系数 μ

处理方法	构件的钢号		
	Q235	Q345、Q390	Q420
喷砂(丸)	0.45	0.50	0.50
喷砂(丸)后涂无机富锌漆	0.35	0.40	0.40
喷砂(丸)后生赤锈	0.45	0.50	0.50
用钢丝刷清理浮锈或未经处理的干净轧制表面	0.30	0.35	0.40

2.4.2　摩擦型高强度螺栓连接的计算

1. 受剪摩擦型高强度螺栓连接

(1)单个摩擦型高强度螺栓的抗剪承载力设计值:

$$N_{\mathrm{v}}^{\mathrm{b}} = 0.9 n_{\mathrm{f}} \mu P \tag{2-41}$$

式中　n_{f}——传力摩擦面数目;

　　　P——每个高强度螺栓的预拉力,kN,见表 2-11;

　　　μ——摩擦面的抗滑移系数,见表 2-12。

(2)摩擦型高强度螺栓群受轴心剪力的数目计算:

$$n = \frac{N}{N_{\mathrm{v}}^{\mathrm{b}}} \tag{2-42}$$

（3）净截面验算：

$$\sigma = \frac{N'}{A_n} = \left(1 - 0.5\frac{n_1}{n}\right)\frac{N}{A_n} \le f \qquad (2\text{-}43)$$

式中 n_1——I—I 截面的螺栓数；

n——构件一端的螺栓数；

A_n——I—I 截面的净截面面积，$A_n = (b - n_1 d_0)t$，其中 b 为截面宽度，d_0 为螺栓孔直径，t 为截面钢板厚度；

f——钢材抗拉强度设计值。

（4）毛截面验算：

$$\sigma = \frac{N}{A} \le f \qquad (2\text{-}44)$$

式中 A——I—I 截面的毛截面面积。

2. 受拉摩擦型高强度螺栓连接

（1）单个摩擦型高强度螺栓连接抗拉承载力设计值：

$$N_t^b = 0.8P \qquad (2\text{-}45)$$

（2）摩擦型高强度螺栓群受轴心拉力的数目计算：

$$n = \frac{N}{N_t^b} \qquad (2\text{-}46)$$

（3）摩擦型高强度螺栓群受偏心拉力的计算。如图 2-40（a）所示，按小偏心考虑：

$$N_{1max} = \frac{N}{n} + \frac{Ney_1}{m\sum y_i^2} \le N_t^b = 0.8P \qquad (2\text{-}47)$$

【例 2-8】 图 2-45 所示为 -300×16 轴心受拉钢板和摩擦型高强度螺栓连接的拼接接头。已知钢材为 Q345，螺栓为 8.8 级 M20，用钢丝刷清理浮锈。试确定该拼接的最大承载力设计值 N。

【解】 （1）按螺栓连接强度确定 N。

由表 2-11 查得 P=125 kN，由表 2-12 查得 μ=0.35，则

$$N_v^b = 0.9n_f\mu P = 0.9 \times 2 \times 0.35 \times 125 = 78.75 \text{ kN}$$

12 个螺栓的总承载力设计值：

$$N = nN_v^b = 12 \times 78.75 = 945 \text{ kN}$$

（2）按钢板截面强度确定 N。

构件厚度 t=16 mm，小于两盖板厚度之和 $2t_1$=20 mm，所以按构件钢板计算。

①按毛截面强度确定 N。

钢材为 Q345，f=315 kN/mm²。

$$A = bt = 300 \times 16 = 4\ 800 \text{ mm}^2$$
$$N = Af = 4\ 800 \times 315 = 1\ 512 \text{ kN}$$

②按第一列螺栓净截面强度确定 N。

$$A_n = (b - n_1 d_0)t = (300 - 4 \times 22) \times 16 = 3\,392 \text{ mm}^2$$

$$N = \frac{A_n f}{1 - 0.5 \frac{n_1}{n}} = \frac{3\,392 \times 315}{1 - 0.5 \times \frac{4}{12}} = 1\,282 \text{ kN}$$

因此,该拼接的最大承载力设计值 $N = 945$ kN,由螺栓连接强度控制。

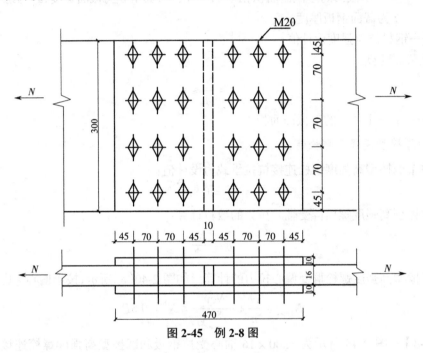

图 2-45 例 2-8 图

【实训任务】

1. 钢结构的角焊缝

目的:通过在钢结构制造安装公司施工现场对角焊缝的学习,了解设计图纸中角焊缝与施工实际的关系,掌握角焊缝的施工工艺及焊缝检测。

能力目标及要求:理解设计图纸中角焊缝与施工实际的关系,能进行角焊缝施工构造的技术指导及焊缝检测。

步骤提示:

(1)识读图纸;

(2)角焊缝构造技术交底,写出施焊技术要点;

(3)进行角焊缝质量检测,主要是外观检验,写出检验报告。

2. 受拉摩擦型高强度螺栓

目的:通过钢结构受拉摩擦型高强度螺栓连接施工现场的学习,了解设计图纸与施工实际的关系,掌握受拉摩擦型高强度螺栓连接的施工工艺。

能力目标及要求:能进行受拉摩擦型高强度螺栓连接的设计和施工技术指导。

步骤提示:写出学习报告书并对施工现场提出的一些问题进行思考。

【本章小结】

（1）建筑钢材要求强度高,塑性、韧性好,焊接结构还要求可焊性好。

（2）衡量钢材强度的指标是屈服点 f_y、抗拉强度 f_u,衡量钢材塑性的指标是伸长率 δ、截面收缩率 ψ 和冷弯试验指标,衡量钢材韧性的指标是冲击韧性值 A_{kv}。

（3）碳素结构钢的主要化学成分是铁和碳,其他成分为杂质;低合金高强度钢的主要化学成分除铁和碳外,还有总量不超过 5% 的合金元素,如锰、钒、铜等,这些元素以合金的形式存在于钢中,可以改善钢材性能。此外,低合金高强度钢中也有杂质,如硫、磷、氧、氮等是有害成分,应严格控制其含量。

（4）影响钢材力学性能的因素除化学成分外,还有冶炼轧制工艺、加工工艺、构造情况、重复荷载（疲劳）和环境温度（低温、高温）等因素。

（5）《标准》推荐采用碳素结构钢中的 Q235 钢及低合金高强度钢中的 Q345、Q390、Q420 钢。Q235 钢有 A、B、C、D 四个质量等级,其中 A、B 级有沸腾钢、镇静钢,C 级只有镇静钢,D 级只有特殊镇静钢;Q345、Q390、Q420 钢有 A、B、C、D、E 五个质量等级,其中 A、B、C、D 级只有镇静钢,E 级只有特殊镇静钢。供货时,除 A 级钢不保证冲击韧性值和 Q235-A 级钢不保证冷弯试验合格外,其余各级钢材均应保证抗拉强度、屈服点、伸长率、冷弯试验及冲击韧性值达到标准规定要求。

（6）钢结构常用的连接方法有焊接和螺栓连接。不论是钢结构的制造还是安装,焊接均为主要连接方法。螺栓连接有普通螺栓连接和高强度螺栓连接。普通螺栓宜用于沿其杆轴方向受拉的连接和次要的受剪连接,高强度螺栓适用于钢结构重要部位的安装连接。

（7）按焊缝的截面形状,焊缝可分为角焊缝、对接焊缝（坡口焊缝）以及由这两种焊缝组成的对接与角接组合焊缝。角焊缝便于加工但受力性能较差,对接焊缝与其相反,对接与角接组合焊缝受力性能最好,尤其是全焊透的对接与角接组合焊缝,其适用于要求验算疲劳的结构。除制造时接料和重要部位的连接采用对接焊缝外,一般多采用角焊缝。

（8）焊接除满足构造要求外,还应作必要的强度计算。全焊透的对接焊缝除三级受拉焊缝外,均与母材强度相等,故一般无须计算。

（9）普通螺栓连接除应满足构造要求外,还应作必要的强度计算。对受剪和受拉螺栓连接,均是计算其最不利螺栓所受的力（剪力或拉力）,使其不大于单个螺栓的承载力设计值（ N_c^b、N_v^b 或 N_t^b ）,但受剪螺栓连接还需验算构件因螺孔削弱的净截面强度。偏心力作用的受拉螺栓连接还需区分大、小偏心情况;对受剪螺栓连接则是判断其最不利情况。

（10）受剪和受拉摩擦型高强度螺栓连接的计算:其最不利螺栓所受的力（剪力或拉力）不大于单个螺栓的承载力设计值（ N_v^b 或 N_t^b ）;同时需验算毛截面强度。偏心力作用的受拉高强度螺栓连接不论偏心距大小,因其接触面始终密合,故中和轴取螺栓群的形心轴。

（11）钢结构中的连接形式虽然多种多样,但学习中只要能注意下列几点便能正确进行计算。

①识图。弄清连接构造形式及各构件的空间几何位置。

②传力。能正确地将外力按静力平衡条件分解到焊缝或栓杆处,即得到 N_x、N_y。

③公式。熟悉并理解焊缝基本计算公式和单个螺栓的承载力计算公式。

④构造要求。熟悉并理解《标准》中关于连接构造要求的各项规定。

【思考题】

2-1　钢结构对钢材性能有哪些要求？这些要求用哪些指标来衡量？

2-2　碳、锰、硫、磷对碳素结构钢的力学性能分别有哪些影响？

2-3　钢结构中常用的钢材有哪几种？钢材牌号的表示方法是什么？

2-4　钢材选用应考虑哪些因素？怎样选择才能保证经济合理？

2-5　钢材的力学性能为什么要按厚度或直径进行划分？试比较 Q235 钢中不同厚度钢材的屈服点。

2-6　Q235 钢中四个质量等级的钢材在脱氧方法和力学性能上有何不同？

2-7　钢材在复杂应力作用下是否仅产生脆性破坏？为什么？

2-8　低合金高强度结构钢牌号中的符号分别表示什么？

2-9　应力集中对钢材的力学性能有哪些影响？为什么？

2-10　承重结构的钢材应保证哪几项力学性能和化学成分？

2-11　一中级工作制、起重量为 50 t 的焊接吊车梁,工作温度为 −20 ℃以上,现拟采用 Q235 钢,应选用哪一种质量等级？

2-12　钢结构常用的连接方法有哪几种？它们各在哪些范围应用较合适？

2-13　简述常用焊缝符号所表示的意义。

2-14　手工焊条型号应根据什么选择？焊接 Q235-B 级钢和 Q345 级钢的一般结构需分别采用哪种焊条型号？

2-15　对接接头采用对接焊缝和采用加盖板的角焊缝各有何特点？

2-16　焊缝质量分几个等级？与钢材等强的受拉对接焊缝需采用几级？

2-17　对接焊缝在哪种情况下才需进行计算？

2-18　角焊缝的尺寸都有哪些要求？

2-19　在什么情况下不考虑角焊缝计算公式中的增大系数？

2-20　角钢用角焊缝连接受轴心力作用时,角钢肢背和肢尖焊缝的内力分配系数为何不同？

2-21　螺栓在钢板和型钢上的容许距离都有哪些规定？它们是根据哪些要求制定的？

2-22　普通螺栓的受剪螺栓连接有哪几种破坏形式？用什么方法可以防止？

2-23　普通螺栓群受偏心拉力作用时应怎样区分大、小偏心情况？它们的特点有哪些不同？

2-24　摩擦型高强度螺栓连接和普通螺栓连接的受力特点有何不同？它们在传递剪力和拉力时的单个螺栓承载力设计值的计算公式有何区别？

2-25　在受剪连接中使用普通螺栓连接或摩擦型高强度螺栓连接，对构件开孔截面净截面强度的影响哪种大？为什么？

3 钢结构的基本构件计算

【学习目标】

通过本章的学习,学生应掌握受弯构件(钢梁)、轴心受力构件(拉杆、压杆)、偏心受力构件(拉弯和压弯构件)的计算要点、基本公式、计算步骤和应用,能进行一般钢结构基本构件的设计与施工验算,并掌握基本构件的构造要求。

【能力要求】

通过本章的学习,学生能进行单向受弯型钢梁和组合梁、实腹式轴心受压构件和格构式轴心受压构件的设计与施工验算,能识别柱头、柱脚的基本构造形式并对柱脚底板和靴梁进行受力计算,能进行拉弯和压弯构件的截面设计和施工验算。

3.1 受弯构件——钢梁

3.1.1 钢梁的设计要点

荷载垂直作用于杆件轴线的构件称为受弯构件,如楼(屋)盖梁、吊车梁等。钢梁按截面形式可分为型钢梁和组合梁两大类,型钢梁是指由工字钢或槽钢、H型钢独立组成的钢梁;组合梁是指由几块钢板经焊接组成的工字梁、箱形梁等(图3-1)。

梁的设计要点有截面选择、强度与刚度计算、整体稳定与局部稳定验算、构造设计等几个方面,下面分别予以介绍。

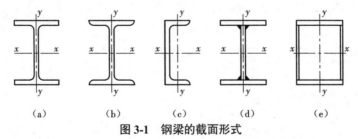

图 3-1 钢梁的截面形式
(a)、(b)、(c)型钢梁截面;(d)、(e)组合梁截面

1.钢梁的强度和刚度

1)梁的强度

荷载在梁内引起弯矩 M 和剪力 V,因此需验算梁的抗弯强度和抗剪强度。当梁的上翼缘

有荷载作用而又未设横向加劲肋时,应验算腹板边缘的局部压应力强度。对梁中弯曲应力、剪应力和局部压应力共同作用的部位,应验算折算应力。

（1）抗弯强度。钢梁在弯矩作用下,梁截面的正应力将经历弹性、弹塑性、塑性三个应力阶段,如图 3-2 所示。

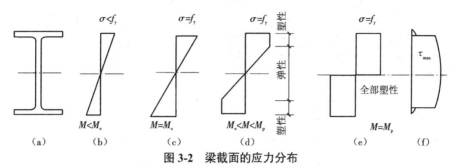

图 3-2　梁截面的应力分布
（a）梁截面;（b）弹性;（c）弹性极限;（d）弹塑性;（e）塑性;（f）剪应力图

①弹性工作阶段。在此阶段弯矩较小,截面上的正应力是沿直线分布的,其最大正应力 $\sigma = \dfrac{M}{W_n}$（图 3-2(b)、(c)）。

②弹塑性工作阶段。随着荷载的增加,弯矩引起的正应力 σ 进一步加大,截面外边缘部分逐渐进入塑性状态,中间部分仍保持弹性（图 3-2(d)）。

③塑性工作阶段。荷载继续增加,梁截面中间部分的正应力 σ 全部达到屈服强度 f_y,弹性区消失,截面全部进入塑性工作阶段形成塑性铰（图 3-2(e)）。这时梁的截面弯矩称为塑性弯矩 M_p:

$$M_p = W_{pn} f_y \qquad (3-1)$$

式中　W_{pn}——梁的净截面塑性模量。

《标准》考虑梁的塑性阶段变形过大,受压翼缘可能过早丧失局部稳定,故取梁内塑性发展到一定深度(弹塑性阶段)作为梁抗弯设计的依据。取 $W_{pn} \approx \gamma W_n$,$\gamma$ 称为截面塑性发展系数。

$$\frac{M_x}{\gamma_x W_{nx}} + \frac{M_y}{\gamma_y W_{ny}} \leq f \qquad (3-2)$$

式中　M_x,M_y——同一截面处绕 x 轴和 y 轴的弯矩(对于工字形截面, x 轴为强轴, y 轴为弱轴);

　　　W_{nx},W_{ny}——对 x 轴和 y 轴的净截面模量;

　　　γ_x、γ_y——截面塑性发展系数(对工字形截面, $\gamma_x = 1.05$, $\gamma_y = 1.20$;对箱形截面, $\gamma_x = \gamma_y = 1.05$;对其他截面,可按表 3-1 采用);

　　　f——钢材的抗弯强度设计值,见附表 1-1。

表3-1　截面塑性发展系数 γ_x、γ_y

项次	截面形式	γ_x	γ_y
1	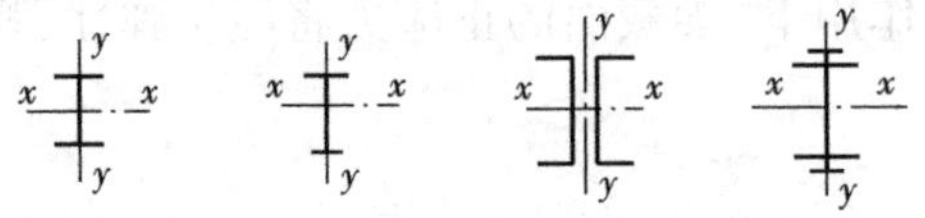	1.05	1.2
2	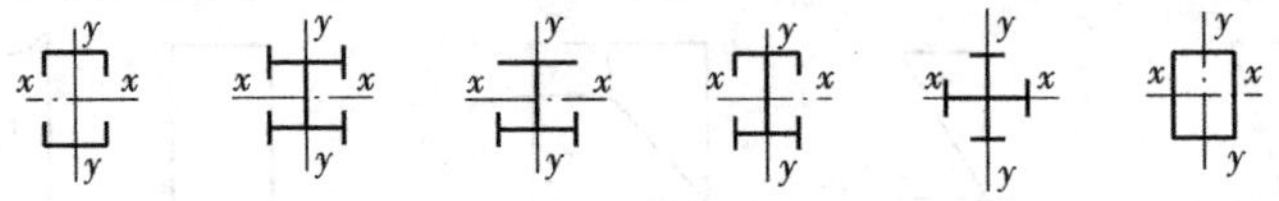		1.05
3	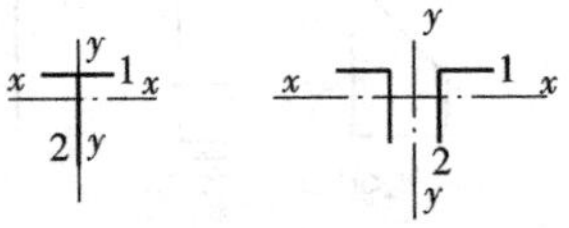	$\gamma_{s1}=1.05$ $\gamma_{s2}=1.2$	1.2
4	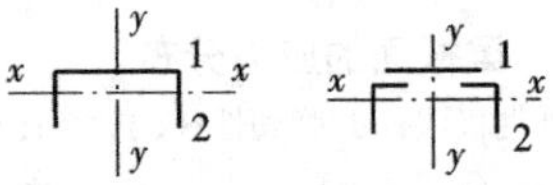		1.05
5	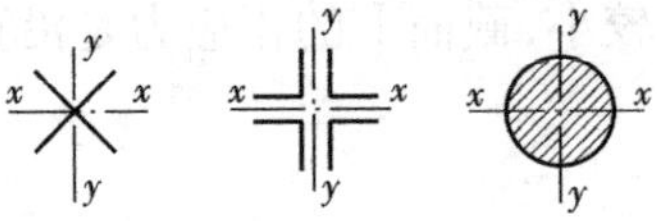	1.2	1.2
6	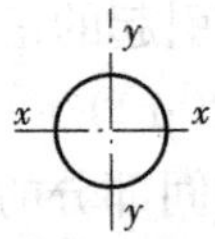	1.15	1.15
7	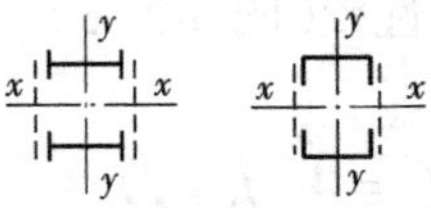	1.0	1.05
8	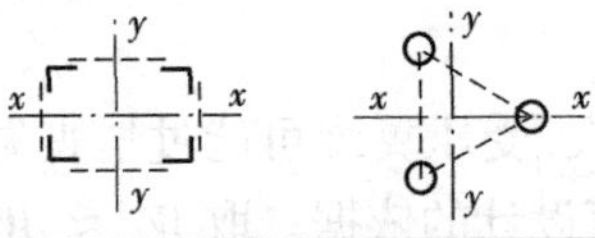		1.0

注:1. 当梁受压翼缘的自由外伸宽度与其厚度之比大于 $13\sqrt{\dfrac{f_y}{235}}$ 而不超过 $15\sqrt{\dfrac{f_y}{235}}$ 时,应取 $\gamma_x=1.0$,f_y 为钢材屈服强度。

2. 对需要计算疲劳的梁,宜取 $\gamma_x=\gamma_y=1.0$。

（2）抗剪强度。在竖向荷载作用下,梁内会产生由剪力 V 引起的剪应力 τ（图3-2（f））。《标准》规定,在主平面内受弯的实腹构件,其抗剪强度按下式计算:

$$\tau=\frac{VS}{It_w}\leqslant f_v \qquad (3\text{-}3)$$

式中　V——计算截面沿腹板平面作用的剪力;

S——计算剪应力处以上毛截面对中和轴的面积矩;

I——毛截面惯性矩;

t_w——腹板厚度;

f_v——钢材的抗剪强度设计值,见附表 1-1。

(3)腹板局部压应力。当工字形梁上翼缘受沿腹板平面作用的集中荷载且该荷载处又未设置支承加劲肋时(图 3-3),腹板计算高度上边缘将产生较大的局部压应力 σ_c,此时腹板计算高度的局部承压强度应按下式验算:

$$\sigma_c = \frac{\psi F}{t_w l_z} \leqslant f \tag{3-4}$$

$$l_z = a + 5h_y + 2h_R \tag{3-5}$$

式中　F——集中荷载,对动力荷载应考虑动力因素;

　　　ψ——集中荷载增大系数(对重级工作制吊车梁,ψ=1.35;对其他梁,ψ=1.0);

　　　f——钢材的抗压强度设计值,见附表 1-1;

　　　l_z——集中荷载在腹板计算高度上边缘的假定分布长度;

　　　a——集中荷载沿梁跨度方向的支承长度,对钢轨上的轮压可取 50 mm;

　　　h_y——自梁顶面至腹板计算高度上边缘的距离;

　　　h_R——轨道的高度,对梁顶无轨道的梁,$h_R = 0$。

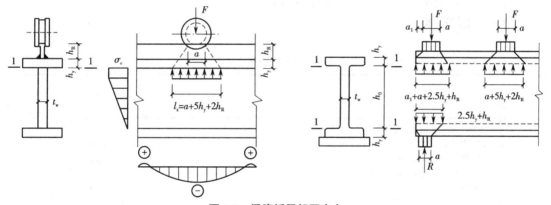

图 3-3　梁腹板局部压应力

在梁的支座处,当不设置支承加劲肋时,也应按式(3-4)计算腹板计算高度下边缘的局部压应力,取 ψ=1.0;支座集中反力的假定分布长度根据支座具体尺寸按式(3-5)确定。

腹板计算高度 h_0 的取值:轧制型钢梁,取腹板与上、下翼缘相连接处两内弧起点间的距离;焊接组合梁,取腹板高度;铆接(或高强度螺栓连接)组合梁,取上、下翼缘与腹板连接的铆钉(或高强度螺栓)间的最近距离。

(4)折算应力。组合梁或型钢梁中翼缘与腹板交接的部位,若同时承受较大的正应力、剪应力和局部压应力,或同时承受较大的正应力和剪应力(如连续梁中部支座处或梁的翼缘截面改变处等)时,应验算其折算应力 σ_{eq}:

$$\sigma_{eq} = \sqrt{\sigma^2 + \sigma_c^2 + \sigma\sigma_c + 3\tau^2} \leqslant \beta_1 f \tag{3-6}$$

$$\sigma = \frac{M}{I_n} y_1 \tag{3-7}$$

式中　σ, τ, σ_c——腹板计算高度边缘同一点上同时产生的正应力、剪应力和局部压应力，τ 和 σ_c 应分别按式（3-3）和式（3-4）计算，正应力 σ 按式（3-7）计算，其中 σ，σ_c 以拉应力为正值，压应力为负值；

　　　　β_1——计算折算应力的强度设计值增大系数（当 σ 与 σ_c 异号时，取 $\beta_1 = 1.2$；当 σ 与 σ_c 同号或 $\sigma_c = 0$ 时，取 $\beta_1 = 1.1$）；

　　　　I_n——梁净截面惯性矩；

　　　　y_1——计算点至梁中和轴的距离。

2）梁的刚度

梁的刚度以正常使用极限状态下，荷载标准值引起的挠度来衡量。挠度过大会影响正常使用，必须限制梁的挠度 v 不超过《标准》规定的容许挠度 $[v]$：

$$v \le [v] \qquad\qquad (3\text{-}8)$$

$$\frac{v}{l} \le \frac{[v]}{l} \qquad\qquad (3\text{-}9)$$

式中　v——梁的最大挠度，按荷载标准值计算；

　　　　$[v]$——受弯构件挠度容许值，按表 3-2 取值；

　　　　l——梁的跨度。

表 3-2　受弯构件挠度容许值

项次	构件类别	挠度容许值	
		$[v_T]$	$[v_Q]$
1	吊车梁和吊车桁架（按自重和起重量最大的一台吊车计算挠度） （1）手动吊车和单梁吊车（含悬挂吊车） （2）轻级工作制桥式吊车 （3）中级工作制桥式吊车 （4）重级工作制桥式吊车	$l/500$ $l/750$ $l/900$ $l/1\,000$	— — —
2	手动或电动葫芦的轨道梁	$l/400$	—
3	（1）有重轨（重量大于或等于 38 kg/m）轨道的工作平台梁 （2）有轻轨（重量大于或等于 24 kg/m）轨道的工作平台梁	$l/600$ $l/400$	— —
4	楼（屋）盖梁或桁架、工作平台梁（第 3 项除外）和平台板 （1）主梁或桁架（包括设有悬挂起重设备的梁和桁架） （2）仅支承压型金属板屋面和冷弯型钢檩条 （3）除支承压型金属板屋面和冷弯型钢檩条外，尚有吊顶 （4）抹灰顶棚的次梁 （5）除第（1）款～第（4）款外的其他梁（包括楼梯梁） （6）屋盖檩条 　　支承压型金属板屋面者 　　支承其他屋面材料者 　　有吊顶 （7）平台板	$l/400$ $l/180$ $l/240$ $l/250$ $l/250$ $l/150$ $l/200$ $l/240$ $l/150$	$l/500$ — — $l/350$ $l/300$ — — — —

项次	构件类别	挠度容许值	
		$[v_T]$	$[v_Q]$
5	墙架构件(风荷载不考虑阵风系数) (1)支柱 (2)抗风桁架(作为连续支柱的支撑时,水平位移) (3)砌体墙的横梁(水平方向) (4)支承压型金属板的横梁(水平方向) (5)支承其他墙面材料的横梁(水平方向) (6)带有玻璃窗的横梁(竖直和水平方向)	— — — — — $l/200$	$l/400$ $l/1\,000$ $l/300$ $l/100$ $l/200$ $l/200$

注:① l 为受弯构件的跨度(对悬臂梁和伸臂梁为悬伸长度的两倍)。
　② $[v_T]$ 为永久和可变荷载标准值产生的挠度(如有起拱应减去拱度)的容许值;$[v_Q]$ 为可变荷载标准值产生的挠度的容许值。

2. 梁的整体稳定

　　工字形截面梁翼缘宽、腹板较薄,在竖向荷载作用下,若无侧向支撑,梁将从平面弯曲状态转到同时发生侧向弯曲和扭曲的变形状态,如图 3-4 所示,从而丧失整体稳定性而破坏。这种梁从平面弯曲状态转变为弯扭状态的现象称为整体失稳。因此,设计钢梁时除了要保证满足强度、刚度要求外,还需保证梁的整体稳定性。

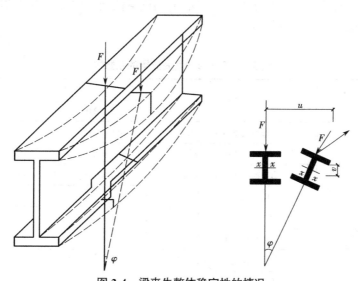

图 3-4　梁丧失整体稳定性的情况

1)梁整体稳定性的计算
(1)在最大刚度主平面内受弯的构件,其整体稳定性按下式计算:

$$\frac{M_x}{\varphi_b W_x} \leqslant f \tag{3-10}$$

式中　M_x——绕强轴作用的最大弯矩;

　　　W_x——按受压翼缘确定的梁毛截面模量;

φ_b——梁的整体稳定系数。

（2）在两个主平面受弯的 H 形截面或工字形截面,梁整体稳定性的计算公式:

$$\frac{M_x}{\varphi_b W_x} + \frac{M_y}{\gamma_y W_y} \leq f \qquad (3\text{-}11)$$

式中　W_x, W_y——按受压翼缘确定的梁毛截面模量;

φ_b——绕强轴弯曲所确定的梁整体稳定系数;

γ_y——截面塑性发展系数。

2）梁的整体稳定系数 φ_b

（1）等截面焊接工字钢和轧制 H 型钢:

$$\varphi_b = \beta_b \frac{4\,320}{\lambda_y^2} \cdot \frac{Ah}{W_x} \left[\sqrt{1 + \left(\frac{\lambda_y t}{4.4h}\right)^2} + \eta_b \right] \frac{235}{f_y} \qquad (3\text{-}12)$$

式中　β_b——梁整体稳定的等效临界弯矩系数,按表 3-3 取值;

A——梁毛截面面积;

h——梁截面高度;

t——梁受压翼缘厚度;

λ_y——梁对弱轴（y 轴）的长细比,$\lambda_y = l_1/i_y$,i_y 为梁毛截面对弱轴（y 轴）的回转半径;

η_b——截面不对称影响系数。

表 3-3　工字形截面简支梁的系数 β_b

项次	侧向支撑	荷载	$\xi = l_1 t/bh$		适用范围
			$\xi \leq 2.0$	$\xi > 2.0$	
1	跨中无侧向支撑	均布荷载作用在上翼缘	$0.69 + 0.13\xi$	0.95	图 3-5（a）中的 b 截面
2		均布荷载作用在下翼缘	$1.73 - 0.20\xi$	1.33	
3		集中荷载作用在上翼缘	$0.73 + 0.18\xi$	1.09	
4		集中荷载作用在下翼缘	$2.23 - 0.28\xi$	1.67	
5	跨度中点有一个侧向支撑点	均布荷载作用在上翼缘	1.15		图 3-5 中所有截面
6		均布荷载作用在下翼缘	1.4		
7		集中荷载作用在截面高度上任意位置	1.75		
8	跨度中点有不少于两个等距离侧向支撑点	任意荷载作用在上翼缘	1.2		
9		任意荷载作用在下翼缘	1.4		
10	两端有弯矩,但跨中无荷载作用	$1.75 - 1.05 \times \dfrac{M_2}{M_1} + 0.3 \times \left(\dfrac{M_2}{M_1}\right)^2$, 但 ≤ 2.3			

注:1. $\xi = l_1 t/bh$ 为系数,其中 b 和 l_1 为梁的受压翼缘宽度和其与侧向支撑点间的距离。

2. M_1 和 M_2 为梁的端弯矩,使梁产生同向曲率时,M_1、M_2 取同号,产生反向曲率时取异号,$|M_1| \geq |M_2|$。

3. 表中项次 3、4、7 的集中荷载是指一个或少数几个集中荷载位于跨中央附近的情况;对其他情况的集中荷载,应按表中项次 1、2、5、6 内的数值采用。

4. 表中项次 8、9 的 β_b，当集中荷载作用于侧向支撑点时，取 $\beta_b=1.2$。

5. 荷载作用在上翼缘是指荷载作用点在翼缘表面，方向指向截面形心；荷载作用在下翼缘是指荷载作用在翼缘表面，方向背向截面形心。

6. 对 $\alpha_b>0.8$ 的加强受压翼缘工字形截面，下列情况的 β_b 值应乘以相应的系数：

项次 1，当 $\xi\leqslant1.0$ 时，乘以 0.95；

项次 3，当 $\xi\leqslant0.5$ 时，乘以 0.90，当 $0.5<\xi<1.0$ 时，乘以 0.95。

双轴对称工字形截面（图 3-5（a）），$\eta_b=0$。

单轴对称工字形截面，对加强受压翼缘（图 3-5（b）），$\eta_b=0.8(2\alpha_b-1)$；对加强受拉翼缘（图 3-5（c）），$\eta_b=2\alpha_b-1$。

$$\alpha_b=\frac{I_1}{I_1+I_2}$$

式中 I_1，I_2——受压翼缘和受拉翼缘对 y 轴的惯性矩。

式（3-12）中，若 $\varphi_b>0.6$，则表明钢梁进入弹塑性工作阶段，《标准》规定应采用下式计算的 φ_b' 值代替 φ_b 值：

$$\varphi_b'=1.07-\frac{0.282}{\varphi_b}\leqslant1.0 \tag{3-13}$$

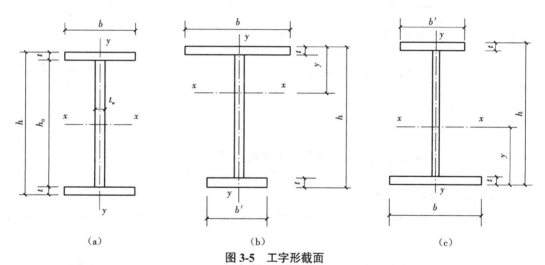

图 3-5 工字形截面

（a）双轴对称工字形截面；（b）加强受压翼缘的单轴对称工字形截面；（c）加强受拉翼缘的单轴对称工字形截面

（2）轧制普通工字钢简支梁的整体稳定系数 φ_b 值按表 3-4 查用。当 $\varphi_b>0.6$ 时，用式（3-13）算得的 φ_b' 代替 φ_b。

表 3-4　轧制普通工字钢简支梁的 φ_b 值

项次	荷载情况		工字钢型号	自由长度 l_1/m								
				2	3	4	5	6	7	8	9	10
1	跨中无侧向支撑点的梁	集中荷载作用	上翼缘	10~20	2.00	1.30	0.99	0.80	0.68	0.58	0.53	0.48	0.43
				22~32	2.40	1.48	1.09	0.86	0.72	0.62	0.54	0.49	0.45
				36~63	2.80	1.60	1.07	0.83	0.68	0.56	0.50	0.49	0.40
2			下翼缘	10~20	3.10	1.95	1.34	1.01	0.82	0.69	0.63	0.57	0.52
				22~40	5.50	2.80	1.84	1.37	1.07	0.86	0.73	0.64	0.56
				45~63	7.30	3.60	2.30	1.62	1.20	0.96	0.80	0.69	0.60
3		均布荷载作用	上翼缘	10~20	1.70	1.12	0.84	0.68	0.57	0.50	0.45	0.41	0.37
				20~40	2.10	1.30	0.93	0.73	0.60	0.51	0.45	0.40	0.36
				45~63	2.60	1.45	0.97	0.73	0.59	0.50	0.44	0.38	0.35
4			下翼缘	10~20	2.50	1.55	1.08	0.83	0.68	0.56	0.52	0.47	0.42
				22~40	4.00	2.20	1.45	1.10	0.85	0.70	0.60	0.52	0.46
				45~63	5.60	2.80	1.80	1.25	0.95	0.78	0.65	0.55	0.49
5	跨中有侧向支撑点的梁（不考虑荷载作用点在截面高度上的位置）		10~20	2.20	1.39	1.01	0.79	0.66	0.57	0.52	0.47	0.42
			22~40	3.00	1.80	1.24	0.96	0.76	0.65	0.56	0.49	0.43
			45~63	4.00	2.20	1.38	1.01	0.80	0.66	0.56	0.49	0.43

注：1. 同表 3-3 的注 1 和注 5。

　　2. 表中的 φ_b 值适用于 Q235 钢；对其他型号的钢，表中数值应乘以 $235/f_y$。

（3）轧制槽钢简支梁。轧制槽钢简支梁的稳定系数与荷载形式和作用点位置无关，均可按下式计算：

$$\varphi_b = \frac{570bt}{l_1 h} \cdot \frac{235}{f_y} \qquad (3\text{-}14)$$

式中　h, b, t —— 槽钢截面的高度、翼缘宽度和平均厚度。

按式（3-14）算得的 $\varphi_b > 0.6$ 时，用式（3-13）算得的 φ_b' 值代替。

3）可不作整体稳定性验算的条件

（1）有铺板（各种钢筋混凝土板和钢板）密铺在梁的受压翼缘上并与其牢固相连，能阻止梁受压翼缘的侧向位移。

（2）H 型钢或等截面工字形简支梁受压翼缘的自由长度 l_1 与其自由外伸宽度 b_1 之比不超过表 3-5 规定的数值。

表 3-5　H 型钢或等截面工字形简支梁不需计算整体稳定性的最大 l_1/b_1 值

钢号	跨中无侧向支撑点的梁		跨中受压翼缘有侧向支撑点的梁，不论荷载作用于何处
	荷载作用在上翼缘	荷载作用在下翼缘	
Q235	13.0	20.0	16.0
Q345	10.5	16.5	13.0
Q390	10.0	15.5	12.5

钢号	跨中无侧向支撑点的梁		跨中受压翼缘有侧向支撑点的梁, 不论荷载作用于何处
	荷载作用在上翼缘	荷载作用在下翼缘	
Q420	9.5	15.0	12.0

注:1. 其他钢号的梁不需要计算整体稳定性的最大 l_1/b_1 值,应取 Q235 钢的数值乘以 $\sqrt{235/f_y}$。

2. 对跨中无侧向支撑点的梁, l_1 为其跨度;对跨中有侧向支撑点的梁, l_1 为受压翼缘侧向支撑点间的距离(梁的支座处视为有侧向支撑)。

3. 梁的局部稳定

梁的局部稳定在设计型钢梁时可不考虑。组合梁从强度、刚度和整体稳定性考虑,腹板宜高且薄,翼缘宜宽且薄,但若设计不好,在荷载作用下,受压应力和剪应力作用的翼缘和腹板的相应区域将产生波形屈曲,即局部失稳,从而影响梁的强度、刚度及整体稳定性,对梁的受力产生不利影响,设计中应加以避免。

1)组合梁翼缘的局部稳定

《标准》采用限制梁受压翼缘宽厚比的措施来保证翼缘的局部稳定。

(1)工字形截面。梁受压翼缘自由外伸宽度 b_1 与其厚度 t 之比应满足下式要求:

$$\frac{b_1}{t} \leq 13\sqrt{\frac{235}{f_y}} \tag{3-15}$$

计算梁的抗弯强度时若取 $\gamma_x=1.0$, b_1/t 可放宽至 $15\sqrt{235/f_y}$;

b_1 的取值:对焊接构件,取腹板边至翼缘板(肢)边缘的距离;对轧制构件,取内圆弧起点至翼缘板(肢)边缘的距离。

(2)箱形截面。梁受压翼缘板在两腹板之间的无支撑宽度 b_0 与其厚度 t 之比应满足下式要求:

$$\frac{b_0}{t} \leq 40\sqrt{\frac{235}{f_y}} \tag{3-16}$$

当箱形截面梁受压翼缘板设有纵向加劲肋时,式(3-16)中的 b_0 取为腹板与纵向加劲肋之间的翼缘板无支撑宽度。

2)组合梁腹板的局部稳定

腹板的局部稳定与腹板的受力情况、腹板的高厚比 h_0/t_w 及材料性能有关,按照临界应力不低于相应材料强度的设计值原则,《标准》通过限定 h_0/t_w 的值来保证腹板的局部稳定。

(1)在局部压应力作用下:

$$\frac{h_0}{t_w} \leq 84\sqrt{\frac{235}{f_y}} \tag{3-17}$$

（2）在剪应力作用下：

$$\frac{h_0}{t_w} \leq 104\sqrt{\frac{235}{f_y}} \tag{3-18}$$

（3）在弯曲应力作用下：

$$\frac{h_0}{t_w} \leq 174\sqrt{\frac{235}{f_y}} \tag{3-19}$$

3）组合梁腹板加劲肋的设计

（1）腹板加劲肋的配置（图3-6）。《标准》规定，组合梁腹板配置加劲肋应符合下列规定。

①当 $h_0/t_w \leq 80\sqrt{235/f_y}$ 时，对有局部压应力（$\sigma_c \neq 0$）的梁，按构造配置横向加劲肋；对无局部压应力（$\sigma_c \neq 0$）的梁，可不配置加劲肋。

②当 $h_0/t_w > 80\sqrt{235/f_y}$ 时，应配置横向加劲肋。其中，$h_0/t_w > 170\sqrt{235/f_y}$（受压翼缘扭转受到约束，如连有刚性铺板、制动板或焊有钢轨）或 $h_0/t_w > 150\sqrt{235/f_y}$（受压翼缘扭转未受到约束）。若计算需要，应在弯曲应力较大区格的受压区增加配置纵向加劲肋。局部压应力很大的梁，必要时宜在受压区配置短加劲肋。

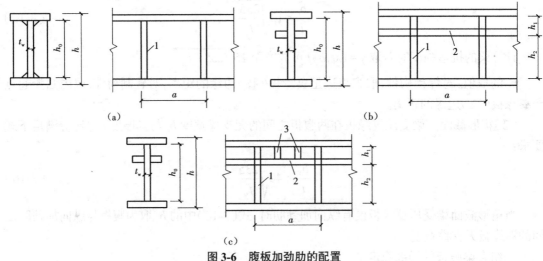

图 3-6　腹板加劲肋的配置

1—横向加劲肋；2—纵向加劲肋；3—短加劲肋

任何情况下，h_0/t_w 均不应超过250。

③梁的支座处和上翼缘受有较大固定集中荷载处，宜设置支承加劲肋。

（2）加劲肋的构造要求。加劲肋宜在腹板两侧成对配置，也可单侧配置（图3-7）。但支承加劲肋、重级工作制吊车梁的加劲肋不应单侧配置。

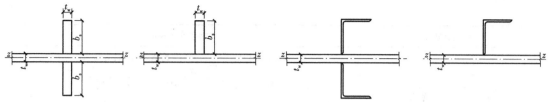

图 3-7　加劲肋的配置

横向加劲肋的最小间距应为 $0.5h_0$，最大间距应为 $2h_0$（对无局部压应力的梁，当 $h_0/t_w \leq 100$ 时，可采用 $2.5h_0$）。纵向加劲肋至腹板计算高度受压边缘的距离应为 $h_c/2.5 \sim h_c/2$，h_c 为梁腹板弯曲受压区高度，对双轴对称截面，$2h_c=h$。

在腹板两侧成对配置的钢板横向加劲肋，其截面尺寸应符合下列要求。

外伸宽度：

$$b_s \leq \frac{h_0}{30} + 40 \qquad (3-20)$$

厚度：

$$t_s \geq \frac{b_s}{15} \qquad (3-21)$$

在腹板一侧配置的钢板横向加劲肋，其外伸宽度应大于按式（3-20）算得结果的 1.2 倍，厚度不应小于其外伸宽度的 1/15。

在同时用横向加劲肋和纵向加劲肋加强的腹板中，横向加劲肋的截面尺寸除应符合上述规定外，其截面惯性矩 I_z 应满足下列要求：

$$I_z \geq 1.5h_0t_w^3 \qquad (3-22)$$

纵向加劲肋的截面惯性矩 I_y 应符合下列要求。

当 $a/h_0 \leq 0.85$ 时，

$$I_y \geq 1.5h_0t_w^3 \qquad (3-23)$$

当 $a/h_0 > 0.85$ 时，

$$I_y \geq \left(2.5 - 0.45\frac{a}{h_0}\right)\left(\frac{a}{h_0}\right)^2 h_0t_w^3 \qquad (3-24)$$

短加劲肋的最小间距为 $0.75h_1$（h_1 见图 3-6）。短加劲肋外伸宽度应取（0.7~1）b_s，厚度不应小于短加劲肋外伸宽度的 1/15。

组合梁腹板加劲肋布置规定见表 3-6。

表 3-6　组合梁腹板加劲肋布置规定

腹板情况		加劲肋布置规定
$\frac{h_0}{t_w} \leq 80\sqrt{\frac{235}{f_y}}$	$\sigma_c=0$	可以不设加劲肋
	$\sigma_c \neq 0$	宜按构造要求设置横向加劲肋

腹板情况	加劲肋布置规定
$80\sqrt{\dfrac{235}{f_y}} < \dfrac{h_0}{t_w} \leqslant 170\sqrt{\dfrac{235}{f_y}}$	应设置横向加劲肋,并满足构造要求和计算要求 $\left(\text{若}\sigma_c=0, \dfrac{h_0}{t_w} \leqslant 100\sqrt{\dfrac{235}{f_y}} \text{且} a \leqslant h_0, \text{可以不计算}\right)$
$\dfrac{h_0}{t_w} > 170\sqrt{\dfrac{235}{f_y}}$	应设置横向及纵向加劲肋,并满足构造要求和计算要求。必要时应在受压区配置短加劲肋
支座及上翼缘有较大固定集中荷载时	应设置支承加劲肋,并进行相应的计算

注1. 横向加劲肋间距 a 应满足 $0.5h_0 \leqslant a \leqslant 2h_0$,对于 $\sigma_c=0$,$h_0/t_w < 100\sqrt{235/f_y}$ 的情况,允许 $a \leqslant 2.5h_0$。

　　2. 纵向加劲肋与腹板计算高度受压边缘的距离 h_1 应为 $h_0/5 \sim h_0/4$。

　　3. 用型钢(H型钢、工字钢、槽钢、肢尖焊于腹板的角钢)做成的加劲肋,其截面惯性矩不得小于相应钢板加劲肋的惯性矩。

　　4. 在腹板两侧成对配置的加劲肋,其截面惯性矩应以梁腹板中心线为轴线进行计算。

　　5. 在腹板一侧配置的加劲肋,其截面惯性矩应以与加劲肋相连的腹板边缘为轴线进行计算。

　　(3)支承加劲肋设计。钢梁的支承加劲肋(图 3-8)应按承受梁支座反力或固定集中荷载的轴心受压构件计算其在腹板平面外的稳定性。此受压构件的截面应包括加劲肋和加劲肋每侧 $15t_w\sqrt{235/f_y}$ 范围内的腹板面积,计算长度取 h_0。对突缘式支座,其加劲肋向下伸出的长度不得大于厚度的 2 倍。

　　当梁支承加劲肋的端部为刨平顶紧时应按其所承受的支座反力或固定集中荷载计算其端面承压力;当端部为焊接时应按传力情况计算其焊缝应力。

　　支承加劲肋与腹板的连接焊缝,应按传力需要进行计算。

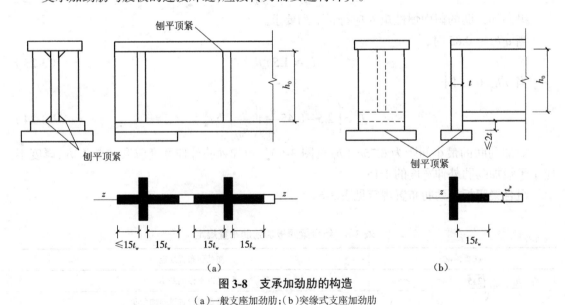

图 3-8　支承加劲肋的构造

(a)—一般支座加劲肋;(b)突缘式支座加劲肋

3.1.2　型钢梁设计

型钢梁设计应满足强度、刚度及整体稳定的要求,局部稳定可不必验算。

1. 单向受弯型钢梁

单向受弯型钢梁多采用工字钢和 H 型钢,计算步骤如下。

（1）确定设计条件。根据建筑使用功能或主要要求确定荷载、跨度和支撑情况,选定钢材型号,确定强度指标。

（2）计算梁的内力,即 M_{max} 和 V_{max}。

（3）初选截面。按下式计算梁所需的净截面抵抗矩 W_{nx}:

$$W_{nx} = \frac{M_{max}}{\gamma_x f} \qquad\qquad (3-25)$$

工字钢取 $\gamma_x = 1.05$,其他型钢根据不同截面查表 3-1 选用。按 W_{nx} 值查型钢表,初选型钢规格。

（4）截面强度验算。

抗弯强度:

$$\frac{M_x}{\gamma_x W_{nx}} \leqslant f$$

抗剪强度按式(3-3)计算,局部承压强度按式(3-4)计算,折算应力按式(3-6)计算。

热轧型钢的腹板较厚,若截面无削弱和无较大固定集中荷载,可不验算抗剪强度、局部承压强度和折算应力。

（5）刚度验算。钢梁的刚度按荷载标准值计算,并按式(3-8)、式(3-9)的挠度计算方法进行刚度验算。

$$v \leqslant [v] \text{ 或 } \frac{v}{l} \leqslant \frac{[v]}{l}$$

（6）整体稳定性验算。当型钢梁无保证整体稳定的可靠措施时,应按式(3-10)验算整体稳定性:

$$\frac{M_x}{\varphi_b W_x} \leqslant f$$

【例 3-1】　图 3-9（a）所示工作平台由主梁与次梁组成,承受由板传来的荷载,平台永久荷载标准值为 3.5 kN/m², 平台可变荷载标准值为 4.5 kN/m², 无动力荷载,永久荷载分项系数 $\gamma_G =$ 1.2,可变荷载分项系数 $\gamma_Q = 1.4$,钢材为 Q235。试按下列三种情况分别设计次梁。

情况 1:平台面板视为刚性,并与次梁牢固连接,次梁采用热轧普通工字钢。

情况 2:平台面板临时搁置于梁格上,次梁跨中设有一侧向支撑,次梁采用 H 型钢。

情况 3:平台面板临时搁置于梁格上,次梁采用热轧普通工字钢。

【解】　次梁按简支梁设计,由附表 1-1 查得 $f = 215$ N/mm²。次梁 A 承担 3.3 m 宽板内荷载。

荷载标准值:

$$q_k = (3.5 + 4.5) \times 3.3 = 26.4 \text{ kN/m}$$

荷载设计值:

$$q_d = (3.5 \times 1.2 + 4.5 \times 1.4) \times 3.3 = 34.65 \text{ kN/m}$$

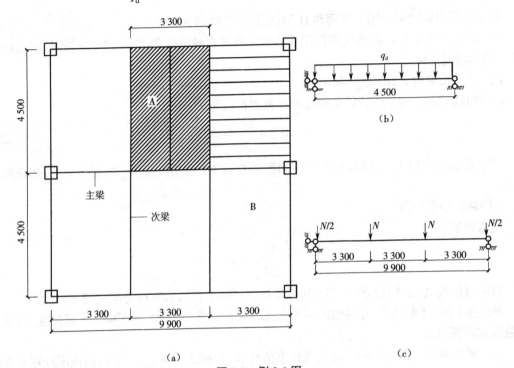

图 3-9 例 3-1 图

(a)工作平台平面布置图;(b)次梁 A 计算简图;(c)主梁 B 计算简图

最大设计弯矩:

$$M = \frac{1}{8} \times 34.65 \times 4.5^2 = 87.71 \text{ kN} \cdot \text{m}$$

次梁所需截面抵抗矩:

$$W_n = \frac{M}{\gamma_x f} = \frac{87.71 \times 10^6}{1.05 \times 215} = 388\ 527.13 \text{ mm}^3 = 388.52 \text{ cm}^3$$

下面分三种情况分别选择截面,然后进行验算。

(1)情况 1:查附表 3-3,选用 I 25a,质量为 38.11 kg/m, $I_x = 5\ 020 \text{ cm}^4$, $W_x = 402 \text{ cm}^3$, $S_x = 232 \text{ cm}^3$, $t_w = 8 \text{ mm}$,则最大内力设计值:

$$M_{max} = 87.71 + \frac{1}{8} \times 1.2 \times 38.11 \times 9.8 \times 4.5^2 \times 10^{-3} = 88.84 \text{ kN} \cdot \text{m}$$

$$V_{max} = \frac{1}{2} \times 34.65 \times 4.5 + \frac{1}{2} \times 1.2 \times 38.11 \times 9.8 \times 4.5 \times 10^{-3} = 78.97 \text{ kN}$$

①抗弯强度验算：

$$\sigma = \frac{M}{\gamma_x W_x} = \frac{88.84 \times 10^6}{1.05 \times 402 \times 10^3} = 210 \text{ N/mm}^2 < f = 215 \text{ N/mm}^2 \text{（满足要求）}$$

②抗剪强度验算：

$$\tau = \frac{VS}{I_x t_w} = \frac{78.97 \times 10^3 \times 232 \times 10^3}{5\,020 \times 10^4 \times 8} = 45.62 \text{ N/mm}^2 \geqslant f_v = 125 \text{ N/mm}^2$$

③支座局部受压强度验算，取支座长度 a=100 mm，有

$$l_z = a + h_y = 100 + (13+10) = 123 \text{ mm}$$

$$\sigma_c = \frac{\psi F}{t_w l_z} = \frac{1.0 \times 78.97 \times 10^3}{8 \times 123} = 80.25 \text{ N/mm}^2 < f = 215 \text{ N/mm}^2$$

④刚度验算：

$$q_k = 26.4 + 38.11 \times 9.8 \times 10^{-3} = 26.77 \text{ kN/m}$$

$$v = \frac{5}{384} \times \frac{q_k l^4}{EI} = \frac{5}{384} \times \frac{26.77 \times 4\,500^4}{206\,000 \times 5\,020 \times 10^4} = 13.82 \text{ mm}$$

$$< [v] = \frac{l}{250} = \frac{4\,500}{250} = 18 \text{ mm（满足要求）}$$

因此，所选截面 I25 满足要求，可作为梁的设计截面。

（2）情况2：查附表3-5选用 HW200×200，质量为50.5 kg/m，I_x=4 770 cm^4，W_x=477 cm^3，i_y=4.99 cm，A=64.28 cm^2，h=200 mm，b=200 mm，t_2=12 mm，则最大弯矩设计值：

$$M_{max} = 87.71 + \frac{1}{8} \times 1.2 \times 50.5 \times 9.8 \times 4.5^2 \times 10^{-3} = 89.21 \text{ kN} \cdot \text{m}$$

①抗弯强度验算：

$$\sigma = \frac{M}{\gamma_x W_x} = \frac{82.91 \times 10^6}{1.05 \times 477 \times 10^3} = 178 \text{ N/mm}^2 < f = 215 \text{ N/mm}^2 \text{（满足要求）}$$

②刚度验算：

$$q_k = 26.4 + 50.5 \times 9.8 \times 10^{-3} = 26.89 \text{ kN/m}$$

$$v = \frac{5}{384} \times \frac{q_k l^4}{EI} = \frac{5}{384} \times \frac{26.89 \times 4\,500^4}{206\,000 \times 4\,770 \times 10^4} = 14.6 \text{ mm}$$

$$< [v] = \frac{l}{250} = \frac{4\,500}{250} = 18 \text{ mm（满足要求）}$$

③整体稳定性验算。

查表3-3得 $\beta_b = 1.15$，$\lambda_y = \frac{l_i}{i_y} = \frac{225}{4.99} = 45.1$，则

$$\varphi_b = \beta_b \frac{4\,320}{\lambda_y^2} \cdot \frac{Ah}{W_x} \sqrt{1 + \left(\frac{\lambda_y t_2}{4.4h}\right)^2} = 8.50 > 0.6$$

$$\varphi'_b = 1.07 - \frac{0.282}{\varphi_b} = 1.07 - \frac{0.282}{8.50} = 1.04 > 1.0$$

若 $\varphi'_b = 1.0$，则

$$\frac{M}{\varphi'_b W_x} = \frac{89.21 \times 10^6}{1.0 \times 477 \times 10^3} = 187 \text{ N/mm}^2 < f = 215 \text{ N/mm}^2（满足要求）$$

因此，所选截面 HW200×200 满足要求，可作为梁的设计截面。

（3）情况 3：查附表 3-3 选用 I 32a，质量为 52.72 kg/m，I_x=11 100 cm^4，W_x=692 cm^3，S_x=404 cm^3，t_w=9.5 mm。与情况 1 相比，强度、刚度更安全，只需验算整体稳定性。

按 l_1=4.5 m 查表 3-4 得

$$\varphi_b = 0.93 - \frac{0.93 - 0.73}{5 - 4} \times (4.5 - 4) = 0.83 > 0.6$$

$$\varphi'_b = 1.07 - \frac{0.282}{0.83} = 0.73$$

最大弯矩设计值：

$$M_{max} = 88.84 + \frac{1}{8} \times 1.2 \times 52.72 \times 9.8 \times 4.5^2 \times 10^{-3} = 90.41 \text{ kN·m}$$

$$\frac{M}{\varphi'_b W_x} = \frac{90.41 \times 10^6}{0.73 \times 692 \times 10^3} = 179 \text{ N/mm}^2 < f = 215 \text{ N/mm}^2（满足要求）$$

2. 双向受弯型钢梁

钢结构中的檩条、墙梁大多属于双向受弯构件。其设计步骤与单向受弯构件基本相同，不同点如下。

（1）截面确定。先单独按 M_x 或 M_y 计算 W_{nx} 或 W_{ny}，然后适当加大 W_{nx} 或 W_{ny} 选定型钢截面。

（2）强度验算：

$$\frac{M_x}{\gamma_x W_{nx}} + \frac{M_y}{\gamma_y W_{ny}} \leq f$$

（3）稳定性验算：

$$\frac{M_x}{\varphi_b W_x} + \frac{M_y}{\gamma_y W_y} \leq f$$

（4）刚度验算：

$$\sqrt{v_x^2 + v_y^2} \leq [v]$$

有的结构（如檩条）可只求控制 x 方向的挠度，则 $v \leq [v]$。

3.1.3 组合梁设计

当荷载或梁的跨度较大，采用型钢梁已不能满足设计要求时，可采用钢板组合梁。

钢板组合梁的设计内容包括:确定梁的截面形式及各部分尺寸,根据初选的截面进行强度、刚度、整体稳定和局部稳定性验算及加劲肋设置,确定翼缘与腹板的焊缝,钢梁支座加劲肋设计等。

以上设计内容有的与型钢梁类似,这里不再赘述。下面着重讲述组合梁截面设计及翼缘与腹板的焊缝计算。

1. 截面设计

工字形截面组合梁(图3-10)的截面设计任务:合理确定 h、t_w、b、t,使之满足强度、刚度、整体稳定和局部稳定的要求。设计的顺序是先确定 h,再确定 t_w,然后确定 b,最后确定 t。

1)截面高度 h

组合梁的截面高度应满足建筑高度、刚度及经济要求。

(1)建筑高度。应满足建筑的使用功能和生产工艺要求的净空允许高度,即 $h \leqslant h_{max}$。

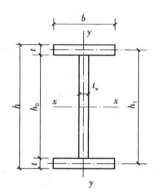

图3-10　工字型截面组合梁

(2)刚度要求。在正常使用时,梁的挠度不得超过规定的容许值(按式(3-8)计算)。以一承受均布荷载的简支梁为例:

$$v = \frac{5}{384} \times \frac{q_k l^4}{EI} \leqslant [v]$$

$$M = \frac{1}{8} q_k l^2 \times 1.3$$

$$\sigma = \frac{M}{W} = \frac{Mh}{2I}$$

所以

$$v = \frac{5}{1.3 \times 24} \times \frac{Ml^2}{EI} = \frac{5}{1.3 \times 24} \times \frac{\sigma l^2}{Eh} \leqslant [v]$$

取塑性发展系数 $\gamma = 1.05$,$\sigma = 1.05f$,$E = 2.06 \times 10^5 \text{ N/mm}^2$,则

$$h = \frac{5}{1.3 \times 24} \times \frac{1.05 f l^2}{206\,000[v]} = \frac{f l^2}{1.224 \times 10^6 [v]} \geqslant h_{min} \tag{3-26}$$

若上述条件成立,则所选截面高度满足梁的刚度要求,即 $h \geqslant h_{min}$。

（3）经济要求。梁的经济高度 h_e 可按下式确定：

$$h_e \approx 2W_x^{0.4} \text{ 或 } h_e = 7\sqrt[3]{W_x} - 300 \tag{3-27}$$

式中　h_e——梁的经济高度；

　　　W_x——按强度条件计算所需的梁截面模量。

此外，h 的取值应满足 50 mm 的整倍数。

2）腹板厚度 t_w

组合梁的腹板以承担剪力为主，故腹板厚度 t_w 应满足抗剪强度要求，设计时可近似假定最大剪应力为腹板平均剪应力的 1.2 倍，即

$$\tau_{max} = \frac{VS}{I_x t_w} \approx 1.2\frac{V}{h_0 t_w} \leqslant f_v$$

所以

$$t_w \geqslant 1.2\frac{V}{h_0 f_v} \tag{3-28}$$

考虑腹板局部稳定和构造等因素时，可按下列经验公式估算：

$$t_w \geqslant \frac{\sqrt{h_0}}{3.5} \tag{3-29}$$

腹板厚度还应符合现有钢板规格要求，一般 $t_w \geqslant 8$ mm。

3）翼缘宽度 b 及厚度 t

可根据抗弯条件确定翼缘面积 $A_f = bt \approx \frac{W_x}{h_0} - \frac{h_0 t_w}{6}$，$b$ 值一般在（1/5~1/3）h_0 范围内选取，同时要求 $b \geqslant 180$ mm（对于吊车梁要求 $b \geqslant 300$ mm）。考虑局部稳定要求，$(b-t_w)/t \leqslant 26\sqrt{f_y/235}$，不考虑塑性发展，即 $\gamma = 1.0$ 时，可取 $(b-t_w)/t \leqslant 30\sqrt{f_y/235}$。翼缘厚度 t 一般不应小于 8 mm，同时应符合钢板规格要求。

4）截面验算

当梁的截面尺寸确定后，应按实际尺寸计算其各项截面几何特征，然后验算抗弯强度、抗剪强度、局部压应力、折算应力、整体稳定、刚度及翼缘局部稳定。若不满足要求，应重新选定截面尺寸后验算，直到满足要求为止。若梁的跨度较大，可制成变截面梁，即在梁的跨度方向沿梁长改变截面。

2. 翼缘焊缝的计算

梁弯曲时，翼缘与腹板交接处将产生剪应力 $\tau_1 = \frac{VS_1}{It_w}$（图3-11），该剪应力由腹板两侧的翼缘焊缝承担。其焊缝单位长度上的水平剪应力为

$$T_1 = \tau_1(t_w \times 1) = \tau_1 t_w = \frac{VS_1}{I}$$

翼缘焊缝的强度条件是

$$\tau_{\mathrm{f}} = \frac{T_1}{2 \times 0.7 \times h_{\mathrm{f}} \times 1} \leqslant f_{\mathrm{f}}^{\mathrm{w}}$$

所以

$$h_{\mathrm{f}} \geqslant \frac{T_1}{1.4 f_{\mathrm{f}}^{\mathrm{w}}} = \frac{V S_1}{1.4 f_{\mathrm{f}}^{\mathrm{w}} I} \tag{3-30}$$

式中　V——计算截面处的剪力；

　　　S_1——计算翼缘毛截面对中和轴的面积矩；

　　　I——计算毛截面的惯性矩。

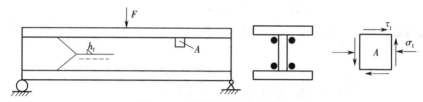

图 3-11　翼缘焊缝受力的情况

若翼缘上有固定集中荷载或移动集中荷载 F 作用,翼缘焊缝的单位长度上还将产生垂直剪力 V_1,由式(3-4)可得

$$V_1 = \sigma_{\mathrm{c}} t_{\mathrm{w}} = \frac{\psi F}{l_z t_{\mathrm{w}}} t_{\mathrm{w}} = \frac{\psi F}{l_z}$$

在 T_1 和 V_1 共同作用下,翼缘焊缝强度应满足下列要求:

$$\sqrt{\left(\frac{T_1}{2 \times 0.7 \times h_{\mathrm{f}}}\right)^2 + \left(\frac{V_1}{\beta_{\mathrm{f}} \times 2 \times 0.7 \times h_{\mathrm{f}}}\right)^2} \leqslant f_{\mathrm{f}}^{\mathrm{w}}$$

所以

$$h_{\mathrm{f}} \geqslant \frac{1}{1.4 f_{\mathrm{f}}^{\mathrm{w}}} \sqrt{T_1^2 + \left(\frac{V_1}{\beta_{\mathrm{f}}}\right)^2} \tag{3-31}$$

【例 3-2】 将例 3-1 中的工作平台主梁 B 按情况 1(即次梁为 I 25a)设计成等截面焊接工字形梁,钢材采用 Q235。

【解】 (1)初步选定截面尺寸。

主梁按简支梁设计(图 3-9(c)),承受由两侧次梁传来的集中反力 N,其标准值 N_{k} 和设计值 N_{d} 分别为

$$N_{\mathrm{k}} = 2 \times \left[\frac{1}{2} \times (3.5 + 4.5) \times 3.3 \times 4.5 + \frac{1}{2} \times 38.11 \times 9.8 \times 10^{-3} \times 4.5\right] = 120.48 \text{ kN}$$

$$N_{\mathrm{d}} = 2 \times \left[\frac{1}{2} \times (1.2 \times 3.5 + 1.4 \times 4.5) \times 3.3 \times 4.5 + \frac{1}{2} \times 1.2 \times 38.11 \times 9.8 \times 10^{-3} \times 4.5\right] = 157.94 \text{ kN}$$

梁端集中力为 $N/2$(直接传给支座,对梁的内力没有影响)。

支座设计剪力：

$$V = N_d = 157.94 \text{ kN}$$

跨中设计弯矩：

$$M = 157.94 \times 3.3 = 521.202 \text{ kN·m}$$

由附表 1-1 查得：$f = 215 \text{ N/mm}^2$，$f_v = 125 \text{ N/mm}^2$（因钢板厚度未知，暂按第 1 组查用，待截面确定后再按实际钢板厚度查用）。

所需截面模量：

$$W_x = \frac{M}{\gamma_x f} - \frac{521.202 \times 10^6}{1.05 \times 215} = 2\,308\,757.5 \text{ mm}^3$$

①初选腹板高度 h。本例对梁的建筑高度有限制。查表 3-2 得工作平台主梁 $[v] = 1/400$。由式（3-26）得：

$$h_{min} = \frac{fl^2}{1.224 \times 10^6 [v]} = \frac{215 \times 9\,900 \times 400}{1.224 \times 10^6} = 695.5 \text{ mm}$$

由式（3-27）得梁经济高度：

$$h_e \approx 2W_x^{0.4} = 2 \times 2\,308\,757.5^{0.4} = 702.1 \text{ mm}$$

$$h_e = 7\sqrt[3]{W_x} - 300 = 7 \times \sqrt[3]{2\,308\,757.5} - 300 = 625.2 \text{ mm}$$

参照以上数据，初步选定 $h_0 = 750$ mm。

②初选腹板厚度 t_w。考虑抗剪要求，由式（3-28）得

$$t_w \geq 1.2 \frac{V}{h_0 f_v} = 1.2 \times \frac{157.94 \times 10^3}{750 \times 125} = 2.02 \text{ mm}$$

按经验由式（3-29）得

$$t_w \geq \frac{\sqrt{h_0}}{3.5} = \frac{\sqrt{750}}{3.5} = 7.82 \text{ mm}$$

初步选定 $t_w = 8$ mm。

③选定翼缘宽度 b 及厚度 t。考虑强度要求得

$$A_f = bt \approx \frac{W_x}{h_0} - \frac{h_0 t_w}{6} = \frac{2\,308\,757.5}{750} - \frac{750 \times 8}{6} = 2\,078 \text{ mm}^2$$

由 $b = (\frac{1}{5} \sim \frac{1}{3})h_0 = (\frac{1}{5} \sim \frac{1}{3}) \times 750 = (150 \sim 250) \text{mm}$ 及 $b \geq 180$ mm 的要求，初步选 $b = 220$ mm，则

$$t = \frac{A_f}{b} = \frac{2\,078}{220} = 9.45 \text{ mm}$$

考虑公式近似性及钢梁自重等因素，选定 $t = 12$ mm。

主梁的截面形式如图 3-12 所示。

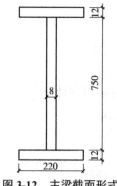

图 3-12　主梁截面形式

（2）截面验算。

计算截面的各项几何特征：

$$A = h_w t_w + 2bt = 75 \times 0.8 + 2 \times 22 \times 1.2 = 112.8 \text{ cm}^2$$

$$I = \frac{1}{12}t_w h_w^3 + 2bt\left[\frac{1}{2}(h_w + t)\right]^2 = \frac{0.8}{12} \times 75^3 + 2 \times 22 \times 1.2 \times 38.1^2 = 104\,770 \text{ cm}^4$$

$$W = \frac{104\,770}{38.7} = 2\,707 \text{ cm}^3$$

$$S = 37.5 \times 0.8 \times \frac{37.5}{2} + 22 \times 1.2 \times 38.1 = 1\,568.34 \text{ cm}^3$$

主梁自重荷载标准值（考虑设置加劲肋等因素,增大 1.2 倍）：

$$q_k = (1.2 \times 75 \times 0.8 + 2 \times 22 \times 1.2) \times 0.785 \times 9.8 = 960 \text{ N/m} = 0.96 \text{ kN/m}$$

跨中最大设计弯矩：

$$M = 521.202 + 1.2 \times 0.96 \times 9.9^2 / 8 = 535.31 \text{ kN} \cdot \text{m}$$

因腹板、翼缘厚度均小于 16 mm,由附表 1-1 可知属第 1 组,钢材设计强度与初选截面相同。

①抗弯强度验算。

$$\sigma = \frac{M}{\gamma_x W} = \frac{535.31 \times 10^6}{1.05 \times 2\,707 \times 10^3} = 188.3 \text{ N/mm}^2 < f = 215 \text{ N/mm}^2 \text{（满足要求）}$$

支座设计剪力：

$$V = 157.94 + \frac{1}{2} \times 1.2 \times 0.96 \times 9.9 = 163.64 \text{ kN}$$

②抗剪强度验算。

$$\tau = \frac{VS}{It_w} = \frac{163.64 \times 10^3 \times 1\,568.34 \times 10^3}{104\,770 \times 10^4 \times 8} = 30.62 \text{ N/mm}^2 < f_v = 125 \text{ N/mm}^2 \text{（满足要求）}$$

次梁处设支承加劲肋,不需验算腹板局部压应力。

次梁与面板连牢,可以作为主梁侧向支撑,因此主梁受压翼缘自由长度可取为次梁间距,

即 $l_1=3.3$ m,则 $\dfrac{l_1}{b}=\dfrac{330}{22}=15<16$。

由表 3-6 可知,主梁不必验算整体稳定性。

③刚度验算。

主梁跨间有两个集中荷载,根据材料力学计算公式,主梁挠度为:

$$v=\frac{13.63}{384}\times\frac{N_k l^3}{EI}+\frac{5}{384}\times\frac{q_k l^4}{EI}$$

$$=\left(\frac{13.63}{384}\times120.48\times10^3+\frac{5}{384}\times0.96\times9\,900\right)\times\frac{9\,900^3}{206\,000\times104\,770\times10^4}$$

$$=19.8\text{ mm}<[v]=\frac{9\,900}{400}=24.75\text{ mm（满足要求）}$$

（3）翼缘焊缝计算。

由附表 1-3 查得 $f_f^w=160$ N/mm^2,由式（3-30）得

$$h_f\geqslant\frac{T_1}{1.4f_f^w}=\frac{VS_1}{1.4f_f^w I}=\frac{163.64\times10^3\times220\times12\times381}{1.4\times104\,770\times10^4\times160}=0.701\text{ mm}$$

按构造要求,$h_f\geqslant1.5\sqrt{t_{max}}=1.5\sqrt{12}=5.2$ mm,取 $h_f=6$ mm,沿梁跨全长不变。

（4）加劲肋设计。

主梁腹板高厚比 $\dfrac{h_0}{t_w}=\dfrac{750}{8}=93.75$,在 $80\sqrt{\dfrac{235}{f_y}}=80$ 和 $170\sqrt{\dfrac{235}{f_y}}=170$ 之间,按表 3-6 的规定,应设置横向加劲肋。

按构造要求,横向加劲肋间距 $a\leqslant2h_0=2\times750=1\,500$ mm,考虑支座及次梁处应设支承加劲肋,次梁间距为 3.3 m,取 $a=1\,100$ mm,在腹板两侧成对配置。

加劲肋截面尺寸:

$$b_s\geqslant\frac{h_0}{30}+40=\frac{750}{30}+40=65\text{ mm}$$

取 $b_s=70$ mm。

$$t_s\geqslant\frac{b_s}{15}=\frac{70}{15}=4.7\text{ mm}$$

取 $t_s=6$ mm。

（5）端部支承加劲肋。

根据工作平台的布置,梁端支承加劲肋采用钢板成对布置于腹板两侧。每侧 70 mm（与中间肋相同）,切角 20 mm,端部净宽 50 mm,厚度 10 mm,下端支撑处刨平后与下翼缘顶紧,如图 3-13 所示。

①加劲肋的稳定性计算。支承加劲肋承受半跨梁的荷载及自重:

$$R=157.94\times\frac{3.3}{2}+\frac{1}{2}\times1.2\times0.96\times9.9=266.3\text{ kN}$$

计算面积：

$$A = (2 \times 7 + 0.8) \times 1.0 + 2 \times 12 \times 0.8 = 34 \text{ cm}^2$$

绕腹板中线惯性矩：

$$I_y = \frac{(2 \times 7 + 0.8)^3 \times 1.0}{12} = 270.1 \text{ cm}^4$$

$$i_y = \sqrt{\frac{I_y}{A}} = \sqrt{\frac{270.1}{34}} = 2.82 \text{ cm}$$

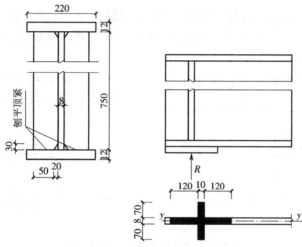

图 3-13　端部支承加劲肋

$$\lambda_y = \frac{h_0}{i_y} = \frac{75}{2.82} = 26.6$$

按 b 类截面查附表 2-4 得 $\varphi = 0.95 - \dfrac{0.95 - 0.946}{27 - 24} \times (26.6 - 26) = 0.949\ 2$，则

$$\frac{R}{\varphi A} = \frac{266.3 \times 10^3}{0.949\ 2 \times 3\ 400} = 82.5 \text{ N/mm}^2 < f = 215 \text{ N/mm}^2 \text{（满足要求）}$$

②承压强度计算。承压面积：

$$A_{ce} = 2 \times 1.0 \times 5 = 10 \text{ cm}^2$$

由附表 1-1 查得 $f_{ce} = 325$ N/mm²，则

$$\frac{R}{A_{ce}} = \frac{266.3 \times 10^3}{10 \times 10^2} = 266.3 \text{ N/mm}^2 < f_{ce} = 325 \text{ N/mm}^2 \text{（满足要求）}$$

（6）支承加劲肋与腹板的焊缝设计。

$$h_f \geqslant \frac{R}{4 \times 0.7 \times (h_0 - 70) f_f^w} = \frac{266.3 \times 10^3}{4 \times 0.7 \times (750 - 70) \times 160} = 0.87 \text{ mm}$$

取 $h_f = 6$ mm $\geqslant 1.5 \sqrt{t_{max}} = 1.5 \sqrt{10} = 4.7$ mm，满足构造要求。

横向加劲肋与腹板连接焊缝也取 $h_f = 6\ \text{mm} \geqslant 1.5\sqrt{t_{max}} = 1.5\sqrt{8} = 4.2\ \text{mm}$。

3.1.4 梁的拼接与连接

1. 梁的拼接

由于钢材规格的限制,当梁的设计长度和高度大于钢材尺寸时,就需要对梁进行拼接,梁的拼接可分为工厂拼接和工地拼接两种。

1)工厂拼接

工厂拼接的梁腹板和翼缘(图 3-14)要求拼接位置设于弯矩较小处,腹板与翼缘、加劲肋与次梁位置应错开 $10t_w$ 后拼接。腹板与翼缘拼接处一般采用对接焊缝进行拼接。

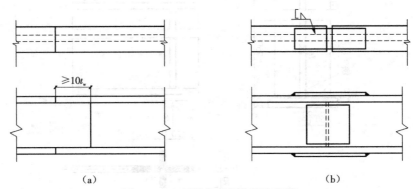

图 3-14　工厂拼接的梁腹板和翼缘

2)工地拼接

当梁的跨度较大,需分成几段运输到工地进行拼接时,称为工地拼接。

工地拼接的要求:拼接位置设于弯矩较小处,一般采用 V 形坡口对接焊缝(图 3-15(a))。为了减小焊缝应力,在工厂制作时,应将翼缘焊缝端部留出 500 mm,到工地后再进行焊接,并按图中标记的焊缝顺序(1、2、3、4、5)进行焊接。

为改善受力状况,可将翼缘与腹板拼接位置略微错开(图 3-15(b)),但在运输和吊装过程中端部易受损,应采取相应措施加以保护。

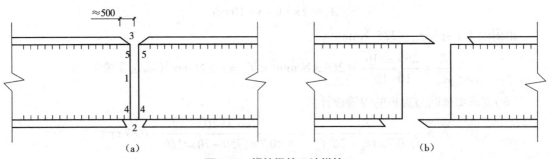

图 3-15　焊接梁的工地拼接

2. 次梁与主梁的连接

1）简支次梁与主梁连接

这种连接的特点是次梁只传递支座反力给主梁。其连接形式有叠接和平接两种。叠接是将次梁直接搁置在主梁上（图 3-16（a）），用螺栓或焊缝固定,构造简单,但占用建筑空间较大,不经济。平接（图 3-16（b）~（e））是将次梁端部上翼缘切去一部分,通过角钢用螺栓与主梁腹板相连,或通过主梁加劲肋用螺栓和焊缝相连。当次梁支座反力较大时,应设置支托。在计算螺栓和焊缝时应将次梁支座反力增大 20%~30% 后进行计算。

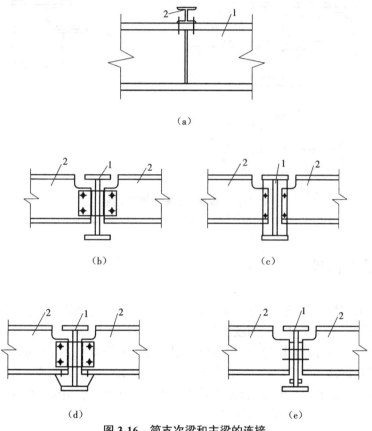

（a）

（b）   （c）

（d）   （e）

图 3-16 简支次梁和主梁的连接
1—主梁;2—次梁

2）连续次梁与主梁的连接

连续次梁与主梁的连接也分为叠接和平接两种形式。叠接时次梁不断开,只有支座反力传给主梁。平接时,次梁在主梁处断开,分别连于主梁两侧（图 3-17）。除支座反力外,连续次梁在主梁支座处的弯矩 M 也通过主梁传递,其连接构造是在主梁上翼缘设置连接盖板并用焊缝连接,次梁下翼缘与支托顶板也用焊缝连接,焊缝受力按 $N = M/h_1$ 计算。盖板宽度应比次梁上翼缘宽度小 20~30 mm,而支托顶板应比次梁下翼缘宽度大 20~30 mm,以避免施工仰焊。次梁的竖向支座反力则由支托承担。

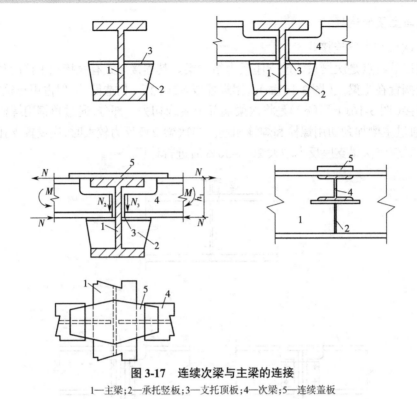

图 3-17　连续次梁与主梁的连接
1—主梁；2—承托竖板；3—支托顶板；4—次梁；5—连续盖板

3.2　轴心受力构件

轴心受力构件是指承受通过构件截面形心的轴向力（拉力或压力）作用的构件，在桁架、网架、塔架和支撑实腹式结构中应用较为广泛。

轴心受力构件的截面形式一般分为实腹式型钢截面和格构式组合截面两类。实腹式型钢截面有圆钢、圆管角钢、工字钢、槽钢、T 型钢、H 型钢等（图 3-18（a）），或由型钢和钢板组成的组合截面（图 3-18（b））。格构式组合截面是指由单独的肢件通过缀板或缀条相连形成的构件（图 3-18（c）），可分为双肢、三肢、四肢等形式。

3.2.1　轴心受力构件的设计要点

轴心受力构件的设计要点包括强度、刚度、整体稳定和局部稳定性验算四项内容。

1. 强度和刚度

1）强度验算

轴心受力构件为单向受力构件，其强度承载力极限状态是截面的平均正应力 σ 达到钢材的屈服强度 f_y。

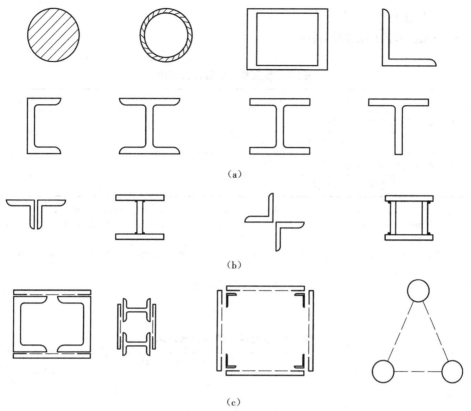

（a）

（b）

（c）

图 3-18　轴心受力构件的截面形式

《标准》规定，进行强度验算时，构件净截面的平均正应力不应超过钢材的强度设计值，轴心受力构件的计算公式为

$$\sigma = \frac{N}{A_n} \leqslant f \tag{3-32}$$

式中　N——轴心力（拉力或压力）的设计值；

　　　A_n——构件的净截面面积；

　　　f——钢材的抗拉、抗压强度设计值。

2）刚度验算

为避免轴心受力构件在制作安装和正常使用过程中，因刚度不足横向干扰过大，产生过大的附加应力，必须保证构件具有足够的刚度。轴心受力构件的刚度是以它的长细比来衡量的，可按下式验算：

$$\lambda = \frac{l_0}{i} \leqslant [\lambda] \tag{3-33}$$

式中　λ——构件的两主轴方向长细比的较大值；

　　　$[\lambda]$——构件的容许长细比，按表 3-7、表 3-8 选用；

　　　l_0——相应方向的构件计算长度，$l_0 = \mu l$（μ 为轴心受压构件的计算长度系数，按表 3-9

取值）；

i——相应方向的截面回转半径。

表 3-7 受压构件的容许长细比

项次	构件名称	容许长细比
1	柱、桁架和天窗架中的杆件	150
	柱的缀条、吊车梁或吊车桁架以下的柱间支撑	
2	支撑（吊车梁或吊车桁架以下的柱间支撑除外）	200
	用以减少受压构件长细比的杆件	

注：1. 桁架（包括空间桁架）的受压腹杆，当其内力小于或等于承载能力的50%时，容许长细比可取为200。

2. 在直接或间接承受动力荷载的结构中，计算单角钢受压构件的长细比时，应采用角钢的最小回转半径；在计算单角钢交叉受压杆平面外的长细比时，应采用与角钢肢边平行轴的回转半径。

3. 跨度大于或等于60 m的桁架，其受压弦杆和端压杆的容许长细比宜取100，其受压腹杆可取150（承受静力荷载或区间承受动力荷载）或120（直接承受动力荷载）。

4. 由容许长细比控制截面的杆件，在计算其长细比时，可不考虑扭转效应。

表 3-8 受拉构件的容许长细比

项次	构件名称	承受静力荷载或间接承受动力荷载的结构		直接承受动力荷载的结构
		一般建筑结构	有重级工作制吊车的厂房	
1	桁架的杆件	350	250	250
2	吊车梁或吊车桁架以下的柱间支撑	300	200	—
3	其他拉杆、支撑、系杆等（张紧的圆钢除外）	400	350	—

注：1. 承受静力荷载的结构中，可仅计算受拉构件在竖向平面内的长细比。

2. 在直接或间接承受动力荷载的结构中，计算单角钢受拉构件的长细比时，应采用角钢的最小回转半径；计算单角钢交叉受拉杆件平面外的长细比时，应采用与角钢肢边平行轴的回转半径。

3. 中、重级工作制吊车桁架下弦杆的长细比不宜超过200。

4. 在设有夹钳或刚性料耙等硬钩吊车的厂房中，支撑（表中第2项除外）的长细比不宜超过300。

5. 受拉构件在永久荷载与风荷载组合作用下受压时，其长细比不宜超过250。

6. 跨度大于或等于60 m的桁架，其受拉弦杆和腹杆的长细比不宜超过300（承受静力荷载或间接承受动力荷载）或250（直接承受动力荷载）。

2. 轴心受压构件的整体稳定

整体稳定破坏是轴心受压构件的主要破坏形式。实际轴心受压构件的整体稳定受到构件的初始缺陷（如偏心、弯曲、挠度等）、焊接残余应力、材料性能、长细比、支座条件等多方面因素的影响。《标准》在大量试验、实测数据和理论分析的基础上，提出了较为简捷的计算公式：

$$\sigma = \frac{N}{A} \leqslant \varphi f \qquad (3\text{-}34)$$

式中　N——轴心压力设计值；

　　　A——构件的毛截面面积；

　　　f——钢材的抗压强度设计值；

　　　φ——轴心受压构件的整体稳定系数。

表 3-9　轴心受压构件的计算长度系数 μ

构件的屈曲形式						
理论 μ 值	0.5	0.7	1.0	1.0	2.0	2.0
建议 μ 值	0.65	0.8	1.2	1.0	2.1	2.0
端部条件示意	无转动、无侧移 自由转动、自由侧移		自由转动、无侧移 无转动、自由侧移			

由式（3-34）可见，在强度计算公式中引入系数 $\varphi(\varphi<1)$ ，就考虑了构件稳定性对承载力的影响。φ 取截面两个主轴方向稳定系数的较小值。影响稳定系数 φ 的主要因素是构件的长细比 λ。此外，钢材种类、截面类型（附表 2-1）对其也有一定的影响，《标准》按钢材种类截面类型制成了 λ-φ 关系表（附表 2-3～附表 2-6），可直接查用。

长细比 λ 应按照下列规定确定。

（1）实腹式轴心受压构件。双轴对称或极对称截面的实腹式柱：

$$\lambda_x = \frac{l_{0x}}{i_x}, \quad \lambda_y = \frac{l_{0y}}{i_y} \tag{3-35}$$

式中　l_{0x}, l_{0y}——相应方向的构件计算长度；

　　　i_x, i_y——相应方向的构件回转半径。

（2）格构式轴心受压柱。图 3-19 给出两种不同的双肢格构式构件，其截面有两根主轴：一根主轴横穿缀条和缀板平面（图 3-19 中的 x-x 轴），称为虚轴；另一根主轴横穿两个肢（图 3-19 中的 y-y 轴），称为实轴。

当格构式构件绕实轴失稳时，取 $\lambda_y = l_{0y}/i_y$。

当格构式构件绕虚轴失稳时，应考虑在剪力作用下，肢件和缀条或缀板变形的影响，对虚轴的长细比取换算长细比。

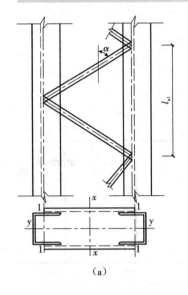 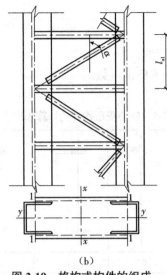 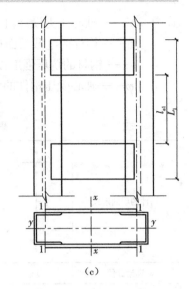

| （a） | （b） | （c） |

图 3-19　格构式构件的组成

（a）、（b）缀条式；（c）缀板式

缀条式构件（图 3-19（a）、（b））：

$$\lambda_{0x} = \sqrt{\lambda_x^2 + 27\frac{A}{A_{1x}}} \;;\; \lambda_x = \frac{l_{0x}}{i_x} \tag{3-36}$$

缀板式构件（图 3-19（c））：

$$\lambda_{0x} = \sqrt{\lambda_x^2 + \lambda_1^2} \;;\; \lambda_1 = \frac{l_{01}}{i_1} \tag{3-37}$$

式中　λ_{0x}——构件的换算长细比；

　　　λ_x——构件对虚轴的长细比；

　　　A——构件的横截面面积；

　　　A_{1x}——构件截面中垂直于 x 轴各斜缀条的截面面积之和；

　　　λ_1——分肢对最小刚度轴 1-1 的长细比，其计算长度 l_{01} 的取值为焊接时相邻缀板间的相邻两缀板边缘螺栓间的距离。

3. 轴心受压构件的局部稳定

实腹式工字形组合截面构件，由于腹板和翼缘较薄，在轴心压力的作用下，腹板或翼缘可能产生局部凹凸鼓屈变形（图 3-20），这种现象称为板件局部失稳，它会降低构件的承载能力。此外，格构式轴心受压柱的单肢在缀条或缀板的相邻节点间是一个单独的轴心受压实腹式构件（图 3-21），它可能先于构件整体失稳而先行失稳屈曲。

上述两种局部失稳都会降低构件的整体承载能力，在设计制作时必须予以避免。

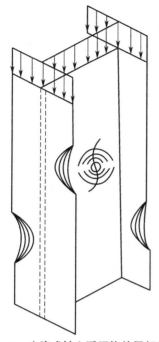

图 3-20　实腹式轴心受压构件局部失稳

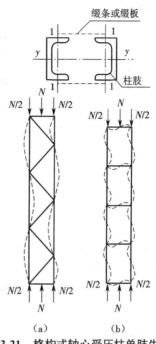

图 3-21　格构式轴心受压柱单肢失稳

1）实腹式轴心受压柱的局部稳定

板的宽厚比是影响板件局部稳定的主要因素。为保证轴心受压构件的局部不先于整体失稳，应限制板的宽厚比不能过大。《标准》对图 3-22 中的工字形截面、箱形截面、T 形截面的宽厚比（高厚比）作了如下规定。

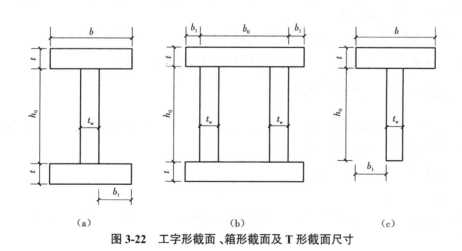

图 3-22　工字形截面、箱形截面及 T 形截面尺寸

工字形截面：

$$\frac{b_1}{t} \le (10+0.1\lambda)\sqrt{\frac{235}{f_y}} \quad (3\text{-}38)$$

$$\frac{h_0}{t_w} \le (25+0.5\lambda)\sqrt{\frac{235}{f_y}} \quad (3\text{-}39)$$

箱形截面：

$$\frac{h_0}{t_w} \le 40\sqrt{\frac{235}{f_y}} \quad (3\text{-}40)$$

$$\frac{b_0}{t} \le 40\sqrt{\frac{235}{f_y}} \quad (3\text{-}41)$$

T 形截面：翼缘采用式（3-38）计算，腹板采用以下两式计算。

热轧部分 T 型钢：

$$\frac{h_0}{t_w} \le (15+0.2\lambda)\sqrt{\frac{235}{f_y}} \quad (3\text{-}42)$$

焊接 T 型钢：

$$\frac{h_0}{t_w} \le (13+0.17\lambda)\sqrt{\frac{235}{f_y}} \quad (3\text{-}43)$$

式中　λ——构件在两主轴方向长细比的较大值，当 $\lambda<30$ 时，取 $\lambda=30$，当 $\lambda>100$ 时，取 $\lambda=100$。

　　　　f_y——钢材的屈服强度。

2）格构式轴心受压构件的单肢稳定

为保证格构式轴心受压构件在荷载作用下单肢的稳定不低于构件的整体稳定，《标准》对单肢的长细比 λ_1 作了如下规定。

缀条式格构柱：$\lambda_1 \le 0.7\lambda_{max}$（$\lambda_{0x}$、$\lambda_{0y}$ 中的较大者）。

缀板式格构柱：$\lambda_1 \le 40$ 且 $\lambda_1 \le 0.5\lambda_{max}$，当 $\lambda_{max}<50$ 时，取 $\lambda_{max}=50$。

3.2.2　实腹式轴心受压构件的设计

实腹式轴心受压构件的设计步骤：先选择截面形式，然后根据整体稳定和局部稳定等要求选择截面尺寸，最后进行截面验算。

1. 截面设计的步骤

1）选择截面形式

实腹式轴心受压构件的截面形式有型钢截面和组合截面两类。在选择截面形式时应遵循以下原则。

（1）肢宽壁薄原则。在满足局部稳定的条件下，尽量使截面面积分布远离形心轴，以增大截面惯性矩和回转半径，提高构件的整体稳定。

（2）等稳定性原则。尽可能使构件两个主轴方向的长细比接近,即 $\lambda_x=\lambda_y$,以提高构件的承载能力。

（3）经济性原则。尽量做到构造简单,制作方便,用料经济。

2）选择截面尺寸

（1）假定长细比 λ,一般在 60~100 内选取,当轴力大、计算长度小时, λ 取小值,反之取大值。根据 λ、钢号和截面类别查要求的 φ,计算初选截面几何特征值:

$$A_{\mathrm{T}} = \frac{N}{\varphi f} \tag{3-44}$$

$$i_{x\mathrm{T}} = \frac{l_{0x}}{\lambda} \tag{3-45}$$

$$i_{y\mathrm{T}} = \frac{l_{0y}}{\lambda} \tag{3-46}$$

（2）确定初选截面尺寸。

①型钢截面。根据初选的 A_{T}、$i_{x\mathrm{T}}$、$i_{y\mathrm{T}}$ 查型钢表确定适当的型钢截面。

②组合截面。按附表 2-7 近似确定 $h \approx \dfrac{i_{x\mathrm{T}}}{\alpha_1}$, $b \approx \dfrac{i_{x\mathrm{T}}}{\alpha_2}$, α_1, α_2 为附表 2-7 中的系数。

其余尺寸,对工字形截面可取 $b=h$,h 和 b 宜取 10 mm 的倍数;腹板厚度 $t_{\mathrm{w}} = (0.4 \sim 0.7)t$,$t$ 为翼缘板厚度,t 和 t_{w} 宜取 2 mm 的倍数。

3）截面验算

（1）强度按式（3-32）验算,即 $\sigma = \dfrac{N}{A_{\mathrm{n}}} \leq f$。

（2）刚度按式（3-33）验算,即 $\lambda = \dfrac{l_0}{i} \leq [\lambda]$。

（3）整体稳定按式（3-34）验算,即 $\sigma = \dfrac{N}{A} \leq \varphi f$。

（4）局部稳定。型钢截面可不验算,组合截面按式（3-38）、式（3-39）验算。若经验算不满足要求,需调整截面尺寸重新验算,直至满足要求为止。

2. 构造要求

图 3-23 所示为实腹柱的构造要求。为防止施工和运输过程中构件发生扭转失稳破坏,实腹柱的宽厚比 $h_0 / t_{\mathrm{w}} > 80\sqrt{235 / f_{\mathrm{y}}}$ 时,应设置横向加劲肋。横向加劲肋间距 $a_1 \leq 3h_0$,其外伸宽度 $b_{\mathrm{s}} \geq h_0/30+40$,厚度 $t_{\mathrm{s}} \geq b_{\mathrm{s}}/15$。

大型实腹式柱,为了增加抗扭刚度及传递集中力,在受有较大水平力处和运输单元的端部,应设置横隔（即加宽的横向加劲肋）,横隔间距 a_2 应不大于构件截面宽度的 9 倍和 8 m。

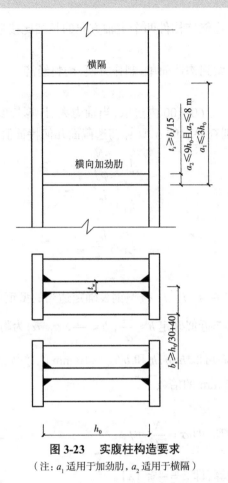

图 3-23   实腹柱构造要求

（注：a_1 适用于加劲肋，a_2 适用于横隔）

【例 3-3】   试设计一实腹式轴心受压柱，柱长 6 m，两端铰支（图 3-24）。侧向（x 方向）中点有一支撑，该柱所受轴心压力设计值 $N = 400$ kN，容许长细比 [λ]=150。采用热轧工字钢，钢材为 Q235。

【解】 （1）初选截面尺寸。

假定长细比 λ =140，对 x 轴按 a 类截面，对 y 轴按 b 类截面，查附表 2-3、附表 2-4 得 $\varphi_x = 0.383$，$\varphi_y = 0.345$，查附表 1-1 得 $f = 215$ N/mm^2（厚度小于或等于 16 mm），则

$$A_{\mathrm{T}} = \frac{N}{\varphi f} = \frac{400 \times 10^3}{0.345 \times 215} = 53.93 (\mathrm{cm}^2)$$

$$i_{x\mathrm{T}} = \frac{l_{0x}}{\lambda} = \frac{600}{140} = 4.29 (\mathrm{cm})$$

$$i_{y\mathrm{T}} = \frac{l_{0y}}{\lambda} = \frac{300}{140} = 2.14 (\mathrm{cm})$$

根据 A_{T}、$i_{x\mathrm{T}}$、$i_{y\mathrm{T}}$ 查附表 3-3 选 I 28a，A=55.40 cm^2，i_x=11.3 cm，i_y=2.5 cm，h=280 mm，b=122 mm。

（2）验算。

$$\lambda_x = \frac{l_{0x}}{i_x} = \frac{600}{11.3} = 53.1$$

$$\lambda_y = \frac{l_{0y}}{i_y} = \frac{300}{2.5} = 120 < [\lambda] = 150$$

$$\frac{b}{h} = \frac{122}{280} = 0.436 < 0.8$$

由附表 2-1 截面分类可知,该截面 x 轴对应 a 类截面, y 轴对应 b 类截面,查附表 2-3、附表 2-4 得 $\varphi_x = 0.906\ 7, \varphi_y = 0.437,$ 则

$$\frac{N}{\varphi_y A} = \frac{400 \times 10^3}{0.437 \times 55.40 \times 10^2} = 165 \text{ N/mm}^2 < f = 215 \text{ N/mm}^2\ (整体稳定满足要求)$$

$$\sigma = \frac{N}{A} = \frac{400 \times 10^3}{55.40 \times 10^2} = 72.2 \text{ N/mm}^2 < f = 215 \text{ N/mm}^2\ (强度满足要求)$$

因此,该截面满足要求。

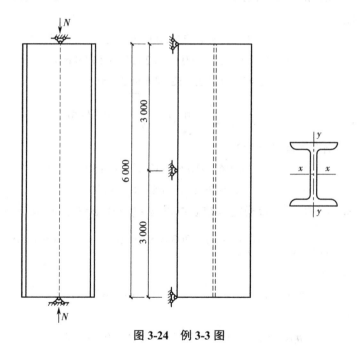

图 3-24 例 3-3 图

【例 3-4】 某焊接工字形截面柱,截面几何尺寸如图 3-25 所示。柱的上、下端均为铰接,柱高 4.2 m,承受的轴心压力设计值为 1 000 kN,钢材为 Q235,翼缘为火焰切割边,焊条为 E43 系列,手工焊。试验算该柱是否安全。

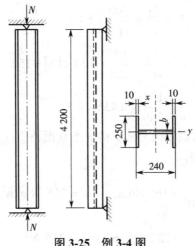

图 3-25　例 3-4 图

【解】已知 $l_x = l_y = 4.2\ \mathrm{m}$, $f = 215\ \mathrm{N/mm}$。

计算截面特性：

$$A = 2 \times 25 \times 1 + 22 \times 0.6 = 63.2\ \mathrm{cm}^2$$

$$I_x = 2 \times 25 \times 1 \times 11.5^2 + 0.6 \times 22^3/12 = 7\ 144.9\ \mathrm{cm}^4$$

$$I_y = 2 \times 1 \times 25^3/12 = 2\ 604.2\ \mathrm{cm}^4$$

$$i_x = \sqrt{\dfrac{I_x}{A}} = 10.63\ \mathrm{cm} \quad i_y = \sqrt{\dfrac{I_y}{A}} = 6.42\ \mathrm{cm}$$

验算整体稳定、刚度和局部稳定性：

$$\lambda_x = l_x/i_x = 420/10.63 = 39.5 < [\lambda] = 150$$

$$\lambda_y = l_y/i_y = 420/6.42 = 65.4 < [\lambda] = 150$$

截面对 x 轴和 y 轴为 b 类，查稳定系数表可得，$\varphi_x = 0.901$，$\varphi_y = 0.778$，取 $\varphi = \varphi_y = 0.778$，则

$$\sigma = \frac{N}{\varphi A} = \frac{1\ 000}{0.778 \times 63.2} \times 10 = 203.4\ \mathrm{N/mm}^2 < f = 215\ \mathrm{N/mm}^2$$

翼缘宽厚比为

$$b_1/t = (12.5 - 0.3)/1 = 12.2 < 10 + 0.1 \times 65.4 = 16.5$$

腹板高厚比为

$$h_0/t_w = (24 - 2)/0.6 = 36.7 < 25 + 0.5 \times 65.4 = 57.7$$

因此，构件的整体稳定、刚度和局部稳定都满足要求。

3.2.3　格构式轴心受压构件的设计

格构式轴心受压构件的设计内容与实腹式轴心受压构件相比，仍需要进行强度、刚度、整体稳定性验算。另外，需要进行单肢的局部稳定性验算，并且需要进行缀材（缀条、缀板）的设计。下面简要介绍格构式轴心受压构件的缀材设计和计算步骤。

1. 缀材设计

1）缀材的剪力

格构式轴心受压构件受压屈曲时，将产生横向剪力 V，该剪力按下式计算：

$$V = \frac{Af}{85}\sqrt{\frac{f_y}{235}} \tag{3-47}$$

该剪力值沿构件全长不变，由缀材分担。对双肢格构式构件，每侧缀材（图 3-26）分担的剪力 $V_1 = V/2$。

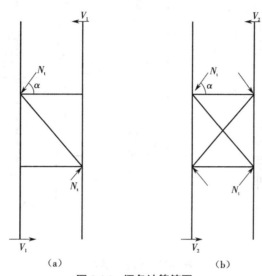

（a）　　　　　　　　（b）

图 3-26　缀条计算简图

2）缀条设计

斜缀条可以看作平行弦桁架的腹杆，为轴心受压构件（图 3-26），其内力 N_t 按下式计算：

$$N_t = \frac{V_1}{n\cos\alpha} \tag{3-48}$$

式中　V_1——分配到一个缀材面的剪力；

　　　n——承受剪力 V_1 的斜缀条数，图 3-26（a）为单缀条体系，$n=1$，图 3-26（b）为双缀条体系，$n=2$；

　　　α——缀条与构件轴线的夹角。

缀条是采用角钢单面连接的构件，设计缀条时需按 N_t 以轴心受压构件进行强度和稳定性验算。考虑偏心和可能的弯扭屈曲影响，《标准》规定其强度设计值 f 应乘以下列相应的折减系数：当按轴心受力计算缀条连接强度时，取 0.85。当按轴心受压计算稳定性时，对等边角钢，取 $0.6+0.001\,5\lambda$，但不大于 1.0；对短边相连的不等边角钢，取 $0.5+0.002\,5\lambda$，但不大于 1.0。对长边相连的不等边角钢，取 0.70。

λ 为长细比，对中间无连系的单角钢压杆，应按最小回转半径计算，当 $\lambda<20$ 时，取 $\lambda=20$。

缀条不应采用小于∟45×45×4 或∟56×36×4 的角钢。

3）缀板设计

缀板式格构柱可视为一个单跨多层框架,在剪力 V 的作用下,受力和变形如图 3-27 所示。

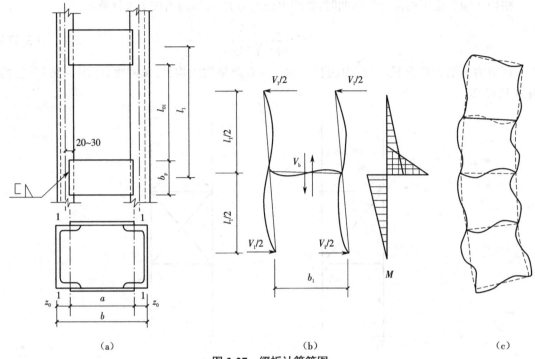

（a）　　　　　　　　　　　（b）　　　　　　　　　　　（c）

图 3-27　缀板计算简图

剪力:

$$V_b = \frac{V_1 l_1}{a} \tag{3-49}$$

弯矩:

$$M = V_b \times \frac{a}{2} = \frac{V_1 l_1}{2} \tag{3-50}$$

式中　l_1——相临两缀板轴线间的距离;

　　　a——分肢轴心间的距离。

当缀板用角焊缝与肢件连接时,搭接长度一般为 20~30 mm。

为保证缀板具有一定的刚度,《标准》规定在构件同一截面处两侧缀板的线刚度之和（I_b / a）不得小于柱分肢线刚度（I_1 / l_1）的 6 倍,此处 $I_b = 2 \times \frac{1}{12} t_p b_p^3$。通常取缀板宽度 $b_p \geq 2a / 3$,厚度 $t_p \geq a/40$ 且大于或等于 6 mm。

4）横隔

为了增强构件的整体刚度,格构柱除在受有较大水平力处设置横隔外,还应在运输单元的端部设置横隔,横隔的间距不得大于柱截面较大宽度的 9 倍或 8 m。横隔可用钢板或交叉角钢做成,如图 3-28 所示。

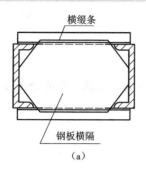
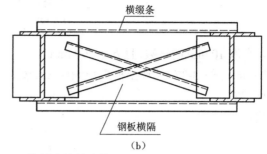

图 3-28 格构式构件的横隔

2. 计算步骤

1)选择构件形式和钢号

根据轴心力大小、构件长度和材料供应等确定构件形式和钢号,一般中小型构件常采用缀板式,大型构件宜采用缀条式。肢件常采用槽钢、工字钢、角钢、圆管等型钢做成双肢、三肢、四肢格构柱。

2)确定肢件截面

格构柱的肢件截面由实轴的整体稳定条件计算确定。可先假定长细比 λ,查附表 2-4 得 φ_y,则

$$A_T = \frac{N}{\varphi_y f}, \quad i_{yT} = \frac{l_{0y}}{\lambda}$$

根据 A_T 和 i_{yT} 查型钢表选择合适的型钢截面,然后验算强度、刚度和整体稳定性。若不满足应调整截面,直到满足为止。

3)确定肢件间的间距

肢件间的间距由虚轴(x 轴)方向的整体稳定性计算确定。根据实轴计算出 λ,再由等稳定条件 $\lambda_{0x} = \lambda_y$,由式(3-36)、式(3-37)可得虚轴的长细比。

缀条式构件:

$$\lambda_{xT} = \sqrt{\lambda_y^2 - 27\frac{A}{A_{1x}}} \qquad (3\text{-}51)$$

缀板式构件:

$$\lambda_{xT} = \sqrt{\lambda_y^2 - \lambda_1^2} \qquad (3\text{-}52)$$

求 λ_{xT} 时,可先假定 $A_{1x} = 2 \times 0.05A$,选定斜缀条的角钢型号(最小型钢即 ∟45×45×4 或 ∟56×36×4)。对于缀板式格构柱,可近似取 $\lambda_1 < 0.5\lambda_y$ 且 $\lambda_1 \leqslant 40$ 进行计算。

由 λ_{xT} 求得

$$i_{xT} = \frac{l_{0x}}{\lambda_{xT}}$$

由 λ_{xT} 求得所需的分肢间距 b:

$$b \approx \frac{i_{xT}}{\alpha_2}$$

一般 b 宜取 10 mm 的倍数,且 $b \leqslant 100$ mm。

按式(3-36)、式(3-37)计算出换算长细比 λ_{0x},按式(3-34)验算虚轴的整体稳定性。

4)截面验算

强度验算:

$$\sigma = \frac{N}{A_n} \leqslant f$$

刚度验算:

$$\lambda = \frac{l_0}{i} \leqslant [\lambda]$$

整体稳定性验算:

$$\sigma = \frac{N}{\varphi A} \leqslant f$$

单肢稳定性验算:

$$\lambda_1 \leqslant 0.7\lambda_{max} \text{ 或 } \lambda_1 \leqslant 0.5\lambda_{max}$$

5)缀材连接节点设计

详见例 3-5。

【例 3-5】 一两端铰接的轴心受压格构柱承受轴心压力设计值 N=1 400 kN,在 x 方向上计算长度为 6 m,在 y 方向上计算长度为 3 m,采用 Q345 钢材,E50 系列焊条,允许长细比 $[\lambda]$=150。试按缀条式格构柱和缀板式格构柱进行设计。

【解】 (1)缀条式格构柱。

①确定肢件截面。

查附表 1-1 得 f = 310 N/mm^2。

设 $\lambda = 60$, 按 b 类截面 $\lambda\sqrt{\dfrac{f_y}{235}} = 60\sqrt{\dfrac{345}{235}} = 72.7$,查附表 2-4 得 φ=0.734,则

$$A_T = \frac{N}{\varphi f} = \frac{1\,400 \times 10^3}{0.734 \times 310} = 6153 \text{ mm}^2 = 61.53 \text{ cm}^2$$

$$i_{yT} = \frac{l_{0y}}{\lambda} = \frac{300}{60} = 5 \text{ cm}$$

由附表 3-4 选⊏22a,截面如图 3-29 所示,则

$$A = 2 \times 31.84 = 63.68 \text{ cm}^2$$

$$i_y = 8.67 \text{ cm}$$

$$I_1 = 158 \text{ cm}^4$$

$$i_1 = 2.23 \text{ cm}$$

$$z_0 = 2.10 \text{ cm}$$

则

$$\lambda_y = \frac{l_{0y}}{i_y} = \frac{300}{8.67} = 34.6 < [\lambda] = 150（满足要求）$$

由 $\lambda_y \sqrt{\dfrac{f_y}{235}} = 34.6\sqrt{\dfrac{345}{235}} = 42$，按 b 类截面查附表 2-4 得 $\varphi_y = 0.891$，则

$$\frac{N}{\varphi_y A} = \frac{1\,400 \times 10^3}{0.891 \times 63.68 \times 10^2} = 247 \text{ N/mm}^2 < f = 310 \text{ N/mm}^2（满足要求）$$

所选 2[22a 满足要求。

②确定肢件间距。

$$\frac{A_{1x}}{2} \approx 0.05A = 0.05 \times 63.68 = 3.2 \text{ cm}^2$$

按构造要求选两根最小角钢∟45×45×4，得

$$A_{1x} = 2 \times 3.49 = 6.98 \text{ cm}^2$$

按 x、y 方向等稳定性条件 $\lambda_{0x} < \lambda_y$，则

$$\lambda_{xT} = \sqrt{\lambda_x^2 - 27\frac{A}{A_{1x}}} = \sqrt{34.6^2 - 27 \times \frac{63.68}{6.98}} = 30.84$$

$$i_{xT} = \frac{l_{0x}}{\lambda_{xT}} = \frac{600}{30.84} = 19.5 \text{ cm}$$

查附表 2-7 得 $i_x \approx 0.44b$，$b=19.5/0.44=44$ cm，可取 $b=42$ cm，截面尺寸如图 3-29 所示。

③验算 x 方向稳定条件。

$$\frac{a}{2} = \frac{b}{2} - z_0 = \frac{42}{2} - 2.10 = 18.9 \text{ cm}$$

$$I_x = 2 \times (158 + 31.84 \times 18.9^2) = 23\,063 \text{ cm}^4$$

$$i_x = \sqrt{\frac{I_x}{A}} = \sqrt{\frac{23\,063}{63.68}} = 19 \text{ cm}$$

$$\lambda_x = \frac{l_{0x}}{i_x} = \frac{600}{19} = 31.6$$

$$\lambda_{0x} = \sqrt{\lambda_x^2 - 27\frac{A}{A_{1x}}} = \sqrt{31.6^2 - 27 \times \frac{63.68}{6.98}} = 27.4 < [\lambda] = 150（满足刚度要求）$$

由 $\lambda_{0x}\sqrt{\dfrac{f_y}{235}} = 27.4\sqrt{\dfrac{345}{235}} = 33.2$，按 b 类截面查附表 2-4 得 $\varphi_x = 0.924\,4$，则

$$\frac{N}{\varphi_x A} = \frac{1\,400 \times 10^3}{0.924\,4 \times 63.68 \times 10^2} = 238 \text{ N/mm}^2（满足要求）$$

④缀条计算。

斜缀条按 45° 布置，如图 3-29 所示。

$$V_1 = \frac{1}{2}\left(\frac{Af}{85}\sqrt{\frac{f_y}{235}}\right) = \frac{1}{2}\left(\frac{63.68\times10^2\times310}{85}\times\sqrt{\frac{345}{235}}\right) = 14\ 070\ \text{N}$$

斜缀条内力：

$$N_t = \frac{V_1}{\cos\alpha} = \frac{14\ 070}{\cos 45°} = 19\ 898\ \text{N}$$

缀条截面积 $A=3.49\ \text{cm}^2$，$i_{min}=0.89\ \text{cm}$，则

$$\lambda = \frac{l_1}{i_{min}} = \frac{42-2\times2.10}{\cos 45°\times0.89} = 60 < [\lambda] = 150\ (满足要求)$$

单角钢为 b 类截面，再由 $\lambda\sqrt{\dfrac{f_y}{235}} = 60\sqrt{\dfrac{345}{235}} = 72.7$，按 b 类截面查附表 2-4 得 $\varphi_x = 0.734\ 1$，折算系数 $0.6 + 0.001\ 5\lambda = 0.6 + 0.001\ 5\times60 = 0.69$，则

$$\frac{N_1}{\varphi A} = \frac{19\ 898}{0.734\ 1\times3.49\times10^2} = 77.7\ \text{N/mm}^2 < 0.69f = 0.69\times310 = 213.9\ \text{N/mm}^2$$

⑤单肢稳定性验算。

$$l_{01} = 2(b-2z) = 2\times(420-2\times21) = 756\ \text{mm}$$

$$\lambda_1 = \frac{l_{01}}{i_1} = \frac{756}{22.3} = 33.9$$

$$\lambda_{max} = \lambda_{0x} = 27.4 < 50，取\ \lambda_{max} = 50。$$

$$\lambda_1 \leqslant 0.7\lambda_{max} = 0.7\times50 = 35$$

单肢稳定性满足要求。

⑥连接焊缝。

由附表 1-3 查得 $f_f^w = 200\ \text{N/mm}^2$，采用两面侧焊，取 $h_f = 4\ \text{mm}$。

肢背焊缝所需长度：

$$l_{w1} = \frac{\eta_1 N_t}{0.7h_f\gamma_1 f_f^w} = \frac{0.7\times19\ 898}{0.7\times4\times0.85\times200} = 29.3\ \text{mm}$$

$$l_1 = l_{w1} + 10 = 29.3 + 10 = 39.3\ \text{mm}$$

肢尖焊缝所需长度：

$$l_{w2} = \frac{\eta_2 N_t}{0.7h_f\gamma_1 f_f^w} = \frac{0.3\times19\ 898}{0.7\times4\times0.85\times200} = 12.5\ \text{mm}$$

$$l_2 = l_{w2} + 10 = 12.5 + 10 = 22.5\ \text{mm}$$

角钢总长：

$$l = 756\times\frac{\sqrt{2}}{2} - 50 = 485\ \text{mm}$$

搭接长度：

$$l_d = \frac{485 - 246\sqrt{2}}{2} = 69\ \text{mm} > l_1$$

双侧焊缝可以满足要求。

（2）缀板式格构柱。

①实轴计算与缀条式格构柱相同，选用 2[22a，截面形式如图 3-30 所示。

②确定肢间距离。

$\lambda_y = 34.6$，设 $\lambda_1 = 22$，令 $\lambda_{0x} = \lambda_y$，则

$$\lambda_{xT} = \sqrt{\lambda_y^2 - \lambda_1^2} = \sqrt{34.6^2 - 22^2} = 26.7$$

$$i_{xT} = \frac{l_{0x}}{\lambda_{xT}} = \frac{600}{26.7} = 22.47 \text{ cm}$$

查附表 2-7 得 $\alpha_2 = 0.44$，则

$$b = \frac{i_{xT}}{\alpha_2} = \frac{22.47}{0.44} = 51.06 \text{ cm}$$

取 b=50 cm，$l_{01}=\lambda_1 i_1=22 \times 2.23=49.1$ cm，则

$$a = \frac{b}{2} - z_0 = \frac{50}{2} - 2.10 = 22.9 \text{ cm}$$

$$I_x = 2 \times (158 + 31.84 \times 22.9^2) = 33\ 710 \text{ cm}^4$$

$$i_x = \sqrt{\frac{I_x}{A}} = \sqrt{\frac{33\ 710}{63.68}} = 23 \text{ cm}$$

$$\lambda_x = \frac{l_{0x}}{i_x} = \frac{600}{23} = 26.1 \quad \lambda_1 = \frac{l_{01}}{i_1} = \frac{49}{2.23} = 22$$

$$\lambda_{0x} = \sqrt{\lambda_x^2 + \lambda_1^2} = \sqrt{26.1^2 + 22^2} = 34.1 < [\lambda] = 150 \text{（满足刚度要求）}$$

按 b 类截面查附表 2-4 得 $\varphi_x = 0.9216$，则

$$\frac{N}{\varphi_x A} = \frac{1\ 400 \times 10^3}{0.9216 \times 63.68 \times 10^2} = 238.6 \text{ N/mm}^2 < f = 310 \text{ N/mm}^2 \text{（满足要求）}$$

③单肢稳定性验算。

$\lambda_{\max} = 34.1 < 50$，取 $\lambda_{\max} = 50$。

$\lambda_1 = 22 < 0.5\lambda_{\max} = 0.5 \times 50 = 25$ 且不大于 40，单肢稳定性满足要求。

④缀板设计。

由图 3-30 可知：$b = 500$ mm，$a = 458$ mm，则

$$b_p \geqslant \frac{2a}{3} = \frac{2 \times 458}{3} = 305 \text{ mm，取 } b = 310 \text{ mm}$$

$$t_p \geqslant \frac{a}{40} = \frac{458}{40} = 11.45 \text{ mm，取 } t = 12 \text{ mm}$$

$$l_{01}=\lambda_1 i_1=22 \times 2.23=49.1 \text{ cm，取 } l_{01}=49 \text{ cm}$$

则

$$l_1=l_{01}+b_p=49+31=80 \text{ cm}$$

缀板为 $-12 \times 310 \times 458$。

缀板刚度验算：

$$\frac{2\times\dfrac{I_{\text{b}}}{a}}{\dfrac{I_1}{l_1}}=\frac{2\times\dfrac{1.0\times 31^3}{12\times 45.8}}{\dfrac{158}{80}}=55>6\,(\text{满足要求})$$

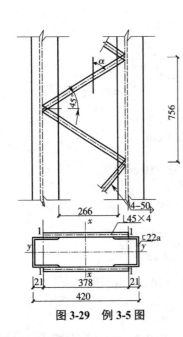

图 3-29 例 3-5 图

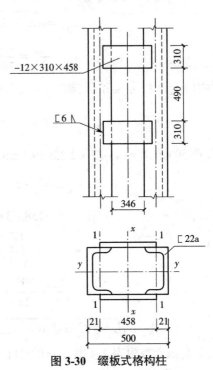

图 3-30 缀板式格构柱

⑤连接焊缝。

缀板与分肢连接处：

剪力

$$V=\frac{V_1 l_1}{a}=\frac{14\,070\times 80}{45.8}=24\,576\text{ N}$$

弯矩

$$M=\frac{V_1 l_1}{2}=\frac{14\,070\times 80}{2}=562\,800\text{ N}\cdot\text{cm}$$

采用角焊缝，三面围焊，计算时偏安全地仅考虑竖直焊缝，但不扣除考虑缺陷的 $2h_{\text{f}}$ 段，取 $h_{\text{f}}=6$ mm，则

$$A_{\text{f}}=0.7\times 0.6\times 31=13.02\text{ cm}^2$$

$$W_{\text{f}}=\frac{1}{6}\times 0.7\times 0.6\times 31^2=67.27\text{ cm}^3$$

$$\sqrt{\left(\frac{\sigma_f}{\beta_f}\right)^2 + (\tau_f)^2} = \sqrt{\left(\frac{562\,800 \times 10}{1.22 \times 67.27 \times 10^3}\right)^2 + \left(\frac{24\,576}{13.02 \times 10^2}\right)^2}$$

$$= 71\,\text{N/mm}^2 < f_f^w = 200\,\text{N/mm}^2\,(满足要求)$$

3.2.4 轴心受压柱的柱头与柱脚

1. 柱头

柱头是指柱的上端与梁相连的构造。其作用是承受并传递梁及其上部结构传来的内力。柱头的连接形式有梁支承于柱顶和梁支承于柱侧两种形式,节点的连接形式有铰接和刚接两种。

1)梁支承于柱顶的构造

在柱顶设一厚 16~20 mm 的柱顶板,顶板与柱焊接并用普通螺栓与梁相连,以传递梁的支座反力。如图 3-31(a)所示,将梁的支承加劲肋对准柱的翼缘,使梁的支承反力通过加劲肋直接传递给柱翼缘,在相邻梁之间留有空隙并用夹板和构造螺栓相连。这种连接方式构造简单,传力明确,但当两侧梁的反力不等时,易引起柱的偏心受压。

如图 3-31(b)所示,在梁端设置突缘加劲肋,在梁的轴线附近与柱顶板顶紧,同时在柱顶板下腹板两侧设支承加劲肋,这时柱腹板为主要受力部分,不能太薄。这样即使相邻梁反力不等,柱仍接近轴心受压。

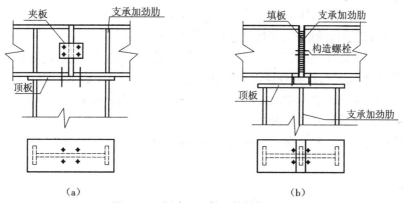

（a）　　　　　　　　　　　　（b）

图 3-31　梁支承于柱顶的铰接连接

2)梁支承于柱侧的构造

如图 3-32(a)所示,将梁搁置于柱侧的承托上,用普通螺栓连接。梁与柱侧之间留有间隙,用角钢和构造螺栓相连。这种连接方式较简洁,施工方便。

如图 3-32(b)所示,当梁的反力较大时,用厚钢板做承托,用焊缝与柱相连。梁与柱侧之间留有间隙,梁吊装就位后,用填板和构造螺栓将柱翼缘和梁端连接起来。

如图 3-32(c)所示,梁沿柱翼缘平面方向与柱相连,在柱腹板上设置承托,梁端板支承在承托上,梁吊装就位后,用填板和构造螺栓将柱腹板与梁端板连接起来。

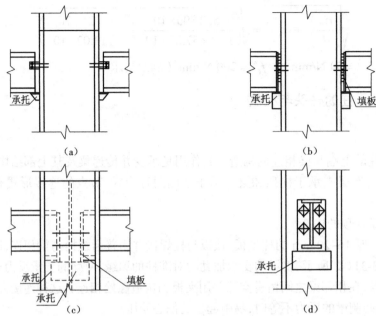

图 3-32　梁支承于柱侧的铰接连接

2. 柱脚

柱下端与基础的连接部分称为柱脚。其作用是承受柱身的荷载并将其传给基础。柱脚按构造可以分为铰接和刚接两种不同的形式。这里主要介绍铰接柱脚。

（1）荷载通过焊缝传给底板，再传至基础（图 3-33（a））。

（2）当柱轴力较大时，可在柱身与底板之间增设靴梁、隔板和肋板，这样柱端通过垂直焊缝将力传给靴梁，靴梁通过底部焊缝将力传给底板（图 3-33（b）~（d））。

（3）柱脚锚栓直径一般为 20~25 mm，底板锚栓孔直径为锚栓直径的 1.5~2.0 倍。当柱吊装就位后用垫板套柱锚栓并与底板焊牢。

柱脚的计算内容包括确定在轴心压力作用下的底板尺寸、靴梁尺寸以及连接焊缝尺寸等，现分述如下。

①底板面积。

$$A = \frac{N}{f_{cc}}$$ （3-53）

$$A = BL - A_0$$

式中　N——作用于柱脚的压力设计值；

　　　f_{cc}——基础材料抗压强度设计值；

　　　A——底板的净面积；

　　　B, L——矩形底板的宽度和长度；

　　　A_0——锚栓孔面积。

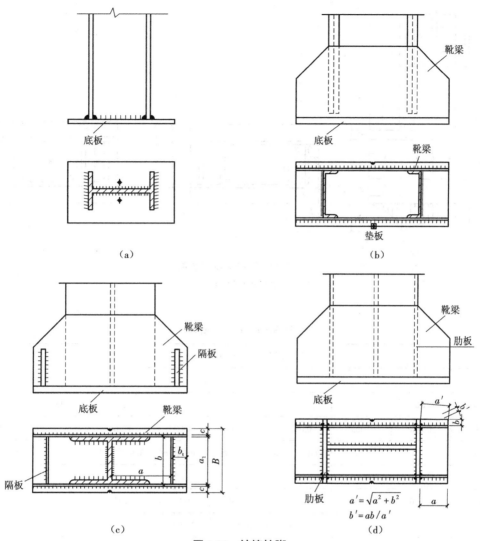

（a） （b）

（c） $a' = \sqrt{a^2 + b^2}$
$b' = ab/a'$
（d）

图 3-33 铰接柱脚

②底板均匀反力。

$$q \le f = \frac{N}{A} = \frac{N}{BL - A_0} \qquad （3\text{-}54）$$

③柱脚底板所承受的弯矩值。

在底板反力 q 的作用下,基础底板被靴梁、柱身、隔板划分为不同支承边的受力区格(图 3-34)。各区格内底板所承受的弯矩 M 可以统一表示为

$$M = \beta q l^2 \qquad （3\text{-}55）$$

式中 M——单位板宽所承受的弯矩值;

l——板格长或板格宽(按表 3-10 取);

β——弯矩系数(按表 3-10 取)。

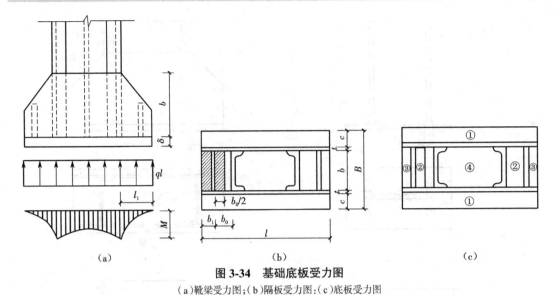

图 3-34 基础底板受力图

(a)靴梁受力图;(b)隔板受力图;(c)底板受力图

表 3-10 β、l 取值表

四边简支板(图 3-34 中②、④)								
l	$l = a$							
b/a	1.0	1.2	1.4	1.6	1.8	2.0	3.0	≥4.0
β	0.048	0.063	0.075	0.086	0.095	0.101	0.119	0.125
三边简支一边自由的板,自由边长 a,垂直方向边长 b(图 3-34 中③)								
b/a	0.3	0.5	0.7	0.9	1.0	1.2	≥1.4	
β	0.026	0.058	0.085	0.104	0.111	0.120	0.125	
悬臂板,伸臂长 c(图 3-34 中①)								
l	c							
β	0.5							
两邻边支承板,另两边自由,支承边长 a、b(图 3-33(d))								
l	$l = \sqrt{a^2 + b^2} = a'$,$b' = \dfrac{ab}{a'}$							
b'/a	0.3	0.5	0.7	0.9	1.0	1.2	≥1.4	
β	0.026	0.058	0.085	0.104	0.111	0.120	0.125	

④底板厚度。

由底板的抗弯强度确定:

$$\delta \geqslant \sqrt{\frac{6M_{max}}{f}} \qquad (3\text{-}56)$$

式中　M_{max}——底板所承受的最大弯矩；

　　　f——钢材的强度设计值；

　　　δ——底板厚度，一般取 20~40 mm，考虑刚度要求，$\delta \geqslant 14$ mm。

⑤靴梁的受力计算。

靴梁的受力如图 3-34（a）所示，可简化成两端外伸的简支梁，在柱肢范围内，底板与靴梁共同工作，可不必验算。故靴梁板所承受的最大弯矩为外伸梁支撑处的弯矩，即

$$M = \frac{1}{2}q_1 l_1^2, \ q_1 = \frac{B}{2}q \qquad (3\text{-}57)$$

支撑处的剪力：

$$V = \frac{1}{2}Bl_1 \qquad (3\text{-}58)$$

式中　l_1——悬臂端外伸长度。

根据 M、V 验算靴梁的抗弯强度和抗剪强度，即

$$\delta = \frac{M}{W} \leqslant f \qquad (3\text{-}59)$$

$$\tau = 1.5\frac{V}{A} \leqslant f_v \qquad (3\text{-}60)$$

式中　A、W——靴梁支撑端处的截面面积和抵抗矩。

靴梁的厚度应与被连接的翼缘厚度大致相同，靴梁的高度由连接柱所需的焊缝长度决定，但每条焊缝的长度不应超过角焊缝焊脚尺寸 h_f 的 60 倍，同时 h_f 也不应大于被连接的较薄板件厚度的 1.2 倍。

⑥隔板。

隔板为底板的支承边，承受底板反力 q 作用，受荷范围见图 3-34（b）中阴影部分，可按简支梁考虑。

【例 3-6】　一格构式轴心受压柱柱脚如图 3-35 所示，柱外围尺寸为 350 mm × 250 mm，柱轴心压力设计值 N=1 350 kN（包括柱自重）。基础混凝土强度等级是 C15，钢材为 Q235，焊条为 E43 系列，底板螺栓孔直径为 40 mm。

【解】（1）底板设计。

C15 混凝土 f_{cc} = 7.5 N/m²，考虑局部受压，可提高强度，系数为 γ = 1.1。

螺栓孔面积：

$$A_0 = 2 \times \frac{\pi \times 40^2}{4} = 2\,513 \text{ mm}^2$$

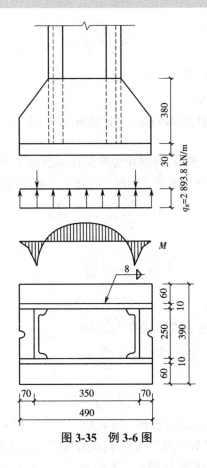

图 3-35　例 3-6 图

底板所需面积：

$$A = \frac{N}{\gamma f_{cc}} + A_0 = \frac{1\,350 \times 10^3}{1.1 \times 7.5} + 2\,513 = 166\,149 \text{ mm}^2$$

设靴梁板厚 10 mm，底板悬臂外伸 60 mm，则底板宽度：

$$B = 250 + 2 \times 10 + 2 \times 60 = 390 \text{ mm}$$

底板长度：

$$L = \frac{A}{B} = \frac{166\,149}{390} = 426 \text{ mm}$$

取 L=430 mm。基础底部平均压应力：

$$q = \frac{N}{BL - A_0} = \frac{1\,350 \times 10^3}{390 \times 430 - 2\,513} = 8.17 \text{ N/mm}^2 < 1.1 f_{cc} = 1.1 \times 7.5 = 8.25 \text{ N/mm}^2$$

将底板划分为①、②、③三种区格，区格③为四边支承板。

查表 3-10 得 $\frac{b}{a} = \frac{350}{250} = 1.4$，$\beta = 0.075$，则

$$M_1 = \beta q a^2 = 0.075 \times 7.42 \times 250^2 = 34\,781 \text{ N} \cdot \text{mm}$$

经计算其他区格内的弯矩值远小于 M_1，则

$$M_{max} = M_1 = 34\,781\ \text{N}\cdot\text{mm}$$

由附表 1-1 取第 2 组钢材的抗弯强度设计值 f=250 N/mm²,则底板厚度为

$$\delta \geqslant \sqrt{\frac{6M_{max}}{f}} = \sqrt{\frac{6\times 34\,781}{205}} = 32\ \text{mm}$$

取 δ=32 mm。

（2）靴梁的受力计算。

由附表 1-3 查得 $f_f^w = 160$ N/mm²,取靴梁与柱身连接的焊脚尺寸 $h_f = 8$ mm,两侧靴梁共用四条焊缝,则焊缝长度为

$$l_w = \frac{N}{4\times 0.7 h_f f_f^w} = \frac{1\,350\times 10^3}{4\times 0.7\times 8\times 160} = 390.6(\text{mm}) < 60h_f = 60\times 8 = 480\ \text{mm}$$

靴梁高度取 400 mm,厚度取 10 mm,一个靴梁所承受的线荷载密度为

$$q_1 = \frac{B}{2}q = \frac{1}{2}\times 390\times 7.42 = 1\,447\ \text{N/mm}$$

$l_1 = 70$ mm,则

$$M = \frac{1}{2}q_1 l_1^2 = \frac{1}{2}\times 1\,447\times 70^2 = 3\,545\,150\ \text{N}\cdot\text{mm}$$

$$\sigma = \frac{M}{W} = \frac{3\,545\,150}{\frac{1}{6}\times 10\times 400^2} = 13.29\ \text{N/mm}^2 < f = 215\ \text{N/mm}^2$$

$$V = q_1 l_1 = 1\,447\times 70 = 101\,290\ \text{N} = 101.29\ \text{kN}$$

$$\tau = 1.5\frac{V}{A} = 1.5\times\frac{101.29\times 10^3}{10\times 400} = 38\ \text{N/mm}^2 < f_v = 120\ \text{N/mm}^2$$

靴板和柱身与底板的连接焊缝按传递全部柱压力计算,则焊缝总长度为

$$\sum l_w = 2\times(430-10) + 4\times(70-10) + 2\times(250-10) = 1\,560\ \text{mm}$$

所需焊脚高度为

$$h_t = \frac{N}{1.22\times 0.7\sum l_w f_f^w} = \frac{1\,350\times 10^3}{1.22\times 0.7\times 1\,560\times 160} = 6.3\ \text{mm}$$

取 $h_f = 7$ mm,符合要求。

3.3　拉弯构件和压弯构件

同时承受轴心拉力和弯矩的构件称为拉弯构件（图 3-36）,而同时承受轴心压力和弯矩的构件称为压弯构件（图 3-37）。工程中常把这两类构件称为偏心受拉构件和偏心受压构件。拉弯构件和压弯构件的破坏有强度破坏、整体失稳破坏和局部失稳破坏。下面主要介绍实腹式单向拉弯构件和压弯构件。

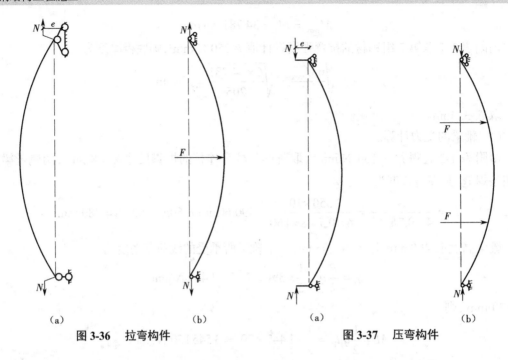

（a）　　　　　　　　　　（b）　　　　　　　　（a）　　　　　　　　　　（b）

图 3-36　拉弯构件　　　　　　　图 3-37　压弯构件

3.3.1　拉弯构件和压弯构件的设计要点

实腹式单向拉弯构件和压弯构件的设计要点包括强度验算、刚度验算、整体稳定性验算和局部稳定性验算四项内容。

1. 强度验算

实腹式单向拉弯构件和压弯构件在轴心拉力或压力 N 和绕主轴 x 轴的弯矩 M_x 作用下，其强度按下式验算：

$$\frac{N}{A_n} + \frac{M_x}{\gamma_x W_{nx}} \le f \qquad\qquad (3\text{-}61)$$

式中　　N——轴向拉力或压力；

　　　　M_x——x 轴方向的弯矩；

　　　　A_n——构件截面面积；

　　　　γ_x——截面塑性发展系数（查表 3-1）；

　　　　W_{nx}——构件净截面模量。

2. 刚度验算

拉弯构件和压弯构件的刚度仍以构件的长细比 λ 来控制，即

$$\lambda \le [\lambda]$$

式中　　$[\lambda]$——构件容许长细比，见表 3-7、表 3-8。

当弯矩为主轴心力且较小或有其他需要时，还需验算拉弯或压弯构件的挠度或变形，使其

满足挠度或变形要求。

3. 整体稳定性验算

对实腹式压弯构件来说,要进行弯矩作用平面内和弯矩作用平面外的稳定计算。

1)弯矩作用平面内的稳定

《标准》规定对弯矩作用在对称轴平面内(绕 x 轴)的实腹式压弯构件,其稳定应按下式验算:

$$\frac{N}{\varphi_x A} + \frac{\beta_{mx} M_x}{\gamma_x W_{1x}\left(1 - 0.8\dfrac{N}{N'_{Ex}}\right)} \leqslant f \tag{3-62}$$

式中　N——所计算构件段范围内的轴向压力;

　　　φ_x——弯矩作用平面内的轴心受压构件稳定系数,取值见附表 2-3~附表 2-6;

　　　M_x——所计算构件段范围内的最大弯矩;

　　　A——构件毛截面面积;

　　　W_{1x}——在弯矩作用平面内对较大受压纤维的毛截面模量;

　　　γ_x——与 W_{1x} 相应的截面塑性发展系数,查表 3-1;

　　　N'_{Ex}——参数,$N'_{Ex} = \dfrac{\pi^2 EA}{1.1\lambda_x^2}$;

　　　β_{mx}——等效弯矩系数,按下列规定采用。

①对框架柱和两端支承的构件,无横向荷载作用时,$\beta_{mx} = 0.65 + 0.35 M_2/M_1$。$M_1$、$M_2$ 为端弯矩,使构件产生同向曲率(无反弯点)时取同号,使构件产生反向曲率(有反弯点)时取异号,$|M_1| \geqslant |M_2|$。当有端弯矩和横向荷载作用,使构件产生同向曲率时,$\beta_{mx} = 1.0$;使构件产生反向曲率时,$\beta_{mx} = 0.85$。无端弯矩但有横向荷载作用时,$\beta_{mx} = 1.0$。

②对悬臂构件,$\beta_{mx} = 1.0$。

对于单轴对称截面(如 T 形、槽形截面等)的压弯构件,当弯矩作用在对称轴平面内且使较大翼缘受压时,较小翼缘有可能由于受到较大的拉应力而首先屈服,导致构件破坏。对这类构件除按式(3-62)验算其稳定性外,尚应按下式验算:

$$\left| \frac{N}{A} - \frac{\beta_{mx} M_x}{\gamma_{2x} W_{2x}\left(1 - 1.25\dfrac{N}{N'_{Ex}}\right)} \right| \leqslant f \tag{3-63}$$

式中　W_{2x}——较小翼缘的毛截面抵抗矩;

　　　γ_{2x}——相对应的截面塑性发展系数。

2)弯矩作用平面外的稳定

当弯矩作用在压弯构件截面最大刚度平面内时,由于弯矩作用平面外截面的刚度较小,而侧向又没有足够的支撑阻止构件的侧移和扭转,构件就可能向弯矩作用平面外发生侧向弯扭

屈曲而破坏(图 3-38)。《标准》按下式验算:

$$\frac{N}{\varphi_y A} + \eta \frac{\beta_{tx} M_x}{\varphi_b W_{1x}} \leq f \qquad (3\text{-}64)$$

式中 M_x——所计算构件范围内(构件侧向支撑点之间)的最大弯矩设计值;

φ_y——弯矩作用平面外的轴心受压构件稳定系数;

β_{tx}——弯矩作用平面外等效弯矩系数,取值方法与弯矩作用平面内等效弯矩系数 β_{mx} 相同;

η——截面影响系数,对闭口截面,$\eta=0.7$,对其他截面,$\eta=1.0$;

φ_b——均匀弯曲的受弯构件整体稳定系数,对闭口截面,取 $\varphi_b=1.0$,当 $\lambda \leq 120\sqrt{235/f_y}$ 时,可按下列近似公式计算。

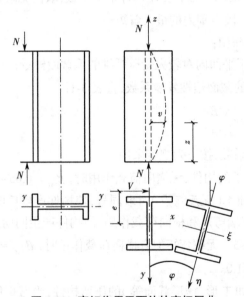

图 3-38   弯矩作用平面外的弯扭屈曲

(1)工字形截面(含 H 型钢)。

双轴对称时:

$$\varphi_b = 1.07 - \frac{\lambda^2}{44\,000} \times \frac{f_y}{235} \qquad (3\text{-}65)$$

单轴对称时:

$$\varphi_b = 1.07 - \frac{W_x}{(2\alpha_b + 0.1)Ah} \times \frac{\lambda_y^2}{14\,000} \times \frac{f_y}{235} \qquad (3\text{-}66)$$

（2）T形截面（弯矩作用在对称轴平面,绕 x 轴）。

①弯矩使翼缘受压时。

双角钢 T 形截面:

$$\varphi_b = 1 - 0.001\,7\lambda_y \sqrt{\frac{f_y}{235}} \tag{3-67}$$

部分 T 型钢和两板组合 T 形截面:

$$\varphi_b = 1 - 0.002\,2\lambda_y \sqrt{\frac{f_y}{235}} \tag{3-68}$$

②弯矩使翼缘受拉且腹板宽厚比不大于 $18\sqrt{235/f_y}$ 时:

$$\varphi_b = 1 - 0.001\,7\lambda_y \sqrt{\frac{f_y}{235}} \tag{3-69}$$

当 $\varphi_b > 1.0$ 时,取 $\varphi_b = 1.0$;当 $\varphi_b > 0.6$ 时,不必按式（3-13）换成 φ_b' 。

4. 局部稳定性验算

实腹式压弯构件,当翼缘和腹板由较宽、较薄的板件组成时,有可能会丧失局部稳定,因此应进行局部稳定性验算。

1）翼缘的局部稳定

实腹式压弯构件翼缘的局部稳定与受弯构件类似,应限制翼缘的宽厚比,即翼缘板的自由外伸宽度 b_1 与其厚度 t 之比应符合下列要求:

$$\frac{b_1}{t} \leqslant 13\sqrt{\frac{235}{f_y}} \tag{3-70}$$

当强度和稳定性计算中取 $\gamma_x = 1$ 时,可放宽,即

$$\frac{b_1}{t} \leqslant 15\sqrt{\frac{235}{f_y}} \tag{3-71}$$

2）腹板的局部稳定

实腹式压弯构件腹板的应力分布是不均匀的。图 3-39 所示的四边简支、两对边受非均匀分布压力、同时四边受剪应力作用的板,其受力和支承情况与压弯构件腹板相似,由理论分析可知,腹板弹塑性屈曲临界应力为

$$\sigma_{cr} = \kappa_p \frac{\pi^2 E}{12(1-v^2)} \cdot \left(\frac{t_w}{h_0}\right)^2 \tag{3-72}$$

由上述临界应力的公式可推得 h_0 / t_w 的限制条件。为保证压弯构件的局部稳定,《标准》对腹板计算高度 h_0 与厚度 t_w 之比的限制条件作了以下规定。

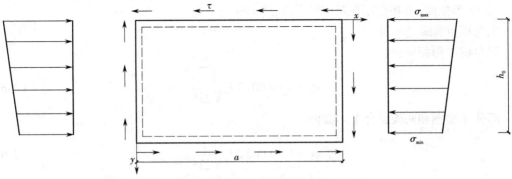

图 3-39 压弯构件腹板弹性状态受力情况

（1）工字形和 H 形截面。

当 $0 \le \alpha_0 \le 1.6$ 时：

$$\frac{h_0}{t_w} \le \left(16\alpha_0 + 0.5\lambda + 25\right)\sqrt{\frac{235}{f_y}} \tag{3-73}$$

当 $1.6 < \alpha_0 \le 2.0$ 时：

$$\frac{h_0}{t_w} \le \left(48\alpha_0 + 0.5\lambda - 26.2\right)\sqrt{\frac{235}{f_y}} \tag{3-74}$$

式中 α_0 ——应力梯度，$\alpha_0 = \dfrac{\sigma_{max} - \sigma_{min}}{\sigma_{max}}$；

         σ_{max} ——腹板计算高度边缘的最大压应力，计算时不考虑构件的稳定系数和截面塑性
            发展系数；

         σ_{min} ——腹板计算高度另一边缘相应的应力，压应力取正值，拉应力取负值；

         λ ——构件在弯矩作用平面内的长细比，当 $\lambda < 30$ 时，取 $\lambda = 30$，当 $\lambda > 100$ 时，取 λ
            $= 100$。

（2）箱形截面。

箱形截面腹板的高厚比不应大于式（3-73）、式（3-74）右边计算值的 4/5，当此值小于 $40\sqrt{235/f_y}$ 时，应采用 $40\sqrt{235/f_y}$。

（3）T 形截面。

①弯矩使腹板自由边受压的压弯构件。

当 $\alpha_0 \le 1.0$ 时：

$$\frac{h_0}{t_w} \le 15\sqrt{\frac{235}{f_y}} \tag{3-75}$$

当 $\alpha_0 > 1.0$ 时：

$$\frac{h_0}{t_w} \le 18\sqrt{\frac{235}{f_y}} \tag{3-76}$$

②当弯矩使腹板自由边受拉时,与轴心受压构件相同。

对于热轧部分 T 型钢:

$$\frac{h_0}{t_w} \le (15 + 0.2\lambda)\sqrt{\frac{235}{f_y}} \tag{3-77}$$

对于焊接 T 型钢:

$$\frac{h_0}{t_w} \le (13 + 0.17\lambda)\sqrt{\frac{235}{f_y}} \tag{3-78}$$

当腹板的高厚比 h_0/t_w 不符合上述要求时,可设置纵向加劲肋,或在计算构件的强度和稳定性时仅考虑腹板的截面计算高度边缘范围内两侧宽度各为 $20t_w\sqrt{235/f_y}$ 的部分(计算构件的稳定系数时,仍用全部截面)。但受压较大翼缘与纵向加劲肋之间的腹板仍应按上述要求验算局部稳定性。

5. 压弯构件的计算长度

压弯构件的计算长度与构件端部的约束条件有关。对于端部约束条件比较简单的压弯构件的计算长度,可按轴心受压构件的计算长度系数表(表 3-9)确定。对于框架柱,端部约束条件比较复杂。框架结构分为有侧移框架和无侧移框架两种结构,无侧移框架的稳定承载力比连接条件与截面尺寸相同的有侧移框架大得多,因此,确定框架柱的计算长度时应区分框架失稳时有无侧移。

《标准》规定,单层或多层框架等截面柱,在框架平面内的计算长度应等于该层柱的高度乘以计算长度系数 μ。

(1)有侧移框架。

有侧移框架柱计算长度系数 μ 按附表 2-9 确定。

(2)无侧移框架。

①强支撑框架。当支撑结构(支撑桁架、剪力墙、电梯井等)的侧移刚度 S_b 满足下式要求时,为强支撑框架,其柱计算长度系数 μ 按附表 2-8 确定。

$$S_b \ge 3(1.2\sum N_{bi} - \sum N_{0i}) \tag{3-79}$$

式中　$\sum N_{bi}$、$\sum N_{0i}$——第 i 层层间所有框架柱用无侧移框架和有侧移框架柱计算长度系数算得的轴压杆稳定承载力之和。

②弱支撑框架。当支撑结构的侧移刚度 S_b 不满足式(3-79)的要求时,为弱支撑框架,框架柱的压杆稳定系数按下式计算:

$$\varphi = \varphi_0 + (\varphi_1 - \varphi_0)\frac{S_b}{3(1.2\sum N_{bi} + \sum N_{0i})} \tag{3-80}$$

式中　φ_0、φ_1——框架柱用附表 2-8 中无侧移框架柱和附表 2-9 中有侧移框架柱计算长度系数算得的轴心压杆稳定系数。

框架柱在框架平面外的计算长度可取柱的全长。当有侧向支撑时,取支撑点之间的距离。

3.3.2　实腹式压弯构件的截面设计

实腹式压弯构件的截面设计应遵循等稳定性、肢宽壁薄、制造省工和连接简便等原则。截面设计的步骤:截面选择、强度验算、弯矩作用平面内和平面外的整体稳定性验算、局部稳定性验算、刚度验算等。

1. 确定截面形式和截面尺寸

截面形式可根据弯矩的大小、方向选用双轴对称或单轴对称截面。截面尺寸由于受稳定性、几何特征控制较为复杂,一般可根据设计经验,先假定出截面尺寸,然后经多次试算调整,才能设计出合理的截面形式和截面尺寸。

2. 截面验算

(1)强度验算。

$$\frac{N}{A_n} + \frac{M_x}{\gamma_x W_{nx}} \le f$$

若无截面削弱,当弯曲取值和整体稳定性验算取值相同时,可不作强度验算。

(2)刚度验算。

$$\lambda_{max} = \frac{l_0}{i_{max}} \le [\lambda]$$

(3)整体稳定性验算。

弯矩作用平面内:

$$\frac{N}{\varphi_x A} + \frac{\beta_{mx} M_x}{\gamma_x W_{1x}\left(1 - 0.8\dfrac{N}{N'_{Ex}}\right)} \le f$$

单轴对称:

$$\left| \frac{N}{\varphi_x A} - \frac{\beta_{mx} M_x}{\gamma_x W_{2x}\left(1 - 1.25\dfrac{N}{N'_{Ex}}\right)} \right| \le f$$

弯矩作用平面外:

$$\frac{N}{\varphi_x A} + \eta\frac{\beta_{tx} M_x}{\varphi_b W_{1x}} \le f$$

(4)局部稳定性验算。

按构造控制翼缘宽厚比或腹板高厚比限值即可满足。

【例 3-7】 图 3-40 所示为一双轴对称工字形截面压弯构件,两端铰支。杆长 9.9 m,在杆间 1/3 处有侧向支撑,承受轴心压力设计值 $N = 1\,250$ kN,中点横向荷载设计值 $F = 140$ kN。构件截面尺寸如图 3-40 所示,截面无削弱,翼缘板为火焰切割边,钢材为 Q235,构件容许长细

比 $[\lambda]=150$。试对该构件截面进行验算。

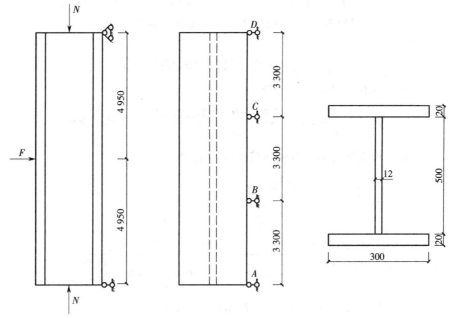

图 3-40   例 3-7 图

【解】 （1）截面几何特征计算。

$$A = 30 \times 2 \times 2 + 50 \times 1.2 = 180 \text{ cm}^2$$

$$I_x = \frac{50^3 \times 1.2}{12} + 30 \times 2 \times \left(\frac{50+2}{2}\right)^2 \times 2 = 93\ 620 \text{ cm}^4$$

$$I_y = \frac{30^3 \times 2 \times 2}{12} = 9\ 000 \text{ cm}^4$$

$$i_x = \sqrt{\frac{I_x}{A}} = \sqrt{\frac{93\ 620}{180}} = 22.8 \text{ cm} \text{ , } i_y = \sqrt{\frac{I_y}{A}} = \sqrt{\frac{9\ 000}{180}} = 7.07 \text{ cm}$$

$$W_{1x} = \frac{2I_x}{h} = \frac{2 \times 93\ 620}{54} = 3\ 467.4 \text{ cm}^3$$

$$\lambda_x = \frac{l_{0x}}{i_x} = \frac{990}{22.8} = 43.42 \text{ , } \lambda_y = \frac{l_{0y}}{i_y} = \frac{330}{7.07} = 46.68$$

按 b 类截面查附表 2-4 得：$\varphi_x = 0.885$, $\varphi_y = 0.871$。

（2）强度验算。

$$M_x = \frac{1}{4}Fl = \frac{1}{4} \times 140 \times 9.9 = 346.5 \text{ kN} \cdot \text{m}$$

查表 3-1 得 $\gamma_x = 1.05$, $f = 215 \text{ N/mm}^2$, 则

$$\frac{N}{A} + \frac{M_x}{\gamma_x W_{1x}} = \frac{1\,250 \times 10^3}{180 \times 10^2} + \frac{346.5 \times 10^6}{1.05 \times 3\,467.4 \times 10^3}$$

$$= 165 \text{ N/mm}^2 < f = 215 \text{ N/mm}^2 \text{（满足要求）}$$

（3）刚度验算。

$$\lambda_{max} = \lambda_y = 46.68 < [\lambda] = 150 \text{（满足要求）}$$

（4）弯矩作用平面内整体稳定性验算。

$$N'_{Ex} = \frac{\pi^2 E I_x}{1.1 l_{0x}^2} = \frac{\pi^2 \times 2.06 \times 10^5 \times 93\,620 \times 10^4}{1.1 \times 9\,900^2} = 17\,655.2 \text{ kN}$$

$\beta_{mx} = 1.0$（验算段无端弯矩但有横向荷载作用），则

$$\frac{N}{\varphi_x A} + \frac{\beta_{mx} M_x}{\gamma_x W_{1x}\left(1 - 0.8\dfrac{N}{N'_{Ex}}\right)}$$

$$= \frac{1\,250 \times 10^3}{0.885 \times 180 \times 10^2} + \frac{1.0 \times 346.5 \times 10^6}{1.0 \times 3\,467.4 \times 10^3 \times \left(1 - 0.8 \times \dfrac{1\,250}{17\,655.2}\right)}$$

$$= 184.4 \text{ N/mm}^2 < f = 215 \text{ N/mm}^2 \text{（满足要求）}$$

（5）弯矩作用平面外整体稳定性验算。

$$\varphi_b = 1.07 - \frac{\lambda_y^2}{44\,000} \times \frac{f_y}{235} = 1.07 - \frac{46.68^2}{44\,000} \times \frac{235}{235} = 1.02 > 1.0$$

取 $\varphi_b = 1.0$。

$\beta_{tx} = 1.0$（验算段内有端弯矩及横向荷载作用，且端弯矩 $M_1 = M_2$），$\eta = 1.0$（工字形截面），所以

$$\frac{N}{\varphi_y A} + \eta \frac{\beta_{tx} M_x}{\varphi_b W_{1x}} = \frac{1\,250 \times 10^3}{0.871 \times 180 \times 10^2} + 1.0 \times \frac{1.0 \times 346.5 \times 10^6}{1.0 \times 3\,467.4 \times 10^3}$$

$$= 180 \text{ N/mm}^2 < f = 215 \text{ N/mm}^2 \text{（满足要求）}$$

（6）局部稳定性验算。

翼缘：

$$\frac{b_1}{t} = \frac{300 - 12}{2 \times 20} = 7.2 \leqslant 13\sqrt{\frac{235}{f_y}} = 13 \text{（满足要求）}$$

腹板：

$$\sigma_{max} = \frac{N}{A} + \frac{M}{W_{1x}} = \frac{1\,250 \times 10^3}{180 \times 10^2} + \frac{346.5 \times 10^6}{3\,467.4 \times 10^3} = 169.4 \text{ N/mm}^2$$

$$\sigma_{min} = \frac{N}{A} - \frac{M}{W_{1x}} = \frac{1\,250 \times 10^3}{180 \times 10^2} - \frac{346.5 \times 10^6}{3\,467.4 \times 10^3} = -30.5 \text{ N/mm}^2$$

$$\alpha_0 = \frac{\sigma_{\max} - \sigma_{\min}}{\sigma_{\max}} = \frac{169.4 + 30.5}{169.4} = 1.18 < 1.6$$

$$\frac{h_0}{t_w} = \frac{500}{12} = 41.7 < (16\alpha_0 + 0.5\lambda + 25)\sqrt{\frac{235}{f_y}}$$

$$= (16 \times 1.18 + 0.5 \times 46.68 + 25) \times \sqrt{\frac{235}{235}} = 67.22 \ (满足要求)$$

经以上验算,该构件截面设计安全。

3.3.3 压弯构件的柱头与柱脚的连接构造

1. 柱头

实腹式压弯构件的柱头分为铰接和刚接两类,其主要作用是使柱子能与上部构件可靠地连接并将其内力传给柱身。图 3-41 所示为一实腹式压弯构件铰接柱头构造,柱头由顶板和肋板组成。柱顶压力 N 通过柱顶板承压和焊缝①传给肋板,再由肋板通过焊缝①传给柱身。

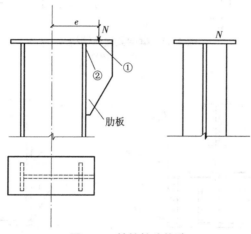

图 3-41　铰接柱头构造

框架梁柱的连接可分为柔性连接和刚性连接。柔性连接一般采用高强度螺栓连接,属铰接;而刚性连接是用焊缝连接,属刚接。图 3-42 所示是两种连接示例。

2. 柱脚

实腹式压弯构件的柱脚可做成铰接和刚接两种。铰接柱脚只传递轴心压力和剪力,它的计算和构造与轴心受压柱相同。刚接柱脚分为整体式和分离式两种。一般实腹式压弯构件多采用整体式柱脚(图 3-43)。

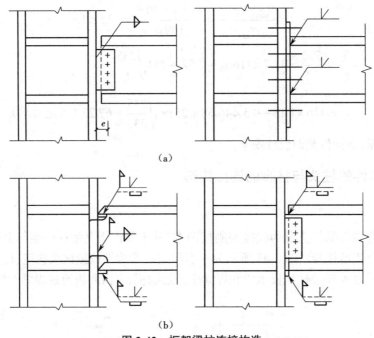

（a）

（b）

图 3-42　框架梁柱连接构造

（a）铰接；（b）刚接

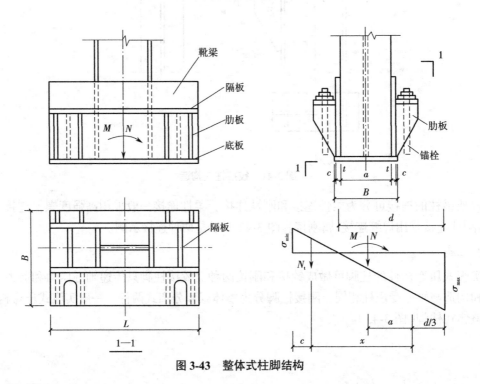

图 3-43　整体式柱脚结构

　　整体式柱脚的构造是柱身置于底板,柱两侧由两个靴梁夹住,靴梁分别与柱翼缘和底板焊牢。为保证柱脚与基础形成刚性连接,柱脚一般布置 4 个锚栓,锚栓不像中心受压柱那样固定在底板上,而是在靴梁侧面每个锚栓处焊两块肋板,并在肋板上设水平板,组成锚栓支架,锚栓固定在锚栓支架的水平板上。为便于安装时调整柱脚位置,水平板上锚栓孔(或缺口)的直径应为锚栓直径的 1.5~2 倍。锚栓穿过水平板准确就位后再用有孔垫板套住锚栓,并与锚栓焊牢。垫板孔径一般只比锚栓直径大 1~2 mm。此外,在锚栓支架间应布置竖向隔板锚,以增加柱脚刚性。

整体式柱脚的设计内容包括底板尺寸、锚栓直径、靴梁尺寸及焊缝。

(1)底板尺寸。

底板宽度 B 由构造要求确定,其中悬臂宽度取 20~50 mm,底板长度 L 由下式确定:

$$\sigma_{max} = \frac{N}{BL} + \frac{6M}{BL^2} \leqslant f \quad (3-81)$$

底板厚度的确定与轴心受压构件柱脚类似,其中底板各区格单位面积上的压应力 q 可偏安全地取该区格下最大压应力值,作为全区格均匀分布压应力来计算其弯矩。

(2)锚栓计算。

当 σ_{min} 为负值时,为拉应力,该拉应力 N_t 由锚栓承担。

$$\sigma_{min} = \frac{N}{BL} - \frac{6M}{BL^2} \quad (3-82)$$

$$N_t = \frac{M - Na}{x} \quad (3-83)$$

$$d = \frac{\sigma_{max} - \sigma_{min}}{\sigma_{max}} \times L \quad (3-84)$$

$$\left. \begin{array}{l} a = \dfrac{L}{2} - \dfrac{d}{3} \\[2mm] x = L - c - \dfrac{d}{3} \end{array} \right\} \quad (3-85)$$

式中 d——底板受压区长度;

a——柱截面形心到基础受压区合力点的距离;

c——锚栓中心到底板边缘的距离。

故单个螺栓需要的净截面面积为

$$A_e \geqslant \frac{N}{nf_t^b} \quad (3-86)$$

式中 n——柱身一侧柱脚锚栓的数目;

f_t^b——锚栓的抗拉强度(查附表 1-4)。

螺栓直径不应小于 20 mm。

【实训任务】

1. 梁的拼接与连接

目的:通过梁的拼接与连接的施工现场学习,认知梁的拼接与连接施工图,掌握梁的拼接与连接施工工艺。

能力目标及要求:能进行梁的拼接与连接。

步骤提示:

(1)组织阅读梁的拼接与连接施工图,能够识读图纸。

(2)组织梁的拼接与连接的施工现场学习,在施工现场辨别梁的连接方式,观看梁的拼接与连接施工工艺。

(3)完成现场学习报告的撰写,内容包括施工工艺、施工注意事项。

2. 压弯构件柱头与柱脚的连接构造模型实训

目的:通过柱头与柱脚连接构造模型的学习,增强感性认识。

能力目标及要求:能认识压弯构件柱头与柱脚的连接构造。

步骤提示:

(1)结合柱头与柱脚的连接构造模型,识别其连接类型,并讲解其连接构造。

(2)通过对模型的感性认识,讨论其施工应注意的事项。

【本章小结】

1. 受弯构件钢梁

(1)梁应满足强度、刚度和稳定性要求。

(2)钢梁的强度验算内容有抗弯强度、抗剪强度、局部承压强度。

抗弯强度:

$$\frac{M_x}{\gamma_x W_{nx}} + \frac{M_y}{\gamma_y W_{ny}} \leq f$$

抗剪强度:

$$\tau = \frac{VS}{It_w} \leq f_v$$

局部承压强度:

$$\sigma = \frac{\psi F}{t_w l_z} \leq f$$

(3)钢梁的刚度验算通过控制挠度进行保证,即

$$v \leq [v] \ \text{或} \ \frac{v}{l} \leq \frac{[v]}{l}$$

（4）钢梁的整体稳定通过稳定系数 φ 予以保证。

稳定条件：

$$\frac{M_x}{\varphi_b W_x} \leqslant f$$

其中

$$\varphi_b = \beta_b \frac{4\,320}{\lambda_y^2} \cdot \frac{Ah}{W_x} \left[\sqrt{1 + \left(\frac{\lambda_y t_1}{4.4h}\right)^2} + \eta_b \right] \frac{235}{f_y}$$

（5）组合梁的验算增加局部稳定性和加劲肋设计两项内容。局部稳定性通过控制翼缘和腹板的宽厚比及高厚比予以验算。

2. 轴心受力构件

（1）轴心受力构件分为实腹式和格构式两类。

（2）实腹式轴心受力构件的基本设计要求有强度验算、刚度验算、整体稳定性验算和局部稳定性验算。

强度验算：

$$\sigma = \frac{N}{A_n} \leqslant f$$

刚度验算：

$$\lambda = \frac{l_0}{i} \leqslant [\lambda]$$

整体稳定性验算：

$$\sigma = \frac{N}{A} \leqslant \varphi f$$

φ 为轴心受压构件的整体稳定系数，与构件截面类型和构件长细比有关，查表 3-4 确定。

局部稳定性通过控制板件的宽厚比和高厚比予以验算。

（3）格构式轴心受力构件与实腹式类似，但有下列两点不同。

①格构柱对虚轴的长细比应采用换算长细比 λ_{0x}。

缀条式：

$$\lambda_{0x} = \sqrt{\lambda_x^2 + 27\frac{A}{A_{1x}}}$$

缀板式：

$$\lambda_{0x} = \sqrt{\lambda_x^2 + \lambda_1^2}$$

②格构式构件的局部稳定性是指单肢的稳定性。

缀条式：

$$\lambda_1 \leqslant 0.7\lambda_{max}$$

缀板式：

$$\lambda_1 \leqslant 0.5\lambda_{max}$$

（4）柱头和柱脚。柱头是指柱与梁的连接构造,柱脚构造一般由底板、靴梁和隔板组成。柱脚底板尺寸按基础抗压强度确定:

$$A \geqslant \frac{N}{f_{cc}} + A_0$$

柱脚底板厚度按底板最大弯矩值确定:

$$\delta \geqslant \sqrt{\frac{6M_{max}}{f}}$$

3.拉弯构件和压弯构件

（1）拉弯构件主要进行强度验算和刚度验算,压弯构件需进行强度验算、刚度验算和稳定性验算。

（2）实腹式压弯构件的设计思路:确定截面,进行强度、刚度及稳定性验算,然后进行柱头和柱脚的连接构造设计。

①强度验算:

$$\frac{N}{A_n} + \frac{M_x}{\gamma_x W_{nx}} \leqslant f$$

②刚度验算:

$$\lambda_{max} \leqslant [\lambda]$$

③整体稳定性验算:

$$\frac{N}{\varphi_x A} + \frac{\beta_{mx} M_x}{\gamma_x W_{1x}\left(1 - 0.8\frac{N}{N'_{Ex}}\right)} \leqslant f$$

$$\left|\frac{N}{A} - \frac{\beta_{mx} M_x}{\gamma_x W_{2x}\left(1 - 1.25\frac{N}{N'_{Ex}}\right)}\right| \leqslant f$$

弯矩作用平面外:

$$\frac{N}{\varphi_x A} + \eta\frac{\beta_{tx} M_x}{\varphi_b W_{1x}} \leqslant f$$

【思考题】

3-1 简述钢梁在弯矩作用下的三个应力阶段和梁抗弯设计的依据。

3-2 简述钢梁强度、刚度、整体稳定性和局部稳定性要求。

3-3 梁整体稳定和局部稳定的含义是什么?

3-4 简述型钢梁的设计步骤。

3-5 钢板组合梁的设计内容有哪些?

3-6 焊接组合工字形梁的截面设计内容有哪些？各有什么要求？

3-7 焊接组合工字形梁的翼缘焊缝如何计算？

3-8 焊接组合工字形梁的腹板加劲肋布置有哪些规定？

3-9 轴心受力构件的截面形式有哪些？

3-10 轴心受力构件的设计内容有哪些？试写出各项内容的计算公式。

3-11 试述实腹式和格构式轴心受压构件的计算步骤。

3-12 为什么要计算格构式轴心受压构件虚轴的长细比 λ_{0x}？如何计算？

3-13 柱脚计算的内容有哪些？试写出各项内容的计算公式。

3-14 简述拉弯构件和压弯构件的含义。

3-15 简述实腹式压弯构件的截面设计步骤,并写出相应的计算公式。

3-16 压弯构件与轴心受压构件的柱脚设计有何异同？

4 钢结构施工详图设计

【学习目标】

通过本章的学习,学生应掌握钢结构施工详图的内容和钢结构典型节点形式、钢结构施工详图的绘制方法、CAD 辅助设计绘制方法。

【能力要求】

通过本章的学习,学生能够熟悉钢结构施工详图的绘制方法及典型节点形式。

4.1 施工详图的内容

钢结构设计分为设计图和施工详图两个阶段,设计图由设计单位提供,施工详图通常由钢结构制造公司根据设计图编制,但由于工程建设进度要求或制造厂限于人力不能承接编制工作时,也可由设计单位编制。由于近年来钢结构项目增多,设计院钢结构工程师缺乏,有设计能力的钢结构制造公司参与设计图编制的情况也很普遍,其优点是施工单位能够结合自身的技术条件,以便采用经济合理的施工方案。

设计图是制造厂编制施工详图的依据。因此,设计图在其深度及内容方面首先应以满足编制施工详图的要求为原则,完整但不冗余。在设计图中,设计依据、荷载数据(包括地震作用)、技术数据、材料选用及材质要求、设计要求(包括制造和安装焊缝质量检验的等级、涂装及运输等)、结构布置、构件截面选用以及结构的主要节点构造等均应表示清楚,以利于施工详图的顺利编制,并能正确体现设计的意图。其主要材料应列表表示。

施工详图,又称加工图或放样图等。编制钢结构施工详图时,必须遵照设计图的技术条件和内容要求进行,深度须能满足车间直接制造加工的要求。不完全相同的构件单元需单独绘制,并应附有详尽的材料表。设计图及施工详图的内容表达方法及出图深度的控制目前不太统一,各个设计单位及钢结构制造公司不尽相同。

施工详图包括设计内容与编制内容两部分,现介绍如下。

4.1.1 施工详图的设计内容

设计图在深度上一般只绘出构件布置、构件截面与内力及主要节点构造,故在详图设计中需补充部分构造设计与连接计算,具体内容如下。

(1)构造设计:桁架、支撑等节点板设计与放样,梁支座加劲肋或纵横加劲肋构造设计,组合截面构件缀板、填板布置、构造,螺栓群与焊缝群的布置与构造等。

(2)构造及连接计算:构件与构件间的连接部位应按设计图提供的内力及节点构造进行

连接计算及螺栓与焊缝的计算,选定螺栓数量、焊脚厚度及焊缝长度;对组合截面构件还应确定缀板的截面与间距;对连接板、节点板、加劲板等,按构造要求进行配置放样及必要的计算。

4.1.2　施工详图的编制内容

施工详图的编制内容主要包括图纸目录、钢结构设计总说明、结构布置图、构件详图、安装节点详图等。

（1）图纸目录。视工程规模,可以按子项工程或以结构系统为单位编制。

（2）钢结构设计总说明。应根据设计图总说明编写,内容一般包括设计依据(如工程设计合同书、有关工程设计的文件、设计基础数据及规范、规程等),设计荷载,工程概况和对钢材的钢号、性能要求,焊条型号和焊接方法、质量要求等;图中未注明的焊缝和螺栓孔尺寸要求,高强度螺栓摩擦面抗滑移系数,预应力构件加工、预装,除锈与涂装等施工要求及注意事项等,以及图中未能表达清楚的一些内容,都应在总说明中加以说明。

（3）结构布置图。其主要供现场安装用。以钢结构设计图为依据,分别以同一类构件系统(如屋盖系统、刚架系统、吊车梁系统、平台等)为绘制对象,绘制本系统的平面布置和剖面布置(一般有横向剖面和纵向剖面),并对所有的构件编号;布置图尺寸应注明各构件的定位尺寸、轴线关系、标高等,布置图中一般附有构件表、设计总说明等。

（4）构件详图。依据设计图及布置图中的构件编号编制构件详图,构件详图主要供构件加工厂加工并组装构件用,也是构件出厂运输的构件单元图,绘制时应按主要表示面绘制每一构件的图形零配件及组装关系,并对每一构件中的零件编号,编制各构件的材料表和本图构件的加工说明等。绘制桁架式构件时,应放大样确定杆件端部尺寸和节点板尺寸。

（5）安装节点详图。施工详图中一般不再绘制安装节点详图,仅当构件详图无法清楚表示构件连接处的构造关系时,才绘制相关的节点图。

4.2　钢结构的典型节点

4.2.1　节点设计的特点

在钢结构中,节点起着连接汇交杆件、传递荷载的作用,所以节点设计是钢结构设计中的重要环节之一,合理的节点设计对钢结构的安全度、制作安装、工程进度、用钢量指标以及工程造价都有直接的影响。节点设计应满足下列几点要求。

（1）受力合理、传力明确,务必使节点构造与所采用的计算假定尽量符合,使节点安全可靠。

（2）保证汇交杆件交于一点,不产生附加弯矩。

（3）构造简单,制作简便,安装方便。

（4）耗钢量少,造价低廉,造型美观。

4.2.2 节点设计的基本知识

节点设计是钢结构设计中的重要内容之一。在结构分析前,就应该对节点的形式进行充分的思考。常出现的一种情况是,最终设计的节点与结构分析模型中使用的形式不完全一致,必须避免这种情况的出现。

按传力特性不同,节点连接分为刚接、铰接和半刚接。节点连接形式的不同对结构影响甚大。例如,有的刚接节点虽然承受弯矩没有问题,但会产生较大转动,不符合结构分析中的假定,会导致实际工程的变形大于计算数据等不利结果。连接节点有等强设计和实际受力设计两种常用的方法,可根据一般钢结构设计手册中的焊缝及螺栓连接的表格等查用计算,也可以使用结构软件的后处理部分来自动完成。

节点的具体设计主要包括以下内容。

(1)焊接。焊接连接分为对接焊缝连接和角焊缝连接,其中对接焊缝连接又可分为焊透焊缝与非焊透焊缝。焊透的对接焊缝强度高,受力性能好,对于承受动力荷载作用的焊接结构,采用对接焊缝最为有利。焊条的选用应和被连接金属材质相适应,E43 对应 Q235 钢,E50 对应 Q345 钢,E55 对应 Q390 钢和 Q420 钢。当两种不同的钢材进行连接时,宜采用与低强度钢材相适应的焊条。

焊接连接的施工及质量分级应符合《钢结构工程施工质量验收规范》(GB 50205—2001)及《钢结构焊接规范》(GB 50661—2011)的规定。

对焊接连接的构造要求:焊缝的布置尽量对称于构件或节点板截面中和轴,避免连接偏心受力;焊缝长度和焊脚尺寸应由计算及适当的余量确定,不得任意加大加厚焊缝;为便于焊接操作,尽量选用俯焊、平焊或横焊的焊接位置,并留有合理的施焊空间;选用的焊接材料材质应与主体金属相适应。当板件采用搭接接头时,其沿受力方向的搭接长度不宜小于较薄焊件厚度的 5 倍及 25 mm;角焊缝的最小焊缝尺寸不应小于 1.5 $\sqrt{t}$(t 为较薄焊件的厚度),角焊缝的最大焊脚尺寸一般不大于 t,当有必要加大时也不应大于 1.5 t。

(2)螺栓连接。螺栓连接分为普通螺栓连接与高强度螺栓连接。

普通螺栓抗剪性能差,不宜用于重要的抗剪连接结构中。普通螺栓连接一般采用 C 级螺栓,其螺栓连接的制孔应采用钻成孔。对有防松要求的普通螺栓连接,应采用弹簧垫圈或双螺帽以防止松动。

高强度螺栓的使用日益广泛,常用 8.8 级和 10.9 级两个强度等级。根据受力特点,其分为承压型和摩擦型两种,两者计算方法不同。高强度螺栓最小规格为 M12,常用的高强度螺栓为 M16~M30。超大规格的螺栓性能不稳定,设计中应谨慎使用。在栓焊共享的节点中,对高强度螺栓临近焊缝的节点连接,应当用先拧后焊的工序,并且高强度螺栓的承载力应按降低 10% 考虑。

另外,钢结构节点的连接还有铆接和自攻螺钉连接,目前铆接在建筑工程中的应用已很少了。自攻螺钉用于板材与薄壁型钢间的次要连接,也常用于国外低层墙板式住宅主结构的连接。

(3)连接板。连接板起着保证杆件或构件间可靠传力的重要作用,其构造原则应符合以下要求:传力直接,中心交汇,外形应力求简单;不应有凹角,以免产生应力集中;连接布置不应或尽量少产生附加偏心或焊接应力等。当连接已计算确定后,一般以 1:5 比例进行绘图放样来确定节点板尺寸,并调整为以 5 mm 为尾数的尺寸。

(4)梁腹板。应验算栓孔处腹板的净截面抗剪强度。承压型高强度螺栓连接还需验算孔壁局部承压强度。

(5)节点设计必须考虑安装螺栓、现场焊接等的施工空间及构件吊装顺序等。此外,应尽可能地方便工人进行现场定位与临时固定。

(6)节点设计还应考虑制造厂的工艺水平,比如钢管连接节点相贯线的切口需要数控机床等设备才能完成等。

4.2.3 典型的节点形式

钢结构的节点随结构形式的不同而不同,下面仅对普通钢屋架和网架结构的节点计算方法及构造作简单介绍。

1. 钢屋架节点的形式

(1)无节点荷载的下弦节点(图 4-1)。各腹杆与节点板的连接角焊缝计算长度按各腹杆的内力计算:

$$\sum l_{\mathrm{w}} = \frac{N_3 \left(N_4 或 N_5\right)}{2 \times 0.7 h_{\mathrm{f}} f_{\mathrm{f}}^{\mathrm{w}}} \tag{4-1}$$

式中 N_3 , N_4 , N_5 ——腹杆轴心力;

$f_{\mathrm{f}}^{\mathrm{w}}$ ——角焊缝强度设计值;

$\sum l_{\mathrm{w}}$ ——一个角钢与节点板之间的焊缝总长度,按比例分配于肢背和肢尖;

h_{f} ——焊缝高度(肢背与肢尖的 h_{f} 可以不相等),一般取小于或等于角钢肢厚。

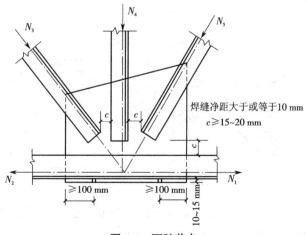

图 4-1 下弦节点

弦杆与节点板的连接焊缝,由于弦杆在节点板处是连续的,故当节点上无外荷载时,它仅承受下弦相邻节间的内力差 $\Delta N = N_1 - N_2$。通常 ΔN 很小,需要的焊缝很短,一般都按节点板的大小予以满焊,而焊脚尺寸可由构造要求确定。

节点板的外形轮廓和尺寸可按下列步骤确定:

①画出节点处屋架的几何轴线;

②按杆件形心线与屋架几何轴线重合的原则确定杆件的轮廓线位置;

③按各杆件边缘之间的距离不小于 20 mm 的要求确定各杆端位置;

④按计算结果布置节点板与腹杆间的连接焊缝;

⑤根据焊缝长度定出合理的节点板轮廓,并按绘图比例量出它的尺寸。

节点板的厚度可根据经验由杆件内力按表 4-1 选用,支座节点板的厚度宜较中间节点板厚度增加 2 mm。

表 4-1 节点板厚度选用表

梯形屋架腹杆 最大内力或三角形屋架 弦杆最大内力 /kN	≤ 170	171~290	291~510	511~680	681~910	911~1 290	1 291~1 770	1 771~3 090
中间节点板厚度 / mm	6	8	10	12	14	16	18	20

注:本表的适用范围如下。

1. 适用于焊接桁架的节点板强度验算,节点板钢材为 Q235,焊条为 E43。

2. 节点板边缘与腹杆轴线之间的夹角应不小于 30°。

3. 节点板与腹杆用侧焊缝连接,当采用围焊时,节点板的厚度应通过计算确定。

4. 对有竖腹杆的节点板,当 $c/t \leqslant 15\sqrt{235/f_y}$ 时(c 为受压腹杆连接肢端面中点沿腹杆轴线方向至弦杆的净距离),可不验算节点板的稳定;对无竖腹杆的节点板,当 $c/t \leqslant 10\sqrt{235/f_y}$ 时,可将受压腹杆的内力乘以增大系数 1.25 后再查表 4-1 求节点板厚度,此时亦可不验算节点板的稳定。

(2)上弦一般节点。上弦一般节点因需搁置屋面板或檩条,故常将节点板缩进角钢肢背而采用塞焊缝(图 4-2)。

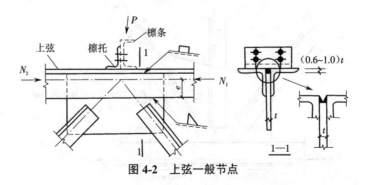

图 4-2 上弦一般节点

塞焊缝可近似地按两条焊脚尺寸为 $h_f = t/2$(t 为节点板厚度)的角焊缝计算。节点板缩进角钢背的距离不少于 $t/2+2$,但不大于 t。

屋架上弦节点受由屋面传来的集中荷载 P 的作用,所以在计算上弦与节点板的连接焊缝时,应考虑节点荷载 P 与上弦杆相邻节间的内力差 $\Delta N = N_1 - N_2$ 的共同作用。当采用图 4-2

所示构造时,对焊缝的计算常作下列近似假设。

①弦杆角钢肢背的槽焊缝承受节点荷载 P,焊缝强度按下式验算:

$$\sqrt{\left(\frac{\sigma_f}{\beta_f}\right)^2 + \tau_f^2} \leqslant 0.8 f_f^w \qquad (4\text{-}2)$$

$$\tau_f = \frac{P\sin\alpha}{2\times 0.7h_f l_w}, \quad \sigma_f = \frac{P\cos\alpha}{2\times 0.7h_f l_w} + \frac{6M}{2\times 0.7h_f l_w^2}$$

式中 α——屋面倾角;

   M——竖向节点荷载 P 对槽焊缝长度中点的偏心距所引起的力矩,当荷载 P 对槽焊缝
   长度中点的偏心距较小时,可取 $M=0$;

   β_f——正面角焊缝的强度设计值增大系数,承受静力荷载时,$\beta_f =1.22$,直接承受动力
   荷载时,$\beta_f =1.0$;

   $0.8 f_f^w$——考虑槽焊缝质量不易保证而将角焊缝的强度设计值降低20%。

若为梯形屋架,屋面坡度较小时,$\cos\alpha =1.0$,$\sin\alpha =0$,则可按下式验算肢背槽焊缝
强度:

$$\frac{P}{2\times 0.7h_f l_w} \leqslant 0.8\beta_f f_f^w \qquad (4\text{-}3)$$

由于荷载 P 一般不大,通常槽焊缝可按构造满焊而不必计算。

②上弦杆角钢肢尖与节点板的连接焊缝承受 ΔN 及其产生的偏心力矩 $M = \Delta Ne$(e 为角钢
肢尖至弦杆轴线的距离),焊缝强度按下式验算:

$$\sqrt{\left(\frac{\sigma_f}{\beta_f}\right)^2 + \tau_f^2} \leqslant f_f^w \qquad (4\text{-}4)$$

其中,$\tau_f = \dfrac{\Delta N}{2\times 0.7h_f l_w}$,$\sigma_f = \dfrac{6M}{2\times 0.7h_f l_w^2}$。

以上各式中的 l_w 均指每条焊缝的计算长度。

(3)弦杆拼接节点。屋架弦杆的拼接有工厂拼接和工地拼接两种。工厂拼接接头是为了
型钢接长而设的杆件接头,拼接节点常设于内力较小的节间内;工地拼接接头是由于运输条件
限制而设的安装接头,拼接节点通常设在屋脊节点和下弦跨中节点处,如图4-3所示。下面介
绍工地拼接接头。

弦杆采用拼接角钢拼接。拼接角钢一般采用与弦杆相同的规格(弦杆截面改变时,与较小
截面弦杆相同)。为了使拼接角钢能贴紧被连接的弦杆和便于施焊,需将拼接角钢的外棱角截
去,并把竖向肢切去 $\Delta= t + h_f +5$(t 为拼接角钢肢厚;h_f 为角焊缝焊脚尺寸;5 为避开弦杆角钢
肢尖的圆角而考虑的切割余量,单位为 mm)。在屋脊节点的拼接角钢,一般采用热弯成型。
当屋面坡度较大,拼接角钢又较宽时,宜将竖肢切口,然后冷弯对齐焊接。拼接时为正确定位
和便于施焊,需设置临时性的安装螺栓。

135

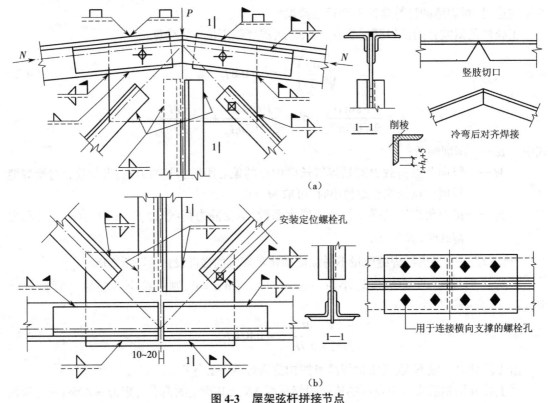

图 4-3 屋架弦杆拼接节点

(a)屋架上弦拼接节点;(b)屋架下弦拼接节点

拼接角钢与弦杆连接焊缝通常按连接弦杆的最大内力计算,并平均分配给两个拼接角钢肢的四条焊缝,每条焊缝长度应为

$$\tau_f = \frac{N_{max}}{4 \times 0.7 h_f f_f^w} \tag{4-5}$$

则拼接角钢总长 $l = 2(l_w + 10) + b$,其中 b 为两弦杆杆端空隙,一般取 10~20 mm;若屋面坡度较大,可取 50 mm。

下弦杆与节点板的连接焊缝,除按拼接节点两侧弦杆的内力差计算外,还应考虑拼接角钢由于削棱和切肢,截面有一定的削弱,削弱部分由节点板来补偿,一般拼接角钢削弱的面积不超过 15%。因此下弦与节点板的连接焊缝按下弦较大内力的 15% 和两侧下弦的内力差两者中的较大者进行计算,这样,下弦杆肢背与节点板的连接焊缝长度计算如下:

$$l_w = \frac{\eta_1 \times 0.15 N_{max}(或 \Delta N)}{2 \times 0.7 h_f f_f^w} + 10 \tag{4-6}$$

式中 η_1——下弦角钢肢背上的内力分配系数。

对于受压上弦杆,连接角钢面积的削弱一般不会降低接头的承载力。因为上弦截面是由稳定性计算确定的,屋脊处弦杆与节点板的连接焊缝承受接头两侧弦杆的竖向分力与节点荷载 P 的合力,两侧连接焊缝共 8 条,每条焊缝长度按下式进行计算:

$$l_w = 7 \times \frac{2N\sin\alpha - P}{2 \times 0.7 h_f f_f^w} + 10 \tag{4-7}$$

（4）支座节点。图 4-4 所示为支承于钢筋混凝土或砖柱上的简支屋架支座节点。支座节点由节点板、加劲肋、支座底板和锚栓等部分组成，加劲肋的作用是加强底板的刚度，以便较为均匀地传递支座反力并提高节点板的侧向刚度。加劲肋应设在支座节点的中心处，其高度和厚度与节点板相同，肋板底端应切角，以避免 3 条互相垂直的角焊缝交于一点。为了便于施焊，下弦角钢底面和支座板之间的距离 h 不应小于下弦角钢水平肢的宽度，且不小于 130 mm。

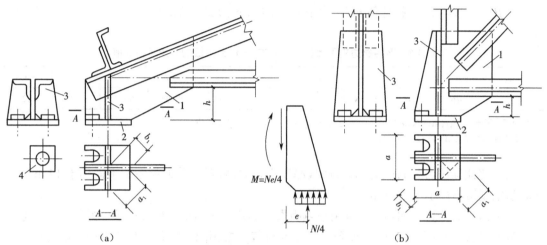

图 4-4　屋架支座节点

（a）三角形屋架支座节点；（b）梯形屋架支座节点
1—节点板；2—底板；3—加劲肋；4—垫板

锚栓预埋于柱中，其直径一般取 20~25 mm。为了便于安装屋架时能够调整位置，底板上的锚栓孔直径应为锚栓直径的 2~2.5 倍。屋架安装完毕后，在锚栓上套上垫圈，并与底板焊牢以固定屋架，垫圈的孔径比锚栓直径大 1~2 mm。

支座节点的传力路线：屋架杆件的内力通过连接焊缝传给节点板，然后经节点板和加劲肋把力传给底板，最后传给柱子。因此，支座节点的计算主要包括底板计算、加劲肋及其焊缝计算、底板焊缝计算三部分，计算原理与轴压柱相同，具体计算步骤如下。

①底板计算。支座底板净截面面积：

$$A_n = \frac{R}{f_c} \tag{4-8}$$

式中　R——屋架的支座反力；

　　　f_c——混凝土或砌体的轴心抗压强度设计值。

底板所需的面积应为 $A = A_n +$ 锚栓孔面积。采用方形底板时，边长 $a \geqslant \sqrt{A}$，也可取底板为矩形。当支座反力较小时，一般计算所得尺寸都较小，考虑开栓孔的构造要求，通常要求底板的尺寸不得小于 200 mm。

底板厚度按均布荷载作用下板的抗弯强度确定,计算公式为

$$t = \sqrt{\frac{6M}{f}}$$

(4-9)

$$M = \beta q a_1^2$$

式中　　M——板中单位长度上的弯矩;

a_1——两相邻边支承板的对角线长度;

q——底板单位面积的压力, $q = R / A_n$;

β——弯矩系数,按比值 b_1 / a_1 由表 4-2 给出, b_1 为支承边的交点至对角线的垂直距离。

表 4-2　两相邻边支承板及三边简支、一边自由板的弯矩系数 β 值

b_1 / a_1	0.3	0.4	0.5	0.6	0.7	0.8	0.9	1.0	1.2	≥ 1.4
β	0.026	0.042	0.058	0.072	0.085	0.092	0.104	0.111	0.120	0.125

注:1. 对三边简支、一边自由的板,表中 a_1 为自由边长度,b_1 为与自由边垂直的支承边长。

2. 表中前三项仅适用于两边支承的板。

为了使柱顶压力分布较为均匀,底板厚度不宜太薄,对于普通钢屋架不得小于 14 mm,对于轻型钢屋架不得小于 12 mm。

②加劲肋的计算。加劲肋高度由节点板尺寸确定。三角形屋架支座节点的加劲肋应紧靠上弦杆水平肢并采用焊接连接,加劲肋厚度取与节点板相同。加劲肋与节点板间的连接焊缝可近似地按传递支座反力的 1/4 计算,并考虑焊缝偏心受力,每块肋板两条垂直焊缝承受的荷载为

$$V = \frac{N}{4}, M = Ve$$

同时按悬臂板验算加劲肋的强度。

2. 网架节点

目前,国内对于钢管网架一般采用焊接空心球节点和螺栓球节点,对于型钢网架,一般采用焊接钢板节点。下面分别对这几种节点的设计、计算以及支座节点的常用形式和构造作简单介绍。

(1)焊接空心球节点。焊接空心球节点是国内应用较多的一种节点形式,这种节点传力明确、构造简单,但焊接工作量大,对焊接质量和杆件尺寸的准确度要求较高。

由两个半球焊接而成的空心球,可分为不加肋和加肋两种(图 4-5),适用于连接钢管杆件。

空心球外径与壁厚的比值可按设计要求在 25~45 内选用,空心球壁厚与钢管最大壁厚的比值宜选用 1.2~2.0,空心球壁厚不宜小于 4 mm。

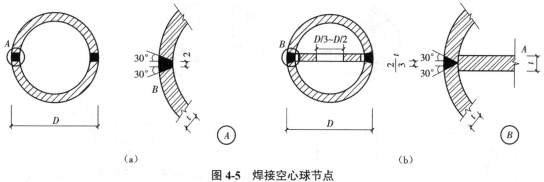

图 4-5 焊接空心球节点

（a）不加肋空心球;（b）加肋空心球

（2）螺栓球节点。螺栓球节点是通过螺栓把钢管杆件和钢球连接起来的一种节点形式,它主要由螺栓、钢球、销子（或螺钉）、套筒、锥头或封板等零件组成,如图 4-6 所示。

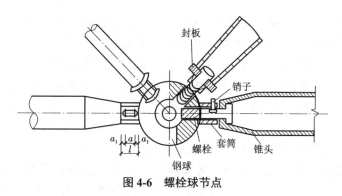

图 4-6 螺栓球节点

螺栓球节点的许多零件要求用高强度钢材制作,加工工艺要求高,制造费用较高。其优点是安装、拆卸较方便,球体与杆件便于工厂化生产,对保证网架几何尺寸和提高网架的安装质量十分有利。

螺栓球节点连接的构造原理:每根钢管杆件的两端都焊有一个锥头,锥头上带有一个可转动的螺栓,螺栓上套有一个两侧开有长槽孔的套筒。用一个销子穿入长槽孔和螺栓上的小孔中,把螺栓和套筒连在一起。将杆端螺栓插入预先制有螺栓孔的球体中,用扳手拧动六角形套筒,套筒转动时带动螺栓转动,从而使螺栓旋入球体,直至杆件与螺栓贴紧为止。

（3）焊接钢板节点。焊接钢板节点可由十字节点板和盖板组成,适用于连接型钢构件。十字节点板由两个带企口的钢板对插焊成,也可由三块钢板焊成,如图 4-7（a）、（b）所示。小跨度网架的受拉节点可不设置盖板。

十字节点板与盖板所用钢材应与网架杆件钢材一致。

十字节点板的竖向焊缝应有足够的承载力,并宜采用 V 形或 K 形坡口的对接焊缝。

焊接钢板节点上,弦杆与腹杆、腹杆与腹杆之间以及弦杆端部与节点板中心线之间的间隙均不宜小于 20 mm,如图 4-7（c）所示。

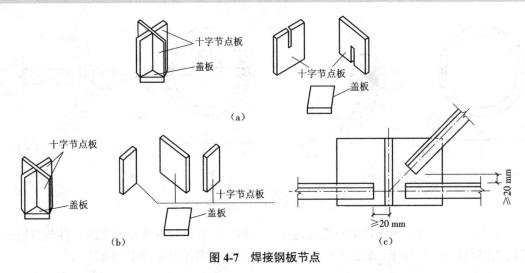

图 4-7　焊接钢板节点

节点板厚度应根据网架最大杆件内力确定,并应比连接杆件的厚度大 2 mm,但不得小于 6 mm,节点板的平面尺寸应适当考虑制作和装配的误差。

(4)支座节点。支座节点一般采用铰接节点,应尽量采用传力可靠、连接简单的构造形式。根据受力状态,支座节点可分为压力支座节点和拉力支座节点。网架的支座节点一般传递压力,但周边简支的正交斜放类网架,在角隅处通常会产生拉力,因此设计时应按拉力支座节点设计。

常用的压力支座节点可按下列几种构造形式选用。

①平板支座节点。这种支座节点主要是通过十字节点板和底板将支座反力传给下部结构,节点构造简单、加工方便。节点处不能转动,受力后会产生一定的弯矩,可用于较小跨度的网架中。节点构造如图 4-8 所示。

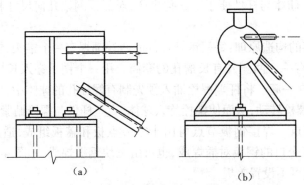

图 4-8　板拉力或压力支座节点构造
(a)角钢杆件;(b)钢管杆件

②单面弧形压力支座节点。此节点是在平板压力支座的基础上,在节点底板和下部支承面板间设一弧形垫块而成。在压力作用下,支座弧形面可以转动,支座的构造与简支条件比较接近,适用于中、小跨度网架。节点构造如图 4-9 所示。

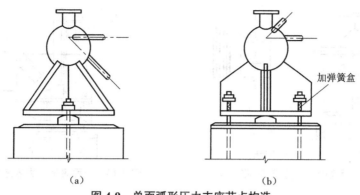

图 4-9　单面弧形压力支座节点构造
（a）两个螺栓连接；（b）四个螺栓连接

③双面弧形压力支座节点。当网架的跨度较大、温度应力影响显著、周边约束较强时，需要选择一种既能自由伸缩又能自由转动的支座节点形式。双面弧形压力支座基本上能满足这些要求，但这种节点构造复杂、施工烦琐、造价较高。节点构造如图 4-10 所示。

④球铰压力支座节点。对于多支点大跨度网架，为了能使支座节点适应各个方向的自由转动，需使支座与柱顶铰接而不产生弯矩，故常做成球铰压力支座。节点构造如图 4-11 所示。

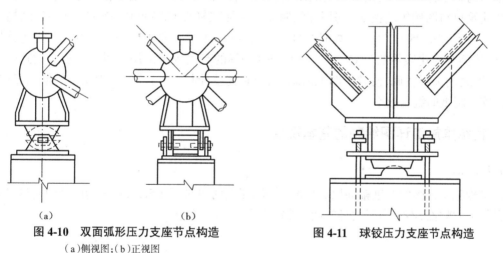

图 4-10　双面弧形压力支座节点构造
（a）侧视图；（b）正视图

图 4-11　球铰压力支座节点构造

⑤板式橡胶支座节点。板式橡胶支座是在柱顶面板与节点板间设置一块橡胶垫板组成。板式橡胶支座节点主要适用于大、中跨度网架，具有构造简单、安装方便、节省钢材、造价较低等特点。节点构造如图 4-12 所示。

⑥单面弧形压力支座节点。这种支座节点的构造与单面弧形压力支座节点相似，它把支承平面做成弧形，主要是为了便于支座转动。节点构造如图 4-13 所示，其主要适用于中、小跨度网架。

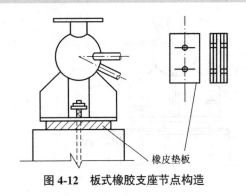

图 4-12　板式橡胶支座节点构造

橡皮垫板

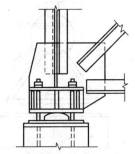

图 4-13　单面弧形压力支座节点构造

4.3　施工详图的绘制方法

结构施工图是工程师的语言,体现了设计者的设计意图,施工图的绘制要求图面清楚、整洁,标注齐全,构造合理,符合国家制图标准及行业规范,能很好地表达设计意图,并与设计计算书一致。

钢结构施工详图图面、图形所用的图线、字体、比例、符号、定位轴线、图样画法、尺寸标注及常用建筑材料图例等均按照《房屋建筑制图统一标准》(GB/T 50001—2017)、《建筑结构制图标准》(GB/T 50105—2010)、《焊缝符号表示法》(GB/T 324—2008)和《技术制图　焊缝符号的尺寸、比例及简化表示法》(GB/T 12212—2012)等的有关规定采用。图面表示应做到层次分明,图形之间关系明确,使整套图纸清晰、简明和完整,同时尽可能地减少图纸的绘制工作,以提高施工图纸的编制效率。

4.3.1　钢结构施工详图绘制的基本规定

1. 图纸幅面

钢结构施工详图的图纸幅面以 A1、A2 为主,必要时可采用 1.5A1,在一套图纸中应尽量采用一种规格的幅面,不宜多于两种幅面(图纸目录用 A4 除外)。

2. 比例

所有图形应按比例绘制,根据图形用途和复杂程度按常用比例选用。一般结构布置的平面、立面、剖面图采用 1:100、1:200,构件图采用 1:50,节点图采用 1:10、1:15,也可采用1:20、1:25。一般情况下,图形宜选用同种比例,格构式结构的构件,同一图形可用两种比例,几何中心线用较小的比例,截面用较大的比例;当构件纵横向截面尺寸相差悬殊时,亦可在同一图中的纵横向选用不同的比例。

3. 图面线型

绘制施工图时应根据不同用途,按表 4-3 选用各种线型,且图形中保持相对的粗细关系。

表 4-3 类别常用线型表

类别	名称	线型	线宽/mm	一般用途
粗	实线	——————	0.7	单线构件线、钢支撑线
	虚线	— - - - - —	0.7	布置图中不可见的单线构件线
	点画线	— · — · —	0.7	垂直支承线、柱间支承线
中	实线	———	0.5	构件轮廓线
	虚线	- - - - - -	0.5	不可见的构件轮廓线
细	点画线	— · — · —	0.3	定位轴线、结构中心线、对称轴线
	折断线	——/\——	0.3	断开界线
	波浪线	～～～～	0.2	图示局部范围

4. 字体

图纸上书写的文字、数字和符号等,均应清晰、端正,排列整齐。钢结构详图中使用的文字均采用仿宋体,汉字采用国家公布实施的简化汉字。

5. 定位轴线及编号

定位轴线及编号圆圈以细实线绘制,圆的直径为 8~10 mm。平面及纵横剖面布置图的定位轴线及其编号应以设计图为准横为列、竖为行。列轴线以大写字母表示,行轴线以数字表示。

6. 尺寸标注及标高

图中标注的尺寸,除标高以 m 为单位外,其余均以 mm 为单位。尺寸线、尺寸界线应用细实线绘制,尺寸起止符号用中粗线绘制,短线长 2~3 mm,其倾斜方向应与尺寸界线成顺时针 45° 角。

7. 符号

钢结构详图中常用的符号有剖切符号、对称符号、连接符号、索引符号等。

(1)剖切符号。剖切符号图形只表示剖切处的截面形状,并以粗线绘制,不作投影。

(2)对称符号。完全对称的构件图或节点图,可只画出该图的一半,并在对称轴线上用对称符号表示,如图 4-14 所示。对称符号应跨越整个图形,用两根短的平行粗实线表示。

(3)连接符号。当所绘制的构件图与另一构件图形仅一部分不相同时,可只绘制不同的部分而以连接符号表示与另一构件相同部分连接,如图 4-15 所示。

(4)索引符号。布置图或构件图中某一局部或构件间的连接构造,需放大绘制详图或其详图需见另外的图形时,可用索引符号。索引符号的圆及直径均以细实线绘制,圆的直径一般为 10 mm,被索引的节点可在同一张图形上绘制,也可在其他图形上绘制,如图 4-16 所示。

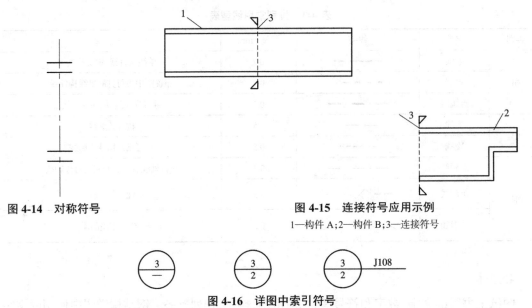

图 4-14 对称符号

图 4-15 连接符号应用示例
1—构件 A;2—构件 B;3—连接符号

图 4-16 详图中索引符号
（a）本图索引;（b）索引 2 号图 3 号节点;（c）J108 图集中 2 号图 3 号节点

8.螺栓及螺栓孔的表示方法

如表 4-4 所示,螺栓规格一律以公称直径标注,如以直径 20 mm 为例,图面标注为 M20,其孔径应标为 d=21.5 mm。

表 4-4 螺栓及螺栓孔表示方法

名称	图例
高强度螺栓	
永久螺栓	
安装螺栓	
圆形螺栓孔	
长圆形螺栓孔	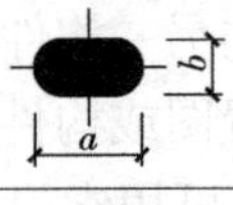
电焊铆钉	

注:1.细"+"表示定位线;
2.螺栓孔、电焊铆钉的直径要标注。

9. 焊缝符号表示方法

焊缝符号表示方法参照第 2 章的相关内容。

4.3.2 钢结构施工详图的绘制方法

钢结构施工详图的绘制应遵循以上基本规定,并参照下面的基本方法进行。

1. 布置图的绘制方法

(1)绘制结构的平面、立面布置图,构件以粗单线或简单外形图表示,并在其旁侧注明标号,对规律布置的较多同号构件,也可以指引线统一注明标号。

(2)构件编号一般应标注在表示构件的主要平面图和剖面图上,在一张图上同一构件编号不宜在不同图形中重复表示。

(3)同一张布置图中,只有当构件截面、构造样式和施工要求完全一样时才能编同一个号,尺寸略有差异或制造上要求不同(例如有支撑屋架需要多开几个支撑孔)的构件均应单独编号。对安装关系相反的构件,一般可将标号加注角标来区别,杆件编号均应有字首代号,一般可采用同音的拼音字母。

(4)每一构件均应与轴线有定位的关系尺寸,对槽钢、C 型钢截面应标示肢背方向。

(5)平面布置图一般可用 1:100 或 1:200 的比例,图中剖面宜利用对称关系、参照关系或转折剖面简化图形。

(6)一般在布置图中,根据施工的需要,对于安装时有附加要求的地方、不同材料构件连接的地方及主要安装拼接接头的地方宜选取节点进行绘制。

2. 构件图的绘制方法

(1)构件图以粗实线绘制。构件详图应按布置图上的构件编号按类别依次绘制而成,不应前后颠倒、随意画。所绘构件主要投影面的位置应与布置图相一致,水平者水平绘制,垂直者垂直绘制,斜向者倾斜绘制。构件编号用粗线标注在图形下方。图纸内容及深度应能满足制造加工要求。

绘制内容应包括:构件本身的定位尺寸、几何尺寸;标注所有组成构件的零件间的相互定位尺寸,连接关系;标注所有零件间的连接焊缝符号及零件上的孔、洞及其相互关系尺寸;标注零件的切口、切槽、裁切的大样尺寸;构件上零件编号及材料表;有关本图构件制作的说明(如相关布置图号,制孔要求、焊缝要求等)。

(2)构件图形一般应选用合适的比例绘制,常采用的比例有 1:15、1:20、1:50 等。一般规定如下:构件的几何图形采用 1:25~1:20,构件截面和零件采用 1:15~1:10,零件详图采用 1:5。对于较长较高的构件,其长度、高度与截面尺寸可以用不同的比例表示。

(3)构件中每一零件均应编号,应尽量先编主要零件(如弦材、翼缘板、腹板等),再编次要、较小构件,相反零件可用相同编号,但要在材料表内的正反栏内注明。材料表中应注明零件规格、数量、重量及制作要求等,对焊接构件宜在材料表中附加构件重量 1.5% 的焊缝重量。

(4)一般尺寸标注宜分别标注构件控制尺寸、各零件相关尺寸,斜尺寸应注明其斜度;当构件为多弧形构件时,应分别标明每弧形尺寸相对应的曲率半径。

（5）构件详图中,对较复杂的零件,在各个投影面上均不能表示其细部尺寸时,应绘制该零件的大样图,或绘制展开图来标明细部的加工尺寸及符号。

（6）构件间以节点板相连时,应在节点板连接孔中心线上注明斜度及相连的构件号。

（7）一般情况下,一个构件应单独画在一张图纸上,只在特殊情况下才允许画在两张或两张以上的图纸上,此时每张图纸应在所绘该构件一段的两端,画出相互联系尺寸的移植线,并在其侧注明相接的图号。

4.4 CAD 辅助设计

在实际工程应用中,钢结构施工详图的设计与绘制工作量大而烦琐,随着计算机技术的发展,国内外都对计算机辅助设计（CAD）进行了软件的开发。国外的 CAD 开发很早,而在国内,早期是一些网架的计算软件开发,后来慢慢研制出带有网架详图绘制功能的软件。近年来,在网架、门式刚架、屋架、支撑等构件范围内,施工详图的 CAD 辅助设计相对比较成熟。目前常用的钢结构施工详图 CAD 设计软件主要有以下几类。

（1）上海同济大学的设计软件 3D3S,其中的轻钢结构模块（包含门架）包括轻钢结构门架主刚架施工图绘制、次结构施工图绘制、建筑布置图生成、结构布置图生成等;普通钢结构模块（包含框架、屋架、桁架）包括主构件节点设计、主结构节点施工图绘制、结构布置图绘制、材料表绘制等;网架网壳模块包括球节点及支座设计、球节点及支座施工图绘制、结构布置图绘制、材料表绘制等。

（2）中冶集团建筑研究总院研制的 PS2000 主要用于门式刚架轻型房屋设计,其系统中的施工图设计内容包括设计总说明、基础平面及施工详图、地脚螺栓布置图、结构平面及立面图、刚架梁、柱详图、屋面结构施工图、柱间支撑布置及详图、墙梁施工图、吊车梁及节点详图、檩条加工图等;SS2000 主要用于多层、高层钢结构建筑物或构筑物设计,集建模、计算分析、设计图、加工详图设计于一体。

（3）中国建筑科学研究院开发的 PKPM 系列 CAD 的 STS 模块,包括钢结构的模型输入、结构计算与钢结构施工图辅助设计,可进行门式刚架、钢桁架的设计和施工图绘制,包括刚架整体立面图、连接节点剖面图、材料表等;可进行桁架的节点板连接设计和焊缝设计,绘制桁架的正立面图、俯视图、节点大样图、现场拼接节点图和材料表。图面上详细标注支座构造、节点板尺寸、焊缝长度和高度、填板数量等。施工图设计的特点是给出可以直接施工、加工的施工详图,画图深度以国家标准图为准,同时有绘制节点大样图的功能,包括必要的图例和附注。

另外,如广厦钢结构 CAD 是马鞍山钢铁设计研究院开发研制的,分为门式刚架、平面桁架和吊车梁钢结构 CAD 及网架网壳钢结构 CAD 两大部分,也有从计算到施工图、加工图和材料表的整个设计过程。

随着 CAD 软件的不断发展和应用,钢结构的设计与施工技术也将不断发展,并将促进钢结构在更多工程领域的应用。

【实训任务】

1. 钢屋架施工详图绘制

目的:通过钢屋架施工图的绘制,掌握钢屋架上弦、下弦、支撑杆、节点的绘制方法。

能力目标及要求:能根据设计结果绘制钢屋架施工详图,能识读钢屋架施工详图。

步骤提示:查阅标准钢屋架图集或实际工程钢屋架图纸,熟悉钢屋架施工详图的内容,用CAD绘图软件进行钢屋架施工图的绘制。

2. 网架结构施工详图绘制

目的:通过网架结构施工图绘制,掌握网架结构杆件和节点的绘制方法。

能力目标及要求:能识读网架结构施工详图,能根据设计结果绘制网架结构施工详图。

步骤提示:查阅实际工程网架结构图纸,熟悉网架结构施工详图的内容,用CAD绘图软件进行网架结构施工图的绘制。

【本章小结】

(1)钢结构设计分为设计图和施工详图两个阶段,设计图由设计单位编制,是钢结构制造厂编制施工详图的依据。因此,设计图在其深度及内容方面首先应以满足编制施工详图的要求为原则,完整但不冗余;施工详图通常由钢结构制造公司根据设计图编制,深度需能满足车间直接制造加工的要求,施工详图内容包括设计内容与编制内容两部分。

(2)在钢结构中,节点起着连接汇交杆件、传递荷载的作用,所以节点设计是钢结构设计中的重要环节之一,合理的节点设计对钢结构的安全度、制作安装、工程进度、用钢量指标以及工程造价都有直接的影响。

(3)屋架节点设计步骤:①根据杆件内力计算各腹杆与节点板间所需连接焊缝的长度;②根据焊缝的长度和施工的误差确定节点板的形状和尺寸;③验算弦杆与节点板间连接焊缝的强度。

(4)网架节点的形式很多,按连接方式可分为焊接连接和螺栓连接两大类;按节点构造形式可分为焊接钢板节点、焊接空心球节点、螺栓球节点等。

(5)结构施工图是工程师的语言,体现了设计者的设计意图,施工图的绘制要求图面清楚、整洁、标注齐全、构造合理,符合国家制图标准及行业规范,能很好地表达设计意图,并与设计计算书一致。图面表示应做到层次分明,图形之间关系明确,使整套图纸清晰、简明和完整,同时又尽可能地减少图纸的绘制工作,以提高施工图纸的编制效率。

(6)在实际工程应用中,钢结构施工详图的设计与绘制工作量大而烦琐,随着计算机技术的发展,国内外都对计算机辅助设计(CAD)进行了软件的开发。近年来,在网架、门式刚架、屋架、支撑等构件范围内,施工详图的CAD辅助设计相对比较成熟。目前常用的钢结构施工详图CAD设计软件主要有上海同济大学的设计软件3D3S,中冶集团建筑研究总院研制的

PS2000、SS2000,中国建筑科学研究院开发的 PKPM 系列 CAD 的 STS 模块等。

【思考题】

4-1　钢结构的设计图和施工详图有何区别?

4-2　屋架节点板的尺寸如何确定?

4-3　屋架节点的构造应符合哪些要求? 简述各节点计算的要点。

4-4　网架结构的节点类型主要有哪几种? 简述螺栓球节点连接的构造原理。

4-5　施工图的绘制有何要求?

4-6　查阅相关资料,了解国内外钢结构施工详图的 CAD 辅助设计现状。

5 钢结构制作

【学习目标】

通过本章的学习,学生应了解钢结构制作前的准备工作、制作工艺流程和制造工艺、成品及半成品的管理措施。

【能力要求】

通过本章的学习,学生能够掌握钢结构制作的准备工作、工艺流程、加工和成品管理工作,能进行钢结构的制作工艺设计和加工件放样设计。

5.1 钢结构制作的常用设备

钢结构制作的常用设备如下。

(1)加工设备。

①切割设备:剪板机、龙门剪床、数控切割机、型钢切割机、型钢带锯机、带齿圆盘锯、无齿摩擦圆盘锯、氧气切割机(自动和半自动切割机,手工切割机)。

②制孔设备:冲孔机、摇臂钻床、立式钻床。

③边缘加工设备:刨床、钻铣床、端面铣床、铲边用的风铲。

④弯制设备:辊床、水平直弯机、立式压力机、卧式压力机。

(2)焊接设备:直流焊机、交流焊机、二氧化碳焊机、埋弧焊机、焊条烘干箱、焊剂烘干箱、焊接滚轮架、钢卷尺、游标卡尺、划针。

(3)涂装设备:电动空气压缩机、喷砂机、回收装置、喷漆枪、电动钢丝刷、铲刀、手动砂轮、砂布、油漆桶、刷子。

(4)检测设备:磁粉探伤仪、超声波探伤仪、焊缝检验尺、漆膜测厚仪、电流表、温度仪。

(5)运输设备:桥式起重机、门式起重机、塔式起重机、汽车起重机、运输汽车、运输火车。

5.2 钢结构制作前的准备工作

企业应针对某一特定的钢结构工程,成立一个项目经理部,实行项目经理责任制,项目经理部在开工前应做好如下准备工作。

5.2.1 技术准备

(1)设计文件,包括施工详图、设计变更、施工技术要求等。施工详图必须要经过图纸会审,参加人员应包括甲方、设计方、监理方和施工技术人员,施工企业技术部门要做好图纸会审记录并办理相关签证手续。施工技术人员要充分理解设计意图,开工前对施工一线人员作书面的技术交底。

（2）技术文件,包括施工技术文件和企业技术标准文件。

①施工技术文件:除设计文件外,还包括施工图相对应的现行规范、标准和质量验收标准以及经审批的施工方案。

②企业技术标准文件:企业内部的钢结构施工工艺标准、操作规程标准等,钢结构基本构件的试验、检测方法标准等。

5.2.2 材料准备

（1）施工项目所需的主要材料和大宗材料应由企业物资部门订货或进行市场采购,按计划供应给项目经理部。在编制材料采购计划时,结构所用主材一般按 10% 的余量进行采购。构件和杆件的拼接接头布置应考虑订货钢材的标准长度,必要时,可根据使用长度定尺进料,以减少不必要的拼接和损耗。

若采购的个别钢材的品种、规格、性能等不能完全满足设计要求需要进行材料代用时,需经设计单位同意并签署代用文件,钢材代用应遵循下列原则。

①代用钢材的化学成分和力学性能应与原设计的一致。

②采用代用钢材时,一般以高强度材料代替低强度材料,以厚代薄,并应复核构件的强度、刚度和稳定性,注意因材料代用可能产生的偏心影响。

③钢材代用可能会引起构件间连接尺寸和施工图的变动,应予以修改。

（2）材料管理。施工项目所采用的钢材、焊接材料、紧固标准件、涂装材料等应附有产品的质量合格证明文件、中文标志及检验报告并应符合现行国家产品标准和设计要求。

项目经理部的材料管理应满足下列要求。

①按计划保质保量、及时供应材料。

②材料需要量计划应包括材料需要量总计划、年计划、季计划、月计划、日计划。

③材料仓库的选址应有利于材料的进出和存放,符合防火、防雨、防盗、防风、防变质的要求。

④进场的材料应进行数量验收和质量认证,做好相应的验收记录和标识。不合格的材料应更换、退货,严禁使用不合格的材料。

⑤进入现场的材料应有生产厂家的材质证明(包括厂名、品种、出厂日期、出厂编号、试验数据)和出厂合格证。要在甲方、监理的见证下,进行现场见证取样、送检、检验和验收,做好记录,并向甲方和监理提供检验报告。新材料未经试验鉴定,不得用于工程中。现场配制的材料应经试配,使用前应经认证。

⑥材料储存应满足下列要求:入库的材料应按型号、品种分区堆放,并分别编号、标识;易燃易爆的材料应专门存放,由专人负责保管,并有严格的防火、防爆措施;有防湿、防潮要求的材料,应采取防湿、防潮措施,并做好标识;有保质期的库存材料应定期检查,防止过期,并做好标识。

⑦在加工过程中,如发现材料有缺陷,必须经检查人员、主管技术人员研究处理。

⑧严禁使用药皮脱落或焊芯生锈的焊条、受潮结块或已熔烧过的焊剂以及生锈的焊丝;严禁使用过期、变质、结块失效的涂料。

⑨建立材料使用台账,记录使用和节超状况;建立周转材料保管使用制度。

5.2.3　人员安排

项目经理部应根据钢结构作业特点和施工进度计划优化配置人力资源,制订劳动力需求计划,报企业劳动力管理部门批准,企业劳动力管理部门与劳务分包公司签订劳务分包合同。

项目经理部应对劳动力进行动态管理。劳动力动态管理应包括下列内容。

(1)对施工现场的劳动力进行跟踪平衡,进行劳动力补充与减员,向企业劳动管理部门提出申请计划。

(2)向进入施工现场的作业班组下达施工任务书,进行考核并兑现费用支付和奖惩。

项目经理部应加强对人力资源的教育培训和思想管理,加强对劳务人员作业质量和效率的检查。

5.2.4　机械设备准备

项目所需机械设备可从企业自有机械设备中调配,也可租赁或购买,提供给项目经理部使用。

项目经理部应编制机械设备使用计划报企业审批。对进入施工现场的机械设备必须进行安装验收,并做到资料齐全、准确。机械设备在使用中应做好维护和管理。

项目经理部应采取技术、经济、组织、合同措施,保证施工机械设备合理使用,提高施工机械设备的使用效率,使用和养护结合,降低项目的施工机械使用成本。

施工机械设备操作人员应持证上岗,实行岗位责任制,严格按照操作规范作业,做好班组核算,加强考核和激励。

5.2.5　现场工作安排

项目经理部应做好施工现场管理工作,做到文明施工、安全有序、整洁卫生、不扰民、不损害公众利益。

项目经理部应在现场醒目位置公示以下内容。

(1)工程概况牌,包括工程规模、性质、用途,发包人、设计人、承包人和监理单位的名称,施工起止年月等。

(2)安全记录牌,防火须知牌,安全生产、文明施工牌,安全无重大事故计时牌。

(3)施工总平面图。

(4)项目经理部组织架构及主要管理人员名单图。

项目经理应把施工现场管理列入经常性的巡视检查内容,并与日常管理有机结合,认真听取邻近单位社会公众的意见,及时抓好整改工作。

项目经理部应规范场容,做好环境保护、防火保安和卫生防疫等工作。

5.2.6　作业条件

（1）施工详图经会审，并经设计人员、甲方、监理等签字认可。

（2）主要原材料及成品已经进场，并验收合格。

（3）加工机械设备已安装到位并验收合格。

（4）各工种生产人员都进行了岗前培训，取得了相应的上岗资格证，并进行了施工技术交底。

（5）工厂、施工现场已能满足实际施工要求。

（6）各种施工工艺评定试验及工艺性能试验已完成。

（7）施工组织设计、施工方案作业指导书等各种技术工作已准备就绪。

5.3　钢结构制作的工艺、工序及流程

5.3.1　钢结构制作工艺的编制

工艺是指导生产的技术文件，在生产过程中能起到安全、适用、提高生产效率的作用，最终使产品达到优质的目标。钢结构制作工艺应由项目经理主持编制，经企业技术主管部门批准后实施。

1. 编制依据

（1）设计文件、承包合同中附加的技术要求、现行规范及相关标准。

（2）工厂设备条件，生产方式。

（3）原材料材质、品种、规格。

（4）施工操作人员的素质。

2. 编制原则

（1）符合设计要求和相关标准的规定。

（2）降低成本，提高效率。

（3）结合实际，充分发挥设备及人员的潜力。

（4）采用新技术、新材料、新工艺、新设备时，应经过试验及进行可行性研究后，方可正式采用。

3. 编制内容

（1）工程概况，包括工程性质、特点、规模、结构形式、环境特征、重要程度及工程量等。

（2）工艺总则，包括技术要求、操作方法和质量标准等。

（3）制作工艺，包括工艺流程图，生产准备，零件下料、加工方法和要求，零件矫正方法和要求，构件组装顺序、方法和要求，焊接方法、顺序和要求，新材料、新技术、新工艺和新设备的实施意见，特殊工艺措施，专用工具、工具明细表，零部件制作清单。

（4）总装工艺，包括总装场地要求（含场地面积、流水线布置、起重设备配置等），组装平

台、模胎及工具的准备,基准线的设置,总装方案(包括构件就位顺序、临时固定措施,基准线、中心线、标高等控制办法及措施等)等。

(5)工艺总结。

5.3.2 钢结构制作的工序

钢结构制作的工序如图 5-1 所示。

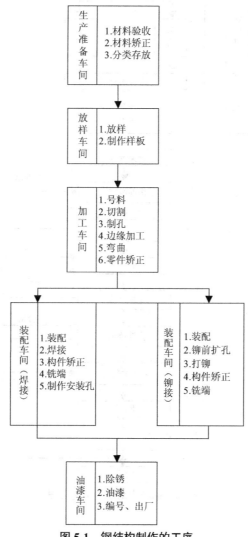

图 5-1 钢结构制作的工序

5.3.3 钢结构制作的工艺流程

如图 5-2 所示,从钢材进厂到钢材出厂,一般要经过生产准备、放料、号料、零件加工、装配和涂装一系列工序。

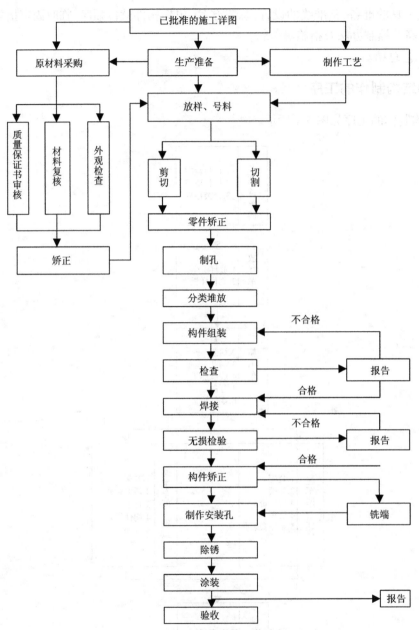

图 5-2　钢结构制作的工艺流程

5.3.4　制作工艺

1. 钢材矫正

由于长途运输、装卸或堆放不当等,钢材会产生较大的变形,给加工造成困难,影响制造精度,因此加工前必须对钢材进行矫正。钢板和角钢常用辊床矫正,槽钢和工字钢一般用水平直弯机矫正。

2. 放样、号料

目前大部分厂家的放样、号料这道工序已被数控切割和数控钻孔取代,只有中小型厂家仍保留此道工序。

放样是根据施工详图按 1∶1 的比例在样板台上画出实样,求出实长,根据实长制作成样板或样杆,以作为下料、弯制、刨铣和制孔等加工制作的标记。样板所用材料要求轻质、价廉且不易产生变形,最常用的有铁皮、纸板和油毡,有时也用薄木板或胶合板。样板及样杆上应用油漆写明加工号、构件编号、规格、数量、螺栓孔位置以及直径和各种工作线、弯曲线等加工符号。

号料是以样板(杆)为依据,在原材料上画出实样,并打上各种加工记号。

放样、号料所用工具为钢尺、划针、划规、粉线、石笔等。所用钢尺必须经计量部门检验合格后方可使用。

放样、号料时,应预留收缩量,即焊接、切割、刨边和铣端等的加工余量。焊接时,对接焊缝沿焊缝长度方向每米留 0.7 mm;对接焊缝垂直于焊缝方向每个对口留 1 mm,角焊缝每米留 0.5 mm。切割余量:自动气割割缝宽度为 3 mm,手工气割割缝宽度为 4 mm(与钢板厚度有关)。铣端余量:剪切后加工的一般每边加 3~4 mm,气割后加工的则每边加 4~5 mm。

3. 切割

经过号料(画线)以后的钢材,必须按其形状和尺寸进行切割(下料),常用的切割方法有剪切、锯切和气割三种。

(1)剪切。用剪切机(剪板机或型钢剪切机)切割钢材是最简单和最方便的方法。厚度大于或等于 12 mm 的钢材可用压力剪切机切割,厚钢板(14~22 mm)则需在强大的龙门剪切机上用特殊的刀刃切割。

(2)锯切。对于工字钢、H 型钢、槽钢、钢管和大号角钢等型钢,主要采用带齿圆盘锯和带锯等机械锯锯切。

(3)气割。氧气切割又称火焰切割,它既能切成直线,又能切成曲线,还可以直接切出 V 形、X 形的焊缝坡口。氧气切割特别适用于厚铜板(厚度大于或等于 25 mm)的切割工序。氧气切割分为手工切割、自动和半自动切割两种。

(4)切割的检验。

①主控项目。

钢材切割面或剪切面应无裂纹、灰渣、分层和大于 1 mm 的缺棱。

检查数量:全数检查。

检验方法:观察检查或用放大镜及百分尺检查,有疑义时用渗透、磁粉探伤仪或超声波探伤仪检查。

②一般项目。

气割的允许偏差应符合表 5-1 的规定。

表 5-1　气割的允许偏差

项目	允许偏差 / mm
零件宽度、长度	± 3.0
切割面平面度	0.05t,且不应大于 2.0
割纹深度	0.3
局部缺口深度	1.0

注:t 为切割面厚度。

检查数量:按切割面数抽查 10%,且不应少于 3 个。

检验方法:观察检查或用钢尺、塞尺检查。

机械剪切的允许偏差应符合表 5-2 的规定。

表 5-2　机械剪切的允许偏差

项目	允许偏差 / mm
零件宽度、长度	± 3.0
边缘缺陷	1.0
型钢端垂直度	2.0

检查数量:按切割面数抽查 10%,且不应少于 3 个。

检验方法:观察检查或用钢尺、塞尺检查。

4. 矫正和成型

(1)冷矫正和冷弯曲成型。在常温下采用机械矫正或自制夹具矫正即为冷矫正。当钢板和型钢需要弯曲成某一角度或圆弧时,在常温下采用机械方法进行弯曲即为冷弯曲成型,钢板、型钢可在专门的辊弯机上进行加工。

矫正后的钢材表面不应有明显的凹面或损伤,划痕深度不得大于 0.5 mm,且不应大于该钢材厚度允许偏差的 1/2。

检查数量:按冷矫正和冷弯曲成型的件数抽查 10%,且不应少于 3 个。

检验方法:观察检查和实测检查。

冷矫正和冷弯曲成型的最小曲率半径和最大弯曲矢高应符合表 5-3 的规定。

(2)热矫正和热加工(热弯曲)成型。

热矫正:当设备能力受到限制或钢材厚度较厚时,采用冷矫正有困难或达不到质量要求时,可采用热矫正。对碳素结构钢和低合金结构钢进行加热矫正时,加热温度不应超过 900 ℃。低合金结构钢在加热矫正后应自然冷却。

表 5-3 冷矫正和冷弯曲成型的最小曲率半径和最大弯曲矢高图例

钢材类别	图例	对应轴	矫正		弯曲	
			r	f	r	f
钢板扁钢		x-x	$50t$	$\dfrac{l^2}{400t}$	$25t$	$\dfrac{l^2}{200t}$
		y-y （仅对扁钢轴线）	$100b$	$\dfrac{l^2}{800b}$	$50b$	$\dfrac{l^2}{400b}$
角钢		x-x	$90b$	$\dfrac{l^2}{720b}$	$45b$	$\dfrac{l^2}{360b}$
槽钢		x-x	$50h$	$\dfrac{l^2}{400h}$	$25h$	$\dfrac{l^2}{200h}$
		y-y	$90b$	$\dfrac{l^2}{720b}$	$45b$	$\dfrac{l^2}{360b}$
工字钢		x-x	$50h$	$\dfrac{l^2}{400h}$	$25h$	$\dfrac{l^2}{400h}$
		y-y	$50b$	$\dfrac{l^2}{400b}$	$25b$	$\dfrac{l^2}{200b}$

注:r 为曲率半径,f 为最大弯曲矢高,l 为弯曲弦长,t 为钢板厚度。

热加工成型:当零件采用热加工成型时,加热温度应控制在 900~1 000 ℃;碳素结构钢和低合金结构钢在温度分别下降到 700 ℃和 800 ℃时应结束加工;低合金结构钢应自然冷却。

钢材矫正后的允许偏差应符合表 5-4 的规定。

表 5-4 钢材矫正后的允许偏差

项目		允许偏差 / mm	图例
钢板的局部平面度	$t \leqslant 14$ mm	1.5	
	$t > 14$ mm	1.0	
型钢弯曲矢度		$l/1\ 000$,且不应大于 5.0	
角钢肢的垂直度		$b/1\ 000$,且双肢栓接角钢的角度不得大于 90°	

项目	允许偏差/mm	图例
槽钢翼缘对腹板的垂直度	b/80	
工字钢、H 型钢翼缘对腹板的垂直度	b/100,且不大于 2.0	

检查数量:按矫正件数抽查 10%,且不应少于 3 件。

检验方法:观察检查和实测检查。

5. 制孔

制孔是钢材结构制作中的重要工序,制作的方法有冲孔和钻孔两种。

(1)冲孔。

冲孔在冲孔机上进行,一般只能冲较薄的钢板。冲孔的原理是剪切,孔壁周围的钢材将产生冷作硬化现象,因此在工程中很少使用。

(2)钻孔。

钻孔在钻床上进行,可以钻任何厚度的钢材。钻孔的原理是切削,损伤较小,质量较高。

制孔时应按下列规定进行。

①宜采用下列制孔方法。

a. 使用多轴立式钻床或数控机床等制孔。

b. 同类孔径较多时,采用模板制孔。

c. 小批量生产的孔,采用样板画线制孔。

d. 精度要求较高时,整体构件采用成品制孔。

②制孔过程中,孔壁应保持与构件表面垂直。

③孔周围的毛刺、飞边应用砂轮等清除。

A、B 级螺栓孔(Ⅰ类孔)应具有 H12 的精度,孔壁表面粗糙度 Ra 不应大于 12.5 μm。其孔径的允许偏差应符合表 5-5 的规定。

表 5-5 A、B 级螺栓孔孔径的允许偏差 (mm)

序号	螺栓公称直径、螺栓孔直径	螺栓公称直径允许偏差	螺栓孔直径允许偏差
1	10~18	0.00	0.18
		−0.21	0.00

序号	螺栓公称直径、螺栓孔直径	螺栓公称直径允许偏差	螺栓孔直径允许偏差
2	18~30	0.00	0.21
		−0.21	0.00
3	30~50	0.00	0.25
		−0.25	0.00

C 级螺栓孔（Ⅱ类孔），孔壁表面粗糙度 Ra 不应大于 25 μm，其允许偏差应符合表 5-6 的规定。

表 5-6 C 级螺栓孔的允许偏差 （mm）

项目	允许偏差
直径	1.0
	0.0
圆度	2.0
垂直度	0.03t，且不应大于 2.0

注：t 为钢板厚度。

检查数量：按钢构件数量抽查 10%，且不应少于 3 件。

检验方法：用游标卡尺或孔径量规检查。

螺栓孔孔距的允许偏差应符合表 5-7 的规定。

表 5-7 螺栓孔孔距的允许偏差 （mm）

螺栓孔孔距范围	≤ 500	501~1 200	1 201~3 000	>3 000
同一组内任意两孔间距离	± 1.0	± 1.5	—	—
相邻两组的端孔间距离	± 1.5	± 2.0	± 2.5	± 3.0

注：1. 在节点中连接板与一根杆件相连的所有螺栓孔为一组。

　　2. 对接接头在拼接板侧的螺栓孔为一组。

　　3. 在两个相邻节点或接头间螺栓孔为一组，但不包括上述两款规定的螺栓孔。

　　4. 受弯构件翼缘上的连接螺栓孔，每米长度范围内的螺栓孔为一组。

检查数量：按钢构件数量抽查 10%，且不应少于 3 件。

检验方法：用钢尺检查。

螺栓孔孔距的允许偏差超过表 5-7 规定的允许偏差时，应采用与母材材质相匹配的焊条补焊后重新制孔。

检查数量：全数检查。

检验方法：观察检查。

6. 边缘加工

通常情况下,对气割或机械剪切的零件并不需要进行机械切削加工,对直接承受动力荷载的剪切外露边缘,则需要进行边缘加工,其刨削量应不小于 2.0 mm。边缘加工有刨边、铣边和铲边三种方法。

(1)刨边在刨床或大型龙门刨边机上进行,费工、费时,成本较高,因此一般尽量避免采用。

(2)铣边在铣边机床上进行,其光清度比刨边要差一些。

(3)铲边用风铲进行。风铲是利用高压空气作为动力的风动机具,其优点是设备简单、使用方便、成本低,缺点是噪声大、劳动强度高、加工质量差。

焊接坡口加工宜采用自动切割、半自动切割、坡口机、刨边等方法进行。边缘加工的允许偏差应符合表 5-8 的规定。

表 5-8 边缘加工的允许偏差

项目	允许偏差
零件宽度、长度	± 1.0 mm
加工边直线度	$l/3\,000$,且不应大于 2.0 mm
相邻两边夹角	± 6′
加工面垂直度	$0.025t$,且不应大于 0.5 mm
加工面表面粗糙度	$\sqrt[50]{}$

检查数量:按加工面数抽查 10%,且不应少于 3 件。

检验方法:观察检查和实测检查。

7. 构件组装

构件组装就是将已加工好的零件按照施工图纸的要求拼装成构件。

构件组装应符合下列规定。

(1)组装应按制作工艺规定的顺序进行。

(2)组装前应对零件进行严格检查,填写实测记录,制作必要的模胎。

(3)组装平台的模胎应平整、牢固,并具有一定的刚度,以保证构件组装的精度。

(4)焊接结构组装时,要求用螺钉夹和卡具等夹紧固定,然后点焊。点焊部位应在焊缝部位之内,点焊焊缝的焊脚尺寸不应超过设计焊脚尺寸的 2/3。

(5)应考虑预放焊接收缩量及其他各种加工余量。

(6)应根据结构形式、焊接方法、焊接顺序,确定合理的焊缝组装顺序,一般宜先主要零件后次要零件,先中间后两端,先横向后纵向,先内部后外部,以减小焊接变形。

(7)当有隐蔽焊缝时,必须先行施焊,并经质检部门确认合格后,方可覆盖。当有复杂装配部件不易施焊时亦可采用边组装边施焊的方法来完成其组装工作。

（8）当采用夹具组装时,拆除夹具时不得用锤击落,应采用气割切除,对残留的焊疤、熔渣等应修磨平整。

（9）对需要顶紧接触的零件,应经刨或铣加工。如吊车梁的加劲肋与上翼缘顶紧等,应用0.3 mm的塞尺检查,塞尺面积应小于25%,说明顶紧接触面积已达到75%的要求。

（10）对重要的安装接头和工地拼接接头,应在工厂进行试拼装。组装出首批构件后,必须由质量检查部门进行全面检查,检查合格后,方可进行批量组装。

8. 构件焊接

钢结构制作常用的焊接方法是手工电弧焊、埋弧焊、气体保护焊、电渣焊、栓钉焊等。

主要连接处的焊接,对于短连接主要采用二氧化碳气体保护焊焊接,柱以及梁等长连接采用自动埋弧焊,或者采用二氧化碳气体保护焊自动焊接。另外,箱形柱的加劲板以及梁柱节点的一部分也可以采用电渣焊或电气焊。

焊接H型钢翼缘板与腹板的纵向长焊缝在工厂内多采用船形焊的焊接工艺。采用船形焊时焊丝在垂直位置,工件倾斜,熔池处于水平位置,焊缝成型较好,不易产生咬边或熔池满溢现象。根据工件的倾斜角度可控制腹板和翼缘板的焊脚尺寸,要求焊脚尺寸相等时,腹板和翼缘板与水平面呈45°角。

船形焊对装配间隙要求较严,若间隙大于1.5 mm,易出现烧穿或焊漏现象,为避免产生这些现象,除严格控制装配间隙外,还可采用图5-3所示的防漏措施。

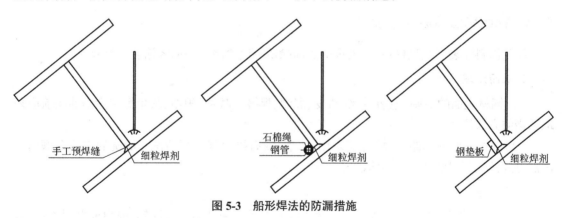

图5-3　船形焊法的防漏措施

9. 构件铣端和钻安装孔

（1）构件铣端。对受力较大的柱或支座底板,宜进行端部铣平,使所传力由承压面直接传递给底板,以减小连接焊缝的焊脚尺寸,其应在矫正合格后进行。应根据构件的形式采取必要的措施,保证铣平端面与轴线垂直。

（2）钻安装孔。钻安装孔一般是在构件焊好以后进行,以保证有较高的精度。

10. 涂装

详见5.4节。

11. 验收

按相关规范进行验收。

5.4 钢结构的涂装

钢结构的腐蚀是不可避免的自然现象,如何延长钢结构的使用寿命和防止钢结构过早地腐蚀,是设计、施工和使用单位的共同目标。

钢结构的涂装包括防腐涂料涂装和防火涂料涂装两大类。钢结构的涂装工程可按钢结构制作或钢结构安装工程检验批的划分原则划分成一个或若干个检验批。钢结构防腐涂料涂装工程应在钢结构构件组装、预拼装或钢结构安装工程检验批的施工质量验收合格后进行。钢结构防火涂料涂装工程应在钢结构安装工程检验批和钢结构防腐涂料涂装检验批的施工质量验收合格后进行。涂装时的环境温度和相对湿度应符合涂料产品说明书的要求,当产品说明书无要求时,环境温度宜为 5~38 ℃,相对湿度不应大于 85%。涂装时构件表面不应有结露;涂装后 4 h 内应保护构件不受雨淋,以免漆膜尚未固化而遭破坏。

钢结构表面的除锈质量是影响涂层保护寿命的主要因素。钢结构的除锈、涂装施工应编制施工工艺,其内容应包括除锈方法、除锈等级、涂料种类、配制方法、涂装顺序(底漆、中间漆、面漆)和方法、安全防护、检验方法等,并作施工记录及检验记录。

5.4.1 钢结构防腐涂料涂装

防腐涂料涂装工艺流程:基面处理→表面除锈→底漆涂装→面漆涂装→检验查收。

1. 基面处理

(1)钢材表面的毛刺、毛边、焊缝药皮、焊瘤、焊接飞溅物、积垢、灰尘等在涂刷油漆前应采取适当的方法清理干净。

(2)钢材表面的油脂、污垢等应采用热碱液或有机溶剂进行清洗。清洗的方法有槽内浸洗法、擦洗法、喷射清洗法和蒸汽法等。

2. 表面除锈

根据不同的设计要求,钢结构表面除锈可采用手工和动力工具除锈、喷射或抛射除锈、火焰除锈等主要方法。

(1)手工和动力工具除锈,以字母"St"表示,分为 St2 和 St3 两个级别。

St2:彻底的手工和动力工具除锈,钢材表面要求应无可见的油污,并且没有附着不牢固的氧化皮、锈蚀和油漆涂层等附着物。

St3:非常彻底的手工和动力工具除锈,钢材表面要求与 St2 相同,除锈力应更为彻底,底层显露部分表面应具有可见金属光泽。

除锈所用工具有砂布、铲刀、刮刀、手动或动力钢丝刷、动力砂纸盘或砂轮等。其优点是工具简单、操作方便、费用低;缺点是劳动强度大、效率低、质量差,只能满足一般的涂装要求,如混凝土预埋件、小型构件等次要结构的除锈。

（2）喷射或抛射除锈,以字母"Sa"表示,分为 Sa1、Sa2、Sa2.5 和 Sa3 四个级别。

Sa1:轻度的喷射或抛射除锈,钢材表面应无可见的油脂和污垢,并且没有附着不牢固的氧化皮、铁锈和油漆涂层等附着物,仅适用于新轧制钢材。

Sa2:彻底的喷射或抛射除锈,钢材表面无可见的油脂和污垢,并且氧化皮、铁锈和油漆涂层等附着物已基本清除,其残留物应是牢固附着的,部分表面呈现出金属色泽。

Sa2.5:非常彻底的喷射或抛射除锈,钢材表面无可见的油脂、污垢、氧化皮、铁锈和油漆涂层等附着物,任何残留的痕迹仅是点状或条纹状的轻微色斑,大部分表面呈现出金属色泽。

Sa3:使钢材表面洁净的喷射或抛射除锈,钢材表面无可见的油脂、污垢、氧化皮、铁锈和油漆涂层等附着物,表面应显示均匀的金属色泽。

（3）火焰除锈,以字母"FI"表示,是利用氧乙炔焰及喷嘴给钢材加热,在加热和冷却过程中,使氧化皮、锈层或旧涂层爆裂,再利用工具清除加热后的附着物,该方法仅适用于厚钢材组成的构件除锈。在除锈过程中应控制火焰温度(约 200 ℃)和移动速度(2.5~3 m/min),以防止构件因受热不均而变形。火焰除锈的钢材表面应无氧化皮、铁锈和油漆涂层等附着物,任何残留痕迹应仅为表面变色(不同颜色的暗影)。火焰除锈分为 AFI、BFI、CFI 和 DFI 四种情况。

3. 涂料涂装

（1）涂装工作应在除锈等级检查合格后,在要求的时限内(一般不应超过 6 h)进行涂装,有返锈现象时应重新除锈。

（2）常用的涂料施工方法如下。

①刷涂法:适用于各种形状及面积的涂装。

②手工滚涂法:适用于大面积物体的涂装。

③浸涂法:适用于构造复杂的结构构件。

④空气喷涂法:适用于各种大型构件及设备和管道。

⑤雾气喷涂法:适用于各种大型钢结构、桥梁、管道、车辆、船舶等。

（3）涂料涂层一般应由底漆、中间漆及面漆组成,选择涂料时应考虑漆与除锈等级的匹配,以及底漆与面漆的匹配组合。施工前应对涂料的名称、型号、颜色、有效期等进行检查,合格后方可投入使用;涂料开桶前,应充分摇晃均匀。

（4）涂刷遍数和涂层厚度应符合设计要求。涂装时间间隔应按产品说明书的要求确定。对一般涂装要求的构件,采用手工和动力工具除锈时,可涂装 2 遍底漆、2 遍面漆。对涂装要求较高的构件,采用喷射除锈时,宜涂装 2 遍底漆、1~2 遍中间漆、2 遍面漆;涂层干漆膜总厚度应满足质量验收标准的要求。

（5）在雨、雾、雪和较大灰尘的环境下,施工时必须采取适当的防护措施,不得户外施工。

（6）在设计图中注明不涂装和工艺要求禁止涂装的部位,为防止误涂,涂装前应采取有效防护措施进行保护,如高强度螺栓连接结合面、地脚螺栓和底板等不得涂装;安装焊接部位应预留 30~50 mm 暂不涂装,待安装完成后补涂。

（7）涂装完成后,应进行自检和专业检查,并做好施工记录。当涂层有缺陷时应分析其原因,制定措施及时修补,修补的方法和要求一般与正式涂层部分相同。检查合格后,应在构件上标注原编号以及各种定位标记。

5.4.2 钢结构防火涂料涂装

钢结构防火涂料涂装工程应由经消防部门批准的专业施工队伍负责施工。防火涂料涂装工程施工前,钢结构工程及防锈漆涂装应已检查验收合格,并符合设计要求。

防火涂料涂装的工艺流程与防腐涂料涂装的工艺流程类似,只是所用材料和要求有所不同,现分述如下。

1. 材料

钢结构防火涂料的选用应符合耐火等级和耐火时限的设计要求,并应符合《钢结构防火涂料》(GB 14907—2018)和《钢结构防火涂料应用技术规范》(CECS 24—1990)的规定。钢结构防火涂料按其涂层厚度可划分为两类。

(1)B类:薄涂型防火涂料,涂层厚度一般为2~7 mm,有一定的装饰效果,高温时涂层膨胀增厚,耐火隔热,耐火极限可达0.5~2 h,又称钢结构膨胀防火涂料。

(2)H类:厚涂型防火涂料,涂层厚度一般为8~50 mm,粒状表面,密度较小,导热率低,耐火极限可达0.5~3 h,又称钢结构防火隔热材料。

2. 要求

(1)所选防火涂料应符合现行国家有关技术标准的规定,应具有产品出厂合格证,并经消防部门批准。

(2)喷涂防火涂料前除锈工序已完成,并进行1~2遍底漆涂装,底漆成分性能不应与防火涂料发生化学反应,也就是说,底层涂料和面层涂料应相互配套,底层涂料不得腐蚀钢材。

(3)当防火涂料同时具有防锈功能时,可喷射除锈后直接喷涂防火涂料,涂料不得对钢材有腐蚀作用。

(4)防火涂层的厚度应符合设计要求,操作人员应用测厚仪随时检测涂层厚度,其最终厚度应符合有关耐火极限的设计要求。

(5)不得将饰面型防火涂料(适用于木结构)用于钢结构的防火保护。

5.5 成品及半成品管理

项目经理部应对成品及半成品进行管理,项目经理部应明确责任部门和落实责任人,明确岗位职责,对进出施工现场的货物进行管理。

(1)进入施工现场的成品、半成品、构配件、工程设备等必须按规定进行检验和验收,未经检验和检验不合格的不得投入使用;并应建立台账。

(2)搬运和储存应按搬运、储存的有关规定进行。

(3)除应满足材料管理的要求外,钢结构构件的成品防护还应满足以下要求。

①堆放场地平整,具有良好的排水系统。

②堆放场地应铺设细石,以防止雨水、泥土等沾到构件上。

③最下一层构件应至少离地 300 mm。

④构件的堆放高度不应大于 5 层,每层构件下摆放的枕木应尽量放置在同一垂直面上,以防止构件变形或倒塌。

⑤有预起拱的构件,堆放时应使起拱方向朝下。

⑥对于有涂层的构件,在搬运、堆放时应注意防止磕碰,防止在地面上拖拉造成涂层损坏,也不得在构件上行走或踩踏,以免破坏涂装质量。

⑦钢结构涂装前,对其他半成品做好遮蔽保护,防止污染,涂装后,应加以临时维护隔离,防止踩踏损伤涂层。

⑧钢结构涂装后,在 4 h 之内如遇大风或下雨,应加以覆盖,防止沾染灰尘、水汽,避免影响涂层的附着力。

⑨涂装后的钢构件勿接触酸类液体,防止咬伤涂层。

⑩建筑产品或半成品应采取有效措施(护、包、盖、封)妥善保护。

5.6 钢结构的运输方式、装卸要求

1. 运输方式

钢结构的运输方式主要有公路运输和铁路运输。因此,结构构件的最大轮廓尺寸应不超过公路或铁路运输许可的限界尺寸。构件的质量应根据起重设备和运输设备的承受能力确定。一般构件的质量不宜超过 15 t,最大的构件质量不宜超过 40 t。

构件需要利用公路运输时,其外形尺寸应考虑公路沿线的路面至桥涵和隧道的净空尺寸,在一般情况下,其净空尺寸如下:对超级公路,一、二级公路为 5.0 m;对三、四级公路为 4.5 m。

钢结构从工厂运输到现场,应根据现场总调度的安排,按照吊装顺序一次运输到安装使用位置,避免二次倒运。

超长、超宽构件的运输,在制作之前应向有关交通运输部门办理超限货物运输手续;运输应安排在夜间,并在运输车前后设引路车和护卫车,以保证运输的安全。

2. 装卸要求

钢结构的装卸应按操作规程作业,构件要轻拿轻放,禁止抛掷。

结构吊装时,应按吊装顺序进行,并应采取适当措施防止构件产生过大的弯曲变形,同时应将绳扣与构件的接触部位加垫块垫好,以防损伤构件。

钢构件堆放应安全、平稳、牢固,吊具应传力可靠,防止滑车、溜车,确保作业安全。

【实训任务】

现场学习钢结构制作工艺。

目的: 在现场工程师的讲解下,对钢结构的制作工艺有详细的了解和认识。

能力目标及要求: 掌握钢结构制作的准备工作、工艺流程、成品和半成品管理等。

步骤提示：

（1）讲解钢结构制作前的准备工作，钢结构制作的工序和工艺流程，提出钢结构制作中可能出现的问题。

（2）完成钢结构制作的现场学习，详细了解钢结构的制作工艺流程，并解决课堂疑问。

（3）完成钢结构制作的现场学习报告，内容包括钢结构制作的工序和工艺流程。

【本章小结】

（1）钢结构制作常用的设备按制作工艺可分为加工设备、焊接设备、涂装设备、检测设备、运输设备等。

（2）钢结构制作前需要做以下准备工作：技术准备、材料准备、人员安排、机械设备准备及现场工作安排。钢结构制作使用的材料在储存和管理方面应满足相应的要求。

（3）在钢结构制作前需要编制钢结构制作工艺，内容包括工程概况、工艺总则、制作工艺、总装工艺和工艺总结。从钢材进厂到钢材构件出厂，一般要经过生产准备、放样、号料、零件加工、装配和油漆涂装等一系列工序。

（4）钢结构的涂装目的是延长钢结构的使用寿命和防止钢结构过早地腐蚀。钢结构的涂装包括防腐涂料涂装和防火涂料涂装两大类。钢结构的涂装工艺流程：基面处理→表面除锈→底漆涂装→面漆涂装→检查验收。

（5）成品及半成品的管理工作应明确责任部门和落实责任人，明确岗位职责。对进入施工现场的材料和设备必须按规定进行检验和验收，并建立台账。搬运和储存材料必须依据相关规定进行。另外，成品防护工作也非常重要，成品防护应满足相应要求。

【思考题】

5-1 钢结构制作常用的工具有哪些？

5-2 钢结构制作前需要做哪些准备工作？

5-3 钢结构制作工艺的编制包括哪些内容？

5-4 结合 H 形截面轴心受压柱制作实例，说明整个制作工艺流程。

5-5 钢结构的涂装包括哪几类？简述一般的防腐涂料涂装工艺流程。

5-6 钢结构成品防护应满足哪些要求？

6 钢结构安装

【学习目标】

通过本章的学习,学生应能认识钢结构制作与安装的常用施工机具与设备,并在施工中合理选用;掌握钢结构施工组织设计的编制原则和内容,一般单层钢结构的安装要点,高层及超高层钢结构的安装要点,大跨度空间网架结构的安装要点及高强度螺栓的施工,围护结构的构造和连接件,屋面泛水件的安装。

【能力要求】

通过本章的学习,学生能掌握钢结构安装的要点,能在钢结构施工中正确选用施工机械和设备,能编制钢结构安装施工组织设计,能进行钢结构的安装,能进行钢结构的围护结构安装。

6.1 钢结构安装的常用吊装机具和设备

6.1.1 起重机械

钢结构的吊装根据起重量可分三个级别:大型起重量为 80 t 以上,中型起重量为 10~80 t,一般起重量为 40 t 以下。

常用的吊装机械有各种自行式起重机、轨道塔式起重机、自制桅杆式起重机和小型吊装机械等。

本章介绍各种起重吊装机械的构造、性能、应用和选择条件。

1. 自行式起重机

1)履带式起重机

履带式起重机又称坦克吊,其构造由回转台和履带行走机构两部分组成,如图 6-1 所示。履带式起重机操作灵活,使用方便,履带着地,前后行走可转向 360°,履带上部车身也能沿顺时针或逆时针方向旋转 360°,在一般的平整、结实路面上均可以行驶,吊物时可退可避,对施工场地要求不严,可在不平整、泥泞的场地或略加处理的松软场地(如铺垫道木、块石、厚钢板等)行驶和工作,但这类起重机自重大,行驶速度慢,转向不方便,对柏油马路压有履带痕迹。因此履带式起重机不得远距离空载行驶,应该用拖车运输到现场。

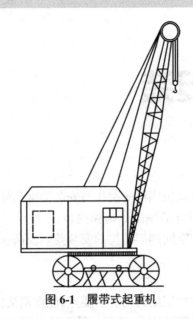

图 6-1 履带式起重机

根据型号的不同,履带式起重机起重臂的长度分为 18 m、24 m 和 40 m 等,起重量分为 10 t、20 t 直至 50 t(表 6-1)。

表 6-1 履带式起重机常用型号及性能

起重机型号		W1-50		W1-100		W1-100A		W1-200		
起重臂长度 /m		10	18	13	23	12.5	25	15	30	40
幅度	最大 /m	10	17	12	17	—	23	14	22	30
	最小 /m	3.7	4.5	4.5	6.5	3.9	—	4.5	8	10
起重量	最大幅度时 /t	2.6	1.0	3.7	1.7	—	—	9.4	4.8	1.5
	最小幅度时 /t	10	7.5	15	8	—	—	50	20	8
起重高度	最大幅度时 /m	3.7	7.6	6.5	16	5.8	—	5	19.8	25
	最小幅度时 /m	9.2	17.2	11	19	—	27.4	12.1	26.5	30
操纵形式		液压		液压		—		气压		
行走速度 /(km/h)		1.5~3.6		1.49		1.3~2.2		1.43		
最大爬坡能力 /%		25		20		20		20		
对地面平均压力 /(N/ mm²)		0.071		0.089		0.090		0.128		
发动机功率 /kW		66.2		88.3		88.3		184.0		
总质量 /t		23.11		40.74		31.50		79.14		

履带式起重机适用于各种场合吊装大、中型构件,是结构安装工程中广泛使用的起重机械。

2)轮胎式起重机

轮胎式起重机的构造与履带式起重机基本相同,只是行走接触地面的部分改用多轮胎而不是履带,装有四个伸缩支腿,在工作时需固定在一个限制的位置上。其外形如图 6-2 所示。

轮胎式起重机的起重量分为 16 t、25 t 和 40 t 等,起重臂长度分别为 20~32 m、32~42 m。

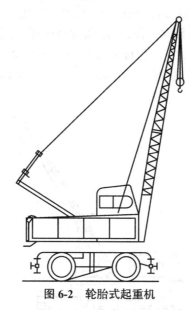

图 6-2　轮胎式起重机

轮胎式起重机机动性高、行驶速度快、操作和转移方便,有较好的稳定性,起重臂多为伸缩式,长度可改变,自由、快速;但对路面有破坏性,且在工作状态下不能行走,工作面受到限制,对构件布置、排放要求严格,施工场地需平整、碾压坚实,在泥泞场地行走困难。其常用型号及性能见表 6-2。

轮胎式起重机适用于装卸一般工业厂房、吊装较高较重的构件。

表 6-2　轮胎式起重机常用型号及性能

起重机型号		Q1-5	Q2-5		Q2-8				Q2-12			Q2-16		
起重臂长度 /m		6.5	6.98	10.98	6.95	8.5	10.15	11.7	8.5	10.8	13.2	8.2	14.1	20
幅度	最大 /m	5.5	6	6	5.5	7.5	9	10.5	6.4	7.8	10.4	7	12	18
	最小 /m	2.5	3.1	3.5	3.2	3.4	4.2	4.9	3.6	4.6	5.5	3.5	3.5	4.25
起重量	最大幅度时 /t	2	1.5	0.62	2.6	1.5	1.0	0.8	4	3	2	5	1.9	0.8
	最小幅度时 /t	5	5	3.2	8	6.7	4.2	3.2	12	7	5	16	8	6
起重高度	最大幅度时 /m	4.5	3.46	4.18	4.6	4.2	4.	5.2	5.8	7.8	8.6	4.4	7.7	9
	最小幅度时 /m	6.5	6.49	10.88	7.5	9.2	10.6	12.0	8.4	10.4	12.8	7.9	14.2	20
行驶速度 /(km/h)		30	30		60				55					
最小转弯半径 /m		—	11.2		11.1				9.5			6		
最大爬坡能力 /(°)		—	28		15				30			6		
发动机功率 /kW		69.9	80.9		110.3				161.7			161.7		
总质量 /t		7.5	—		17.3				21.5			—		

3）汽车式起重机

汽车式起重机是把起重机构装在汽车底盘上,起重臂杆采用高强度钢板做成箱形结构,吊臂可根据需要自动逐节伸缩,并设有各种限位和报警装置,起重机动力由汽车发动机供给。

汽车式起重机行走速度快,转向方便,对路面没有损坏,行走时,轮胎接触地面,对地面产生的压强大。因此,在行走工作时需要路面坚实平坦。这种起重机工作时,如果只用轮胎支撑吊装构件,达不到承压能力要求,故可放下四条支撑腿支撑车体四角,起到稳定作用。其外形如图 6-3 所示。

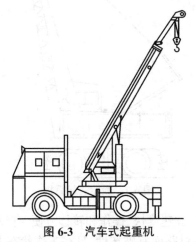

图 6-3　汽车式起重机

汽车式起重机吊装构件时不能行走,车体需在固定的位置上工作。因此,用汽车式起重机吊装构件时,必须事先周密地考虑吊件与安装位置的距离,吊件应放到吊车的工作半径范围内。汽车式起重机常用型号及性能见表 6-3。

表 6-3　汽车式起重机常用型号及性能

起重机型号		QL1-16		QL2-8		QL3-16		QL3-25			QL3-40	
起重臂长度 /m		10	15	7	10	15	20	12	22	32	15	42
幅度	最大 /m	11	15.5	7	9.5	15.5	20	11.5	19	21	13	25
	最小 /m	4	4.7	3.2	4	4.7	5.5	4.5	7	10	5	11.5
起重量	最大幅度时 /t	2.8	1.5	2.2	3.5	1.5	0.8	21.6	1.4	0.6	9.2	1.5
	最小幅度时 /t	16	11	8	16	11	8	25	10.6	5	40	10
起重高度	最大幅度时 /m	5	4.6	1.5	5.3	4.6	6.85	—	—	—	8.8	33.75
	最小幅度时 /m	8.3	13.2	7.2	8.3	13.2	17.95	—	—	—	10.4	37.23
行驶速度 /（km/h）		18		30		30		9~18			15	
最小转弯半径 /m		7.5		6.2		7.5		—			13	
最大爬坡能力 /（°）		7		12		7		—			13	
发动机功率 /kW		58.8		66.2		58.8		58.8			117.6	
总质量 /t		23		12.5		22		22			53.7	

无论是履带式起重机还是轮胎式起重机,它们起重承载的吨位数量必须与起重机尾部配重成比例,也就是起重机的起重力矩必须小于或等于起重机的配重力矩。一般起重机尾部配重力矩均大于起重机的起重力矩,否则起重机吊装受力时,车体向前倾斜,容易发生吊装事故。

2. 塔式起重机

塔式起重机(塔吊)是把起重臂和起重机构装在金属塔架上,整个起重机沿钢轨道行走,工作时,只限制在轨道和起重臂的长度范围内固定吊装或行走吊装。其外形如图 6-4 所示。

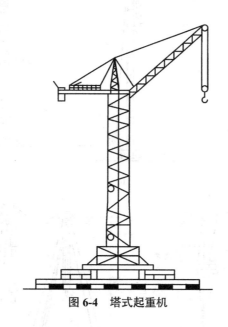

图 6-4 塔式起重机

塔式起重机有行走式、固定式、附着式和内爬式几种。塔式起重机安装空间和半径大,吊装效率高,构件布置较为灵活,吊装构件方便,起重臂可以 360° 转向,安装屋面板、支撑等构件时,臂杆在使用范围内不受已安装构件的影响。吊装旋转半径可由起重臂伸出的距离确定,需要时还可以调节起重臂的角度。吊装的吨位可根据型号、种类以及起重臂的仰角确定,但起重机只能直线行走或移动,工作面受到限制,如在建筑物跨中布置,所有构件必须一次按顺序安装完成,且轨道修筑麻烦,要求严格,起重机转移时搬运、拆卸和组装不方便,较费工费时,吊装场地利用率低。

塔式起重机按用途可分为普通(地面)行走式塔式起重机和自升式塔式起重机两种。普通行走式塔式起重机按起重量分为轻型塔式起重机(起重量为 0.5~51 t)、中型塔式起重机(起重量为 5~15 t)和重型塔式起重机(起重量为 15~40 t)。

3. 起重桅杆

起重桅杆可根据安装现场的具体情况,安装工件的品种、规格、重量、吊装高度等要求来确定。制造桅杆所用的材料,一般有坚硬的木质材料以及角钢、钢管及钢板等。

桅杆可分为固定式和移动式两种。根据吊装需要可调节缆绳的松紧,制作时杆件底座立在钢制爬犁上,可用卷扬机牵动。

常见的起重桅杆有木独脚桅杆、钢管独脚桅杆、型钢格构式独脚桅杆、人字桅杆、独脚悬臂式桅杆、井架悬臂式桅杆、回转式桅杆、台灵式桅杆等形式,见图6-5。

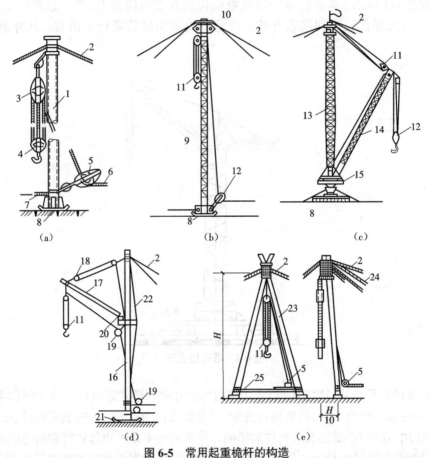

图6-5 常用起重桅杆的构造

(a)钢管独脚桅杆;(b)型钢格构式独脚桅杆;(c)回转式桅杆;(d)木独脚悬臂式桅杆;(e)人字桅杆

1—钢管桅杆杆;2—缆风绳;3—定滑轮;4—动滑轮;5—导向滑轮;6—接绞磨或卷扬机;7—溜绳;8—底座;9—型钢格构式桅杆杆;10—活顶板;11—起重滑轮组;12—导向滑轮组;13—主桅杆杆;14—悬臂桅杆杆;15—转盘;16—拨杆;17—起重杆;18—变幅滑轮组;19—滑轮;20—撑杆;21—地基;22—卷扬机钢丝绳;23—人字桅杆杆;24—主缆风绳;25—拉索

一般木质桅杆的起重量可达10 t左右,高度为10~15 m。钢管桅杆的起重量为50~60 t,高度可达25~30 m。钢板和型钢混合制成的箱形或格构式桅杆,起重量可达100 t以上,用扳倒法、滑移法或吊推法可实现高、长、大质量物体的整体吊装。

4.起重机械的选择

起重机械的合理选用是保证安装工作安全、快速、顺利进行的基本条件。安装工作中,根据安装件的种类、重量、安装高度、现场的自然条件等情况来选择起重机械。

如果现场吊装作业面积能满足吊车和起重臂旋转半径的距离要求,可采用履带式起重机或轮胎式起重机进行吊装。

如果安装工地在山区,道路崎岖不平,各种起重机械很难进入现场,一般可利用起重桅杆进行吊装。长结构或大质量结构件,无法使用起重机械时,可利用起重桅杆进行吊装。

当吊装件重量很轻,吊装的高度较低(一般在 5 m 以下)时,可利用简单的起重机械,如链式起重机(手拉葫芦)等进行吊装。

如果安装工地设有塔式起重机,可根据吊装地点、安装件的高度及吊件重量等条件,在符合塔式起重机吊装性能时,利用现有塔式起重机进行吊装。

选择应用起重机械,除了考虑安装件的技术条件和现场自然条件外,更主要的是要考虑起重机的起重能力,即起重量、起重高度和起重半径三个基本条件。

起重量、起重高度和起重半径三个基本条件之间是密切相关的。起重机的起重臂长度一定(起重臂角度以 75° 为起重机的起重正常角度)时,起重机的起重量随着起重半径的增加而逐渐减少,同时起重臂的起重高度增加时,相应的起重量也减少。

为了保证吊装安全,起重机的起重量必须大于吊装件的重量,其中包括绑扎索具的重量和临时加固材料的重量。

起重机的起重高度必须满足所需安装件的最高构件的吊装高度要求。在施工现场,实际安装以安装件的标高为依据,吊车起重杆吊装构件的总高度必须大于安装件最高标高的高度。

起重半径,也称吊装回转半径,是起重机起重臂上的吊钩向下垂直于地面点至吊车中心的距离。起重机的起重臂仰角(起重臂与水平面的夹角)越大,起重半径越小,而起重量越大。相反,起重臂向下降,仰角减小,起重半径增大,起重量就相对减少。

一般起重机的起重量根据起重臂的角度、起重半径和起重臂高度确定。因此在实际吊装时,要根据吊装的重量确定起重半径、起重臂仰角及起重臂长度。在安装现场吊装高度较高、截面较宽的构件时,应注意起重臂从吊起、起吊过程到安装就位,构件不能与起重臂相碰。构件和起重臂间至少要保持 0.9~1 m 的距离。

6.1.2 简易起重设备

1.千斤顶

千斤顶有油压式、螺旋式、齿条式三种,其中螺旋式和油压式最为常用。齿条式千斤顶一般承载能力不大,螺旋式千斤顶起重能力较大,可达 100 t(1 000 kN),5~15 t 手动螺旋千斤顶结构如图 6-6 所示。油压千斤顶起重能力最大,可达 320 t(3 200 kN),其结构如图 6-7 所示。安装作业时,千斤顶常常用来顶升工件或设备、矫正工件的局部变形。

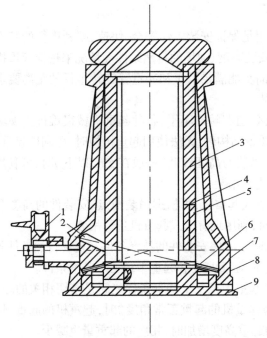

图 6-6 5~15 t 手动螺旋千斤顶

1—棘轮组；2—小伞齿轮；3—升降套筒；4—锯齿形螺杆；5—铜螺母；6—大伞齿轮；
7—单向推力球轴承；8—主架；9—底座

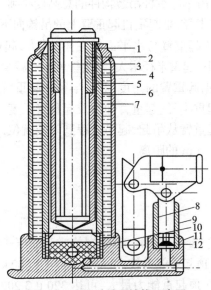

图 6-7 油压千斤顶结构示意图

1—顶帽；2—螺母；3—调整丝杆；4—外套；5—活塞缸；6—活塞；7—工作液；8—油泵心；
9—油泵套筒；10—皮碗；11—油泵皮碗；12—底座

千斤顶在使用前,应该进行检查:对齿条千斤顶,检查下面有无销子;对螺旋千斤顶,先要检查齿轮和齿条是否变形,动作是否灵活,螺母与丝杠的磨损是否超过允许范围;对油压千斤顶,重点检查油路连接是否可靠,阀门是否严密,以免承重时发生油回漏现象;在使用时不要站在保险塞对面。

千斤顶应放在坚实、平坦的平面上,在地面上使用时,如果地面土质松软,应铺设垫板,以扩大承压面积;构件被顶部位应平整、坚实,并加垫木板,荷载应与千斤顶轴线一致;应严格按照千斤顶的标定起重量顶重,每次顶升高度不得超过有效行程。

千斤顶开始工作时,应先将构件稍微顶起一点后暂停,检查千斤顶、枕木垛、地面和物件等情况是否良好,如发现偏斜和枕木垛不稳等情况,进行处理后才能继续工作。顶升过程中应设保险垫,并应随顶随垫,其脱空距离应小于 50 mm,以防千斤顶倾倒或突然回油而造成安全事故。

用两台或两台以上千斤顶同时顶升一个构件时,应统一指挥,动作一致,不同类型的千斤顶应避免放在同端使用。

2. 卷扬机

卷扬机是吊装作业中常用的动力装置,分为电动卷扬机和手摇卷扬机。

1)电动卷扬机

电动卷扬机种类很多,按滚筒数目分为单滚筒和双滚筒两种;按传动形式分为可逆齿轮箱式和摩擦式两种。

电动卷扬机由卷筒、减速器、电动机和电磁抱闸等部件组成,可逆式电动卷扬机如图 6-8 所示。

常用电动卷扬机的最大牵引力有 5 kN、10 kN、15 kN、30 kN、50 kN、100 kN、200 kN,其规格见表 6-4。

表 6-4 常用电动卷扬机规格

最大牵引力 /kN	最大容绳量 /m	平均速度 / (m/min)	钢丝绳直径 /mm	外形尺寸 / mm			自重 /kg	电动机功率 /kW
				长度	宽度	高度		
5	150	15	13	880	750	500	300	2.8
10	150	22	13	1 128	900	500	600	7
15	200	9.6	14	1 595	1 140	850	705	5
30	300	13	20	1 600	1 240	900	1 300	7.5
50	300	8.7	24	2 100	1 700	1 000	1 800	11
100	550~600	16	32	3 000	2 000	1 500	5 000	30
200	600	10	42	3 360	3 820	2 085	13 000	55

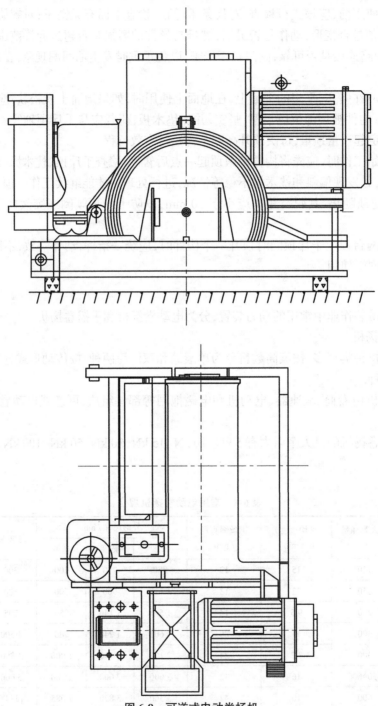

图 6-8　可逆式电动卷扬机

　　电动卷扬机使用时不能超载荷运行。经常检查相互摩擦部分和转动部分,为保持良好润滑,需要经常注入适当的润滑油;定期检查维修,至少每月检查一次,在检查过程中对每次提升临界荷载也要检查。

2）手摇卷扬机

手摇卷扬机由卷筒、钢丝绳、摩擦制动器、制动齿轮装置、小齿轮、大齿轮、变速器、手柄等组成，结构如图6-9所示。卷扬机上装有安全摇柄或制动装置，用来制动齿轮，使制动设备悬吊于一定位置，防止卷筒倒转。当机械设备下降时，则由摩擦制动器降低下降速度，保证工作时安全可靠。手动卷扬机额定牵引力为5~50 t。

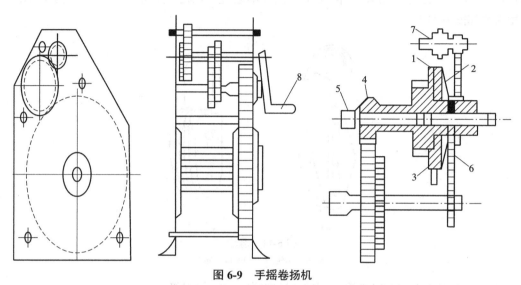

图 6-9　手摇卷扬机

1—转轮；2，3—制动盘；4—传动齿轮；5—制动轴；6—螺母；7—卡爪；8—手柄

3）绞磨

绞磨又称绞盘，是一种普遍采用的由人力牵引的起重工具，手动绞盘的结构如图6-10所示，其由鼓轮中心轴、支架、推杆和棘轮等组成。绞盘是依靠摩擦力驱动绳索的，绳索围绕在鼓轮上（一般是4~6圈）。工作时，一端使绳索拉紧（用来牵引），另一端又把绳索放松（用手拉住）。为防止倒转而发生事故，在鼓轮中心轴上装有制动齿轮装置。

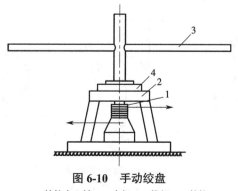

图 6-10　手动绞盘

1—鼓轮中心轴；2—支架；3—推杆；4—棘轮

绞磨构造简单,易于制造,移动方便,工作平稳,易于操作,但使用绞盘时需要人力较多,劳动强度较大,工作速度不快,工作不够安全,一般只用于缺乏起重机械、绳索牵引力不大的工作和辅助作业。

3. 起重滑车

起重滑车又称铁滑车、滑轮。在起重作业中,滑轮与索具、吊具、卷扬机等配合,完成各种结构设备、构件的运输及吊装工作,是不可缺少的起重工具之一。常见的开口吊钩型、闭口吊环型滑轮如图 6-11 所示。

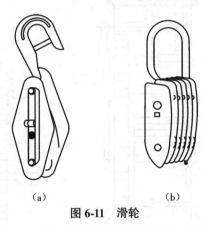

（a） （b）

图 6-11 滑轮

（a）开口吊钩型；（b）闭口吊环型

滑轮按使用性质分为定滑轮、动滑轮、导向滑轮和滑轮组等。

（1）定滑轮。定滑轮用于支持挠性件的运动,当绳索受力时转子转动,而轴的位置不变。在使用时,只能改变钢丝绳的方向,不省力,如图 6-12（a）所示。

（2）动滑轮。动滑轮安装在运动的轴上,它与被牵引的工作物一起上升或下降。用动滑轮工作省力,但不能改变用力方向,如图 6-12（b）所示。

（3）导向滑轮。导向滑轮又称开门滑子,它与定滑轮相似,仅能改变绳索方向,不省力,如图 6-12（c）所示。

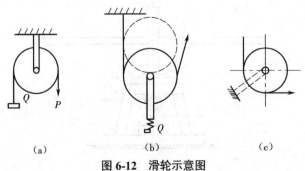

（a） （b） （c）

图 6-12 滑轮示意图

（a）定滑轮；（b）动滑轮；（c）导向滑轮

（4）滑轮组。滑轮组（图 6-13）是由一定数量的定滑轮、动滑轮及索具组成的一种起重工具。它既能减小牵引力,又能改变拉力的方向。在吊装工程中,常使用滑轮组,以便用较小的牵引力起吊重量较大的机械设备。如采用5~20 t(50~200 kN)的卷扬机来牵引滑轮组的出绳端头(一般称为跑线),可完成几吨或几百吨重的设备或构件的吊装任务。

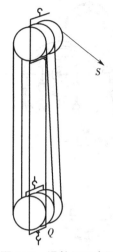

图6-13 滑轮组示意图

(5)滑轮的使用与维护。

①滑轮绳槽表面应光滑,不得有裂痕、凹凸等缺陷。

②滑轮在使用时应经常检查,重要部件(轴、吊环或吊钩)应进行无损探伤,当发现有下列情况之一时,必须更换其零件:

a. 滑轮上有裂纹或永久变形;

b. 滑轮绳槽表面磨损深度超过钢丝绳直径的20%;

c. 轮缘部分有破碎损伤;

d. 吊钩的危险断面损伤厚度超过10%;

e. 轮轴磨损超过轴径的2%;

f. 轴套磨损超过壁厚的10%。

③滑轮所有转动部分必须动作灵活,润滑良好,定期添加润滑剂。

④滑轮组两滑轮之间的净距不宜小于轮径的5倍。

⑤当滑轮贴在地面使用时,应垫一翘头钢板,以保护滑轮。

⑥吊钩上的吊索有自行脱钩可能时,应将钩口加封。

⑦严禁用焊接补强的方法修补吊钩、吊环及吊梁的缺陷。

⑧使用中应缓慢加力,绳索收紧后,如有卡绳、磨绳情况,应立即纠正。滑轮等各部分使用情况良好,才能继续工作。

⑨滑轮使用后,应清洗干净,涂防锈漆,存放于干燥的库房内。

4. 链式手拉葫芦

链式手拉葫芦也称斤不落、倒链、链式起重机。它是由链条、链轮及差动齿轮等构成的人力起吊工具,可分为链条式和蜗轮式两种,两者只是内部构造不同,均由机体、上下吊钩、吊链和手动导链等构成,如图 6-14 所示。

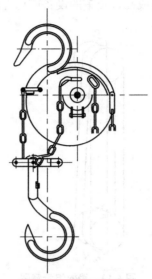

图 6-14　链式手拉葫芦

吊装时,上吊钩的吊点有时利用固定设备作为吊点,当拉动牵引链条时,链条转动齿轮传动,通过吊钩拉动重物升降。当松开牵引链条时,重物靠本身自重产生的自锁停止在空中,操作时,靠机体本身固定上、下两点,进行竖向垂直吊装或对构件进行任意水平方向的拉紧、移动或矫正工作等。

链式手拉葫芦体积小、重量轻、效率高、操作简单、节省人力。它常与木塔或管制三脚架配合使用,用来起吊高度不大的轻型构件,或进行短距离水平运输,或拉紧缆风绳以及在构件运输过程中拉紧捆绑构件的绳索等,在安装工程中应用较广。

链式手拉葫芦的起重能力根据构造、型号、规格和性能确定,一般吊重有 0.5 t、1 t、2 t、3 t、5 t、10 t、20 t(1 t =10 kN)等,其吊装高度(吊钩最低与最高工作位置之间的距离)一般为 4~6 m,最大吊装高度不超过 12 m。

6.1.3　吊装索具和卡具

吊装索具和卡具是起重安装工作中最基本的工具,它们主要起绑扎重物、传递拉力和夹紧的作用。在吊装过程中,要根据不同的条件和要求选择各种索具和卡具,并要考虑它们的强度和安全。

1. 吊装索具

1)钢丝绳

单股钢丝绳是由多根直径为 0.3~2 mm 的钢丝搓绕制成的。整股钢丝绳是用 6 根单股钢丝绳围绕一根浸过油的麻芯拧成的。

钢丝绳以丝细、丝多、柔软为好。钢丝绳具有强度高、不易磨损、弹性大,在高速下受力时平稳、无噪声、工作可靠等特点,是起重吊装中常用的绳索,被广泛应用于各种吊装、运输设备中。其主要缺点是不易弯曲,使用时需增大起重机卷筒和滑轮的直径,相应地增加了机械的尺寸及重量。

(1)钢丝绳规格。钢结构安装施工中常用的钢丝绳是由 6 股 19 丝、6 股 37 丝和 6 股 61 丝拧成的,可用 6×19、6×37、6×61 等符号表示。

(2)钢丝绳安全系数及需用滑轮直径按照表 6-5 选择。

表 6-5　钢丝绳安全系数及需用滑轮直径

用途		安全系数	需用滑轮直径
缆风绳及拖拉绳		3.5	$\geqslant 12d$
用于起重设备	手动	4.5	$\geqslant 16d$
	机动	5~6	
用作吊索	无弯曲时	5~7	—
	有绕曲时	6~8	$\geqslant 20d$
用作捆绑吊索		8~10	—
用作地锚绳		5~6	—
用于载人的升降机		14	$\geqslant 30d$

注:d 为钢丝绳直径。

(3)钢丝绳的负荷。钢丝绳的负荷能力除与本身材料、加工方法有关外,在使用时还要考虑正确选用钢丝绳的直径和滑轮直径的比例及钢丝绳的安全因数。钢丝的破断拉力和抗拉强度值均可从相关表格查出。

(4)钢丝绳夹的使用。钢丝绳夹应按图 6-15 所示把夹座扣在钢丝绳的工作段上,U 形螺栓扣在钢丝绳的尾段上。钢丝绳夹不得在钢丝绳上交替布置。钢丝绳夹间的距离(图 6-15 中 A)等于 6~7 倍钢丝绳直径,其固定处的强度至少是钢丝绳自身强度的 80%。紧固绳夹时需考虑每个绳夹的合理受力,离套环最远处的绳夹不得先行单独紧固。离套环最近处的绳夹(第一个绳夹)应尽可能地靠近套环,但仍需保证绳夹的正确拧紧,不得损坏钢丝绳的外层钢丝。

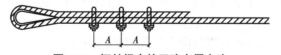

图 6-15　钢丝绳夹的正确布置方法

(5)钢丝绳的使用和维护。

钢丝绳的使用要点如下。

①钢丝绳均应按使用性质、荷载、新旧程度和工作条件等因素,根据经验或经计算选用规格型号。

②钢丝绳开卷时,应放在卷盘上或用人力推滚卷筒,不得倒放在地面上,人力盘(甩)开,以免造成扭结,缩短寿命。钢丝绳切断时,应在切口两侧 1.5 倍绳径处用细铁丝扎结,或用铁

箍箍紧,扎紧段长度不小于 30 mm,以防钢丝绳松捻。

③新绳使用前,应以 2 倍最大吊重做载重试验 15 min。

④钢丝绳穿过滑轮时,滑轮槽的直径应比钢丝绳的直径大 1.0~2.5 mm,滑轮直径应比钢丝绳直径大 10~12 倍,轮缘破损的滑轮不得使用。

⑤钢丝绳在使用前应抖直理顺,严禁扭结受力,使用中不得抛掷,与地面、金属、电焊导线或其他物体接触摩擦时,应加护垫或托绳轮;不能使钢丝绳发生锐角曲折、挑圈或由于被夹、被砸变形。

⑥钢丝绳扣、"8"字形千斤索和绳圈等的连接采用卡接法时,夹头规格、数量和间距应符合规定。上夹头时,螺栓要拧紧,直至钢丝绳被压扁 1/4~1/3 直径为止,并在绳受力后,再将夹头螺栓拧紧一次。采用编接法时,插接的双绳和绳扣的接合长度应大于钢丝绳直径的 20 倍或绳头插足 3 圈且最短不得少于 300 mm。

⑦钢丝绳与构件棱角相触时,应垫上木板或橡胶板。起重物时,启动和制动均必须缓慢,不得突然受力和承受冲击荷载。在起重时,如绳股有大量油挤出,应进行检查或更换新绳,以防发生事故。

⑧钢丝绳每工作 4 个月左右应涂润滑油一次。涂油前,应将钢丝绳浸入汽油或柴油中洗去油污,并刷去铁锈。涂油应在干燥和无锈情况下进行,最好用热油浸透绳芯,再擦去多余的油。

⑨钢丝绳使用一段时间后,应判断其可用程度,或换新绳,以确保使用安全。

⑩库存钢丝绳应成卷排列,避免重叠堆置,并应加垫和遮盖,防止受潮锈蚀。

2)麻绳

麻绳又称白棕绳、棕绳,以剑麻为原料。按拧成的股数,麻绳分为三股、四股和九股三种;按浸油与否,麻绳分浸油绳和素绳两种。吊装中多用不浸油素绳。常用素绳较软,建筑工地应用广泛,多用于牵拉、捆绑,有时也作为吊装轻型构件绑扎绳使用。

浸油绳具有防潮、防腐蚀能力强等优点,但不够柔软,不易弯曲,强度较低;素绳弹性和强度较高(比浸油绳高 10%~20%),但受潮后容易腐烂,强度要降低 50%。

麻绳主要用来绑扎吊装轻型构件和作为受力不大的缆风绳、溜绳等使用。

麻绳的使用要点如下。

(1)麻绳在开卷时,应卷平放在地上,绳头一面放在底下,从卷内拉出绳头,然后按需要的长度切断。切断前应用细铁丝或麻绳将切断口两侧的绳扎紧。

(2)麻绳穿绕滑轮时,滑轮的直径应大于绳直径的 10 倍。

(3)使用时,应避免在构件上或地上拖拉。与构件棱角相接触部位,应衬垫麻袋、木板等物。

(4)使用中,如发生扭结,应抖直,以免受拉时折断。

(5)麻绳应放在干燥和通风良好的地方,以免腐烂,不得和涂料、酸、碱等化学物品放在一起,以防腐蚀。

2.卡具

1)吊钩

吊钩分为单吊钩和双吊钩两种。它是用整块 20 号优质碳素钢锻制后进行退火处理而成的。

吊钩表面应光滑,无剥裂、刻痕、锐角、裂缝等缺陷。常用的吊索用带吊环吊钩的主要规格见表 6-6。

表 6-6　吊索用带吊环吊钩主要规格

简图	安全吊重量 /t	尺寸 /mm						质量 /kg	适用钢丝绳直径 /mm
		A	B	C	D	E	F		
	0.5	7	114	73	19	19	19	0.34	6
	0.75	9	113	86	22	25	25	0.45	6
	1.0	10	146	98	25	29	27	0.79	8
	1.5	12	171	109	32	32	35	1.25	10
	2.0	13	191	121	35	35	37	1.54	11
	2.5	15	216	140	38	38	41	2.04	13
	3.0	16	232	152	41	41	48	2.90	14
	3.75	18	257	171	44	48	51	3.86	16
	4.5	19	282	193	51	51	54	5.00	18
	6.0	22	330	206	57	54	64	7.40	19
	7.0	24	356	227	64	57	70	9.76	22
	10.0	27	394	255	70	64	79	12.30	25

单吊钩常与吊索连接在一起使用,有时也与吊钩架组合在一起使用;双吊钩仅用在起重机上。

2)卡环

卡环由一个弯环和一根横销组成。卡环按弯环形式分为直形和马蹄形(图 6-16(a));按横销与弯环的连接方法,又分为螺栓式(图 6-16(b))和活络式(图 6-16(c)),螺栓式卡环使用较多,但在柱子吊装中多用活络卡环。卸钩时吊车松钩将拉绳下拉,销子自动脱开,可避免高空作业,但接绳一端宜向上(图 6-16(d)),以防销子脱落。

卡环用于吊索与构件吊环之间的连接或用在绑扎构件时扣紧吊索,为吊装作业中应用较广泛的吊具。

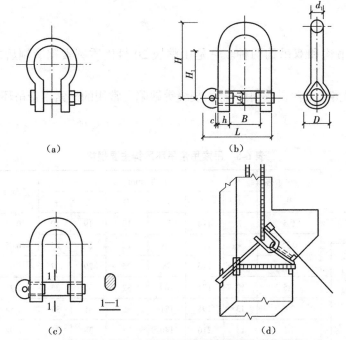

（a）

（b）

（c）

（d）

图 6-16　卡环形式及柱子绑扎自动脱钩示意图

（a）马蹄形卡环;（b）螺栓式卡环（直形）;（c）椭圆活络卡环（直形）;（d）柱子绑扎用活络卡环自动脱钩示意图

卡环的使用注意事项如下。

（1）卡环应用优质低碳钢或合金钢锻成并经热处理,严禁铸钢卡环。

（2）卡环表面应光滑,不得有毛刺、裂纹、尖角、夹层等缺陷。不得利用焊接补强方法修补卡环的缺陷。在不影响卡环额定强度的条件下,可以清除其局部缺陷。

（3）使用卡环时,应注意作用力的方向不要歪斜,螺纹应满扣并预先加以润滑。

（4）卡环使用前应进行外观检查,必要时应进行无损探伤检查,发现有永久变形或裂纹,应报废。

3）钢丝绳卡

钢丝绳卡（图 6-17）也称线盘、夹线盘、钢丝卡子、钢丝绷轧头、卡子等。绳卡的 U 形螺栓宜用 Q235-C 钢制造,螺母可用 Q235-D 钢制造,其规格见表 6-7。

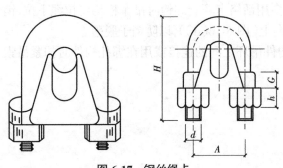

图 6-17　钢丝绳卡

表6-7　钢丝绳卡规格

公称尺寸/mm	主要尺寸/mm				公称尺寸/mm	主要尺寸/mm			
	螺栓直径 d	螺栓中心距 A	螺栓全高 H	支座厚度 G		螺栓直径 d	螺栓中心距 A	螺栓全高 H	支座厚度 G
6	M6	13.0	31	6	26	M20	47.5	117	20
8	M8	17.0	41	8	28	M22	51.5	127	22
10	M10	21.0	51	10	32	M22	55.5	136	22
12	M12	25.0	62	12	36	M24	61.5	151	24
14	M14	29.0	72	14	40	M27	69.0	168	27
16	M14	31.0	77	14	44	M27	73.0	178	27
18	M16	35.0	87	16	48	M30	80.0	196	30
20	M16	37.0	92	16	52	M30	84.5	205	30
22	M20	43.0	108	20	56	M30	88.5	214	30
24	M20	45.5	113	20	60	M36	98.5	237	36

注:1. 钢丝绳卡的公称尺寸等于该绳卡适用的钢丝绳直径。

2. 当钢丝绳卡用于起重机上时,夹座材料推荐采用 Q235 钢或 ZG35E 碳素钢铸件制造。其他用途绳卡的夹座材料有 KT350-10 可锻铸铁或 QT45610 球墨铸铁。

钢丝绳卡的使用要点如下。

(1)钢丝绳卡的绳纹应是半精制的,螺母可自由拧动,但不得松动。

(2)上螺母时,应将螺纹预先润滑。

(3)绕结钢丝绳时,若绳在不受力状态下固定,第一个绳卡应靠近护绳环,使护绳环能充分夹紧;若绳在受力的状态下固定,第一个绳卡应靠近绳头,绳头的长度一般为绳径的 10 倍,但不得小于 200 mm。

4)钢丝绳用套环

钢丝绳用套环又称索具套环、三角圈,为钢丝绳的固定连接附件。当钢丝绳与钢丝绳或其他附件连接时,钢丝绳端嵌在套环的凹槽中,形成环状,保护钢丝绳弯曲部分受力时不易折断。钢丝绳用套环的规格和形式如图6-18所示。

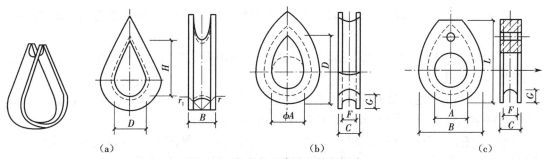

(a)　　　　　　　　　(b)　　　　　　　　　(c)

图 6-18　钢丝绳用套环规格和形式

(a)型钢套环(市场产品);(b)普通套环(标准产品);(c)重型套环

6.2 钢结构施工组织设计

6.2.1 钢结构施工组织设计编制的原则

施工单位根据工程的规模、结构的复杂程度、采用新技术的内容、工期要求、质量安全要求、建设地点的自然经济条件和施工单位的技术力量及其对该类工程施工的熟悉程度等，由施工管理人员编制施工组织设计，技术负责人员审查批准。可结合《建设工程项目管理规范》（GB/T 50326—2017）的要求进行编写。

编制施工组织设计时要深入现场，做好调查研究，掌握第一手资料，从实际出发，因地制宜，根据具体情况灵活运用，不受条框约束，发挥创造性，切忌不结合实际、粗制滥造、流于形式。施工组织设计的编制应在充分研究工程客观情况和施工特点的基础上，科学合理地组织安排建筑工程生产的主要因素——人力（man）、设备（machine）、材料（material）、施工工艺（method）和环境（environment），即4M1E，以在一定时间和空间内实现有组织、有计划、有节奏地施工。在确定施工方法（方案）时，宜进行多方案比较，使之优化，并核算经济效益，以选用最合理的方案。

编制施工组织设计应考虑以下原则。

（1）严格遵循国家工程建设的政策和法规；遵守合同规定及工程竣工、交付时间，认真执行工程建设程序。

（2）遵循钢结构安装施工的规律；合理安排施工程序和顺序，施工组织设计应该与施工方法相一致；符合施工组织的要求。

（3）选用先进的施工组织方法（如采用流水作业法、网络计划技术来安排进度）以及其他现代管理方法，组织工程有节奏、均衡、连续、文明地施工。

（4）采用先进的施工技术和新的施工工艺、机具、材料，科学地确定施工方案，以节省劳动力，加快进度，保证质量，降低工程成本。

（5）认真执行工厂预制和现场预制相结合的方针，扩大工厂化施工，提高工业化程度，减少现场工作量。

（6）科学地安排冬期和雨期施工项目，保证全年施工进度的均衡性和连续性。

（7）充分挖掘、发挥现有机械设备潜力，扩大机械化施工程度，不断改善劳动组织，提高劳动生产率。

（8）合理安置临时设施工程，尽量利用现场原有和附近及拟建的房屋设施，以减少各种暂设工程，节省费用。

（9）尽量利用当地或附近资源，合理安排运输、装卸和储存作业，减少物资运输量，避免二次倒运；科学地规划施工平面，节约施工用地，不占或少占农田。

（10）实施目标管理与施工项目管理相结合，贯彻技术规程；严格认真地进行质量控制；遵循现行的各项安全技术规程、劳动保护条例和与防火、环境保护有关的规定，符合工程施工质量环境及职业健康安全和文明施工的要求；适应外部提供的条件和施工现场实际情况。

6.2.2 钢结构施工组织设计的内容

（1）工程概况、施工特点和施工难点分析。对工程的建筑、结构特征、性质、规模、建筑地点、地质状况，现场水、电及运输条件、施工力量，材料及构件的来源和供应条件，施工机械的配备及劳动力的情况，合同对工期和质量等的要求，现场施工条件和钢结构安装工程施工的特点作简单介绍，分析施工难点；对工程所在地的气候情况，尤其是雨水、台风情况进行详细说明，以便在工期允许的情况下避开不利的气候条件施工，以保证工程质量，在台风季节到来前做好施工安全应对措施。

（2）编制依据。其内容包括建筑图、基础图、钢结构施工图、其他相关图纸和设计文件，执行的标准规范和企业的标准、工法等。

建筑图、基础图、钢结构施工图、其他相关图纸和设计文件是主要的施工依据，在编制施工组织设计时，必须熟悉这些资料和执行的标准规范、企业的标准、工法等。

（3）施工部署和对业主、监理单位、设计单位及其他施工单位的协调和配合，施工总平面布置，能源、道路及临时建筑设施等的规划。

施工平面图是施工组织设计的主要组成部分和重要内容。施工平面图的设计步骤如下：

①根据施工现场的条件和吊装工艺，布置构件和起重机械；

②合理布置施工材料和构件的堆场以及现场临时仓库；

③布置现场运输道路；

④根据劳动保护、保安、防火要求布置现场行政管理及生活用临时设施；

⑤布置施工用水、用电、用气管网；

⑥用 1∶500~1∶200 比例尺绘制工程施工平面图。

（4）施工方案。施工方案是施工组织设计的核心。它包括施工顺序，施工组织，主要分部、分项工程的施工方法，施工流程图，测量校正工艺，螺栓施拧工艺，焊接工艺，冬期施工工艺等和采用的新工艺、新技术等。安装程序必须保证结构的稳定性和不会导致塑性变形产生。

编制施工方案时，应确定以下几个主要问题。

①确定整个结构安装工程应划分成几个施工阶段，每一个阶段选用的安装机械及其布置和开行路线。

②确定工程中大型构件的拼装、吊装方案（考虑所吊构件的体积、重量、吊装高度、单件吊装或组合吊装等）及施工阶段中配备劳动力和设备的数量。

③确定各专业、各工种的配合和协作单位。

④确定施工总工期及分部、分项工程的控制日期。

⑤确定主要施工过程中采用的新工艺、新技术的实施方法。

（5）主要吊装机械的布置和吊装方案。在施工组织设计中，应该对钢结构的吊装方案进行详细的描述，画出主要吊装机械的平面布置图。

（6）构件的运输方法、堆放及场地管理。

①根据构件的特点、钢材厚度、行车路线和运输车辆的性能等，编制运输方案。

②构件的运输顺序及堆放排列应满足构件吊装顺序的要求，尽量减少和避免二次倒运。

③运输和装卸构件时,应采取措施防止构件产生永久变形和损伤,特别是板材和冷弯薄壁钢的吊运,应该先起吊后移动,防止板面摩擦、碰撞。

④构件的堆放场地必须平整、坚实,无水坑并有排水措施;构件按照种类和安装顺序分区堆放;构件底层的垫块要有足够的支撑面,防止支点下沉;相同类型的构件叠放时,各层构件的支点要在同一垂直线上,防止构件压坏和变形。重心高的构件堆放时,需要设置临时支撑,并绑扎牢固,防止倾倒。

⑤安装前校正构件产生的变形,补涂损坏的涂层。

(7)施工进度计划。施工进度计划能够保证在规定的工期内有计划地完成工程任务,并为计划部门编制月计划及其他职能部门调配材料,供应构件、机械及调配劳动力提供依据。按照合同对工期的要求,编制施工进度计划。编制时,要充分考虑钢结构到达现场的时间,土建交付安装的时间,所需要的劳动力、施工机具等资源的合理配置。施工进度计划可采用网络图、横道图等形式,根据工程具体情况选择合适的施工进度计划表示方法。

编制施工进度计划时,要考虑下列因素。

①保证重点,兼顾一般。安排开工、竣工时间和进度要分清主次,抓住重点。优先安排影响其他工序的工程。

②能够满足连续均衡施工的要求。安排进度计划时,应尽量使各工种施工人员和施工机械连续均衡施工,使人员、机具、测量检测设备和器具等资源能在工地充分使用,避免某个时期人员、施工机械等资源出现使用峰值,提高生产效率和经济效益。

③全面考虑各种不利条件的限制和影响,为缓解或消除不利影响作准备,如考虑设计单位未能够及时提供施工图纸、土建工程的计划安排和施工进度延误的影响,施工期间由于运输、交通管制、资金、施工力量等造成的延误,施工期间的不利气候条件等。

④留有一些后备工程,以便在施工过程中平衡调剂安排。

⑤业主、当地政府有关部门的支持,监理、设计、相关施工单位等相关方的支持和配合。

施工进度计划的构成部分和编制方法如下。

①编制施工进度计划的主要依据有工程的全部施工图纸,规定的开工、竣工日期,施工图预算,劳动定额,主要施工过程中的施工方案、劳动力安排,材料、构件和施工机械的配备情况。

②确定工程项目及计算工程量。

③确定机械台班数量及劳动力数量。

④确定各分部、分项工程的工作日。

⑤编制进度计划表或施工进度网络图。

(8)施工资源总用量计划。施工资源总用量计划包括劳动力组合和用工计划,主要材料、部件进场计划,主要施工机具及施工用料计划,主要测量、检测设备和器具需用计划等。

编制施工资源总用量计划时,在保证总工期的条件下,要考虑资源的综合平衡,计划应有一定的前瞻性,以便于施工资源的调配。

(9)施工准备工作计划。施工准备工作包括以下几个方面。

①熟悉、审查图纸及有关设计资料。

②编制施工组织设计及施工详图预算。

③做好现场"三通一平"(修通道路、接通施工用水、用电,平整施工场地)工作。

④物质准备工作。提出施工材料的规格、数量及材料分期分批进场的要求;提出构件的订货及加工要求;根据施工组织设计中施工总平面图的要求,合理布置起重机械及构件二次堆场;现场施工临时设施的合理布置。

⑤根据施工总进度的安排,做好冬期、雨期施工的准备工作。

(10)质量、环境和职业健康安全管理,现场文明施工的策划和保证措施。

按照企业质量、环境和职业健康安全管理体系的要求,对工程的分部、分项工程进行划分,明确主要质量控制点和质量检验的方法、控制指标等,识别重大环境因素和重大危险源,编制重大环境因素和重大危险源的管理方案,编制施工现场安全生产应急响应预备方案,按照施工所在地政府的要求,对现场文明施工进行策划。

在质量方面,根据国家有关规范或行业标准、ISO 9001 质量管理体系的要求,制定质量管理或全优工程规划。

在安全方面应根据《中华人民共和国劳动法》和行业安全操作规程制定具体的安全保证措施。一般应做好以下几个方面的工作。

①安全栏杆及安全网的设置以及个人保护用品的配置。

②吊具的设计。对所采用的吊装用具,如吊索、吊耳、销子、横吊梁等必须通过计算以保证有足够的强度。

③吊点的选择应能保证结构件的吊装强度。大型超重构件需采用双机抬吊时,每台起重机械的起重量应根据该机的性能乘以折减系数(一般为 0.7~1)。

④为保证工人高空作业的安全,应设置高空用操作台和悬挂式爬梯。设计安装操作台时,一般应满足下述要求:操作台宜为工具式,且通用性大;操作台要求自重轻,装拆安全、方便;操作台上的荷载主要是工人与工具的重量(一般按 2 kN/m² 计算或按 1~2 个 $F = 1$ kN 的竖向集中荷载处于最不利位置时计算);操作台的宽度一般为 0.8~1.0 m,但不得小于 0.6 m;操作台宜设置在低于安装接头 1~2 m 处。

6.2.3 钢结构季节性施工要点

当出现雨、雪、大风或其他临时性停工情况时,必须设置临时支撑或拉索,以保证结构的整体稳定性。

1)风雨期施工要点

(1)准备工作。安排专人每天收听气象台的天气预报和恶劣天气警报,及时做好气象情况的记录工作,一旦获悉风雨等异常天气信息,及时向项目应急机构成员汇报,并密切跟踪最新进展,定期报告,为项目应急指挥提供及时准确的信息。项目总指挥根据情况进展,适时组织人员值班,做好应急响应准备并派人检查准备的落实情况。

(2)针对不同情况,在风雨等异常天气来临前,塔吊、屋面、带电设备、高处物体的接地等工作提前做好准备。

(3)现场人员做好"三防教育"并进行应急处理措施学习,确保人员清楚应急机构的设置和联系办法。

（4）事先考虑人员、设备等的应急撤离方案。

（5）上料或吊装施工时，施工用塔吊要求有可靠的避雷接地措施，应保证接地电阻小于或等于 4Ω；雨后及时检查塔吊的基础情况，大雨、暴雨以及大风天气要停止吊装作业；雨后进行吊装作业的高空施工人员，要注意防滑，要穿胶底鞋，不得穿硬底鞋进行高空操作；对施工现场内可能坠落的物体，一律事先拆除或加以固定，以防止物体坠落伤人。

（6）脚手架。雨期施工时要特别注意脚手架搭设的质量和安全要求，应经常进行检查，发现问题及时整改；立杆下设通长木方，架子设扫地杆、斜撑以及剪刀撑，并与建筑物拉结牢固；上人马道的坡度要适当，脚手架上绑扎防滑条；台风、暴雨后要及时检查脚手架的安全情况，如有问题，及时纠正。

（7）材料堆放。遇风雨天气必须提前覆盖，并用铁丝固定。

（8）机电设备。雨期必须做好机电设备的防雨、防潮、防淹、防霉烂、防锈蚀、防漏电、防雷击等措施，要管理好、使用好施工现场的机电设备。

①露天放置的机电设备要注意防雨、防潮，对机电设备的转动部分要经常加油，并定期让其转动以防锈蚀。所有的机电设备都得有漏电保护装置。

②施工现场比较固定的机电设备（如卷扬机、对焊机、电锯、电刨等）要搭设防雨篷或对电机加以保护。

③施工现场的移动机电设备（如电焊机等）用完后应放回工地库房或加以遮盖防雨，不得露天淋雨，不得放在坑内或地势低洼处，以防止雨水淹没浸泡。

④机电设备的安装、电气线路的架设，必须严格按照有关规定执行。

⑤施工用的电气开关要有防雨、防潮措施，使用的电动工具应采取双保险装置，即漏电保护装置和操作者使用的防触电保护用具。同时应检查导线的绝缘层是否老化、破损、漏电，导线接头是否完好。导线不得浸泡在水中，也不得拴在钢筋、钢管等金属导电体上，要防止导线被踩、压、挤坏，以免发生触电伤亡事故。

⑥各种机电设备要及时检修，如有异常及时处理。

2）其他特殊状况下的措施

（1）高温天气施工措施。

①对于现场的各种材料，尤其是高温下易变形的材料要妥善保存。

②施工现场要有冷开水供应并配置一定的降温药品，保证现场工作人员的身体健康；生活区域要设置一定的降温措施，为工人创造安静的休息环境。

③施工时间应早上提前，合理延长夜晚的施工时间，避开中午高温时段。

④通过对天气情况的掌握，及时安排好高温季节施工的连续性，防止因高温带来质量与安全事故，从而使工程的工期、质量和安全得到有效保证。

（2）工地临时停水。为避免由其他客观原因造成的工地临时停水对工程施工产生重大影响，应提前做好准备，特别是人员饮用水、日常用水。

（3）工地临时停电。要提前采取措施，除同总包方联系应急用电外，要妥善安排人员的其他非用电工作，以保证工程工期。

（4）冬期和低温条件下施工。碳素结构钢在环境温度低于 −16℃、低合金结构钢在环境

温度低于 −12 ℃时,不得进行冷矫正和冷弯曲,或用钢模子、冲钉和链式手拉葫芦等强行使构件就位;热切割后不能立即将构件移动位置或捶打,焊接时应采取必要的预热和后热措施。

6.3 主体钢结构安装

6.3.1 钢结构安装前的准备

钢结构安装前的准备工作包括技术准备、安装用机具和设备准备、材料准备、作业条件准备等。

1. 技术准备

技术准备包括编制施工组织设计、现场基础的验收等。

(1)编制施工组织设计,由专业人员完成。

(2)基础准备。

①根据测量控制网对基础轴线、标高进行技术复核。如果地脚螺栓预埋在钢结构施工前是由土建单位完成的,还需复核每个螺栓的轴线标高,对超出规范要求的,必须采取相应的补救措施,如加大柱底板尺寸,在柱底板上按实际螺栓位置重新钻孔(或设计认可的其他措施)。

②检查地脚螺栓的轴线、标高和地脚螺栓的外露情况,若有螺栓发生弯曲螺纹损坏的,必须进行修正。

③将柱子的就位轴线弹在柱子基础的表面,对柱子基础标高进行找平。混凝土柱基础标高浇筑一般预留 50~60 mm(与钢柱底设计标高相比),在安装时用钢垫板或提前采用坐浆承板找平。

当采用钢垫板作为支承板时,钢垫板的面积应根据基础混凝土的抗压强度、柱脚底板下二次灌浆前柱底承受的荷载和地脚螺栓的紧固拉力计算确定。垫板与基础面和柱底面的接触应平整、紧密。

采用坐浆承板时应采用无收缩砂浆,柱子吊装前砂浆垫块的强度应比基础混凝土强度高一个等级,且砂浆垫块应有足够的面积以满足承载要求。

2. 安装用机具和设备准备

单层钢结构安装工程的普遍特点是面积大、跨度大,一般情况选择可移动式起重设备,如汽车式起重机、履带式起重机等。对于重型单层钢结构安装工程,一般选用履带式起重机,对于较轻的单层钢结构安装工程可选用汽车式起重机。单层钢结构安装工程常用的其他施工机具有电焊机、栓钉机、卷扬机、空压机、倒链、滑轮、千斤顶、高强度螺栓、电动扳手等。

3. 材料准备

材料准备包括钢构件的准备、高强度螺栓的准备、焊接材料的准备等。

1)钢构件的准备

钢构件的准备包括钢构件堆放场的准备、钢构件的验收。

(1)钢构件堆放场的准备。钢构件通常在专门的钢结构加工厂制作,然后运至现场直接吊装或经过拼装后进行吊装。钢构件力求在吊装现场就近堆放,并遵循"重近轻远"(即重构件摆放的位置离吊机近一些,反之则远一些)的原则。对规模较大的工程需另外设立钢构件堆放场,以满足钢构件进场堆放、检验、组装和配套供应的要求。

钢构件在吊装现场堆放时一般沿吊车开行路线两侧按轴线就近堆放。其中钢柱和钢屋架等大件放置,应依据吊装工艺作平面布置设计,避免现场二次倒运困难。钢梁、支撑等可按吊装顺序配套供应堆放,为保证安全,堆垛高度一般不超过 2 m 和 3 层。钢构件堆放应以不产生超出《标准》要求的变形为原则。

(2)钢构件的验收。安装前应按构件明细表核对构件的材质、规格,按施工图的要求,查验零件、部件的技术文件(如合格证、试验测试报告)以及设计文件(包括设计要求、结构试验结果的文件);对照构件明细表按数量和质量进行全面检查。对设计要求构件的数量、尺寸、水平度、垂直度及安装接头处的尺寸等逐一进行检查。对钢结构构件进行检查,其项目包含钢结构构件的变形、标记、制作精度和孔眼位置等。对于制作中遗留的缺陷及运输中产生的变形,超出允许偏差时应进行处理,并应根据预拼装记录进行安装。

所有构件必须经过质量和数量检查,全部符合设计要求,并经办理验收、签认手续后,方可进行安装。

钢结构构件在吊装前应将表面的油污、冰雪、泥沙和灰尘等清除干净。

2)高强度螺栓的准备

钢结构设计用高强度螺栓连接时,应根据图纸要求分规格统计所需高强度螺栓的数量并配套供应至现场。应检查其出厂合格证、扭矩系数或紧固轴力(预拉力)的检验报告是否齐全,并按照规定进行紧固轴力或扭矩系数复验。

对钢结构连接件摩擦面的抗滑移系数进行复验。

3)焊接材料的准备

钢结构焊接施工之前应对焊接材料的品种、规格、性能进行检查,各项指标应符合现行国家标准和设计要求。检查焊接材料的质量合格证明文件、检验报告及中文标志等。对重要钢结构采用的焊接材料应进行抽样复验。

6.3.2 一般单层钢结构安装要点

单层钢结构安装主要有钢柱安装、钢梁安装、钢屋架安装等。安装工艺流程如图 6-19 所示。

单层钢结构安装常常采用单件流水法吊装柱子、柱间支撑和吊车梁,一次性将柱子安装并校正后,再安装柱间支撑、吊车梁等构件。安装时,先安装竖向构件,后安装平面构件,以减小建筑物纵向长度的安装累积误差。竖向构件的吊装顺序为(混凝土、钢)柱、连续梁、柱间钢支撑、吊车梁、制动桁架、托架等。单种构件吊装流水专业,既能保证体系纵列形成排架,稳定性好,又能提高生产效率。

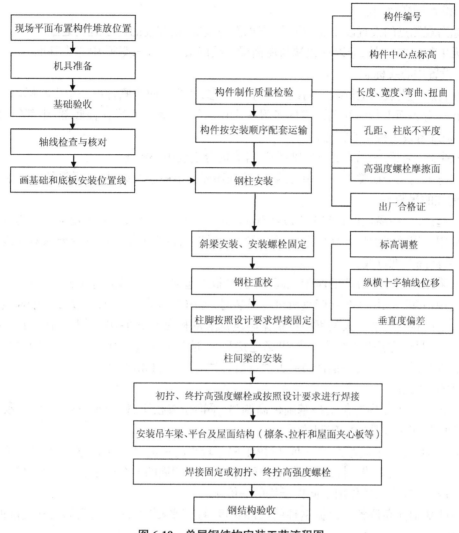

图 6-19　单层钢结构安装工艺流程图

1. 钢柱的安装

钢柱的类型很多,断面形状有口字形、工字形、十字形、O 字形、Ⅱ字形、Ⅲ字形等。

1)基础检查及放线

根据土建的基础测量资料和钢柱安装资料,对所有柱子的基础和已到现场的钢柱进行复查,基础的质量要求必须符合《钢结构工程施工质量验收规范》(GB 50205—2001)(以下简称《验收规范》)的规定。按基础的表面实际标高和柱的设计标高至柱底实际尺寸相差的高度配置垫板,并用水平仪测量。

基础平面的纵横中心线根据厂房的定位轴线测出,并与柱的安装中心线相对应,作为柱的安装、对位和校正的依据。

钢柱安装前在钢柱上按照下列要求设置标高观测点和中心线标志。

（1）设置标高观测点。

①标高观测点的设置以牛腿（肩梁）支承面为基准，设在柱的便于观测处。

②无牛腿（肩梁）柱，应以柱顶端与屋面梁连接的最上一个安装孔中心为基准。

（2）设置中心线标志。

①在柱底板上表面上行线方向设一个中心标志，列线方向两侧各设一个中心标志。

②在柱身表面上行线和列线方向各设一个中心线，每条中心线在柱底部、中部（牛腿或肩梁部）和顶部各设一处中心标志。

③双牛腿（肩梁）柱在行线方向两个柱身表面分别设中心标志。

在柱身上的三个面弹出安装中心线，在柱顶还要弹出屋架及纵、横水平梁的安装中心线。

2）钢柱的吊装

钢柱起吊前，在离柱板底向上 500~1 000 mm 处，画一水平线，安装固定前后作为复查平面标高基准用。以该线测量各柱肩尺寸，依据测量的结果，按规范给定的偏差要求对该线进行修正，以作为标高基准点线。

常常采用移动较为方便的履带式起重机、轮胎式起重机及轨道式起重机吊装柱子，履带式起重机应用最多。采用汽车式起重机进行吊装时，考虑到移动不方便，可以 2~3 个轴线为一个单元进行节间构件安装。大型钢柱可根据起重机配备和现场条件确定安装方法，可采用单机、二机、三机抬吊的方法进行安装。如果场地狭窄，不能采用上述机械吊装，可采用桅杆或架设走线滑轮进行吊装。常用的钢柱吊装方法有旋转法、递送法和滑行法。

3）钢柱的校正

钢柱校正的工作内容包括柱基础标高调整、平面位置校正、柱身垂直度校正，主要内容为柱身垂直度校正和柱基础标高调整。

柱校正时，先校正偏差大的一面，后校正偏差较小的一面；柱子的垂直度在两个方向校好后，再复查一次平面轴线和标高，符合要求后，打紧柱子四周的 8 个楔子，8 个楔子的松紧要一致，以防止柱子在风力的作用下向楔子松的一侧倾斜。

（1）柱基础标高调整。根据钢柱的实际长度、柱底平整度、钢牛腿顶部与柱底部的距离，控制基础找平标高，如图 6-20 所示。重点要保证钢牛腿的顶部标高值。

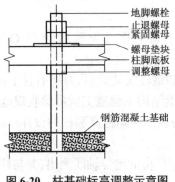

图 6-20　柱基础标高调整示意图

调整方法：安装柱时，在柱子底板下的地脚螺栓上加一个调整螺母，把螺母上表面的标高调整到与柱底板标高齐平,放上柱子后,利用底板下的螺母控制柱子的标高,精度可达 ±1 mm 以内。柱子底板下面预留的空隙,用无收缩砂浆以捻浆法填实。

(2)平面位置校正。制作钢柱底部时,在柱底板侧面,用钢冲打出互相垂直的十字线上的四个点,作为柱底定位线。在起重机不脱钩的情况下,将柱底定位线与基础定位轴线对准缓慢落至标高位置,就位后,若有微小的偏差,用钢楔子或千斤顶侧向顶移动校正。

预埋螺杆与柱底板螺孔有偏差时,适当将螺孔加大,上压盖板后焊接。

(3)柱身垂直度校正。柱身的垂直度校正可采用两台经纬仪测量,也可采用线坠测量。柱身校正的方法有千斤顶校正法、撑杆校正法、缆风绳校正法等。

4)钢柱的固定

在校正过程中不断调整柱底下的螺母,直至校正完毕,将柱底上面的2个螺母拧上,柱身呈自由状态,再用经纬仪复核,如有小偏差,调整下螺母,无误,将上螺母拧紧。

钢柱地脚螺栓的紧固轴力一般由设计规定,见表6-8。

表 6-8 钢柱地脚螺栓的紧固轴力

地脚螺栓直径 /mm	紧固轴力 /kN	地脚螺栓直径 /mm	紧固轴力 /kN
30	60	48	160
36	90	56	240
42	150	64	300

地脚螺栓的螺母一般用双螺母。

有垫板安装的柱子,用赶浆法或压浆法进行二次灌浆。

2. 钢梁的安装

1)钢吊车梁的安装

(1)测量准备。用水准仪测出每根钢柱上的标高观测点在柱子校正后的标高实际变化值,做好实际测量标记。根据各钢柱上搁置吊车梁的牛腿面的实际标高值,定出全部钢柱上搁置吊车梁的牛腿面统一标高值,以统一标高值为基准,得出各钢柱上搁置吊车梁的牛腿面的实际标高差,根据各个标高差和吊车梁的实际高差来加工不同厚度的钢垫板,同一牛腿面上的钢垫板应分成两块加工。吊装钢吊车梁前,将垫板点焊在牛腿面上。

在进行安装以前应将吊车梁的分中标记引至钢吊车梁的端头,以利于吊装时按柱牛腿的定位轴线临时定位。

(2)吊装。钢吊车梁吊装在柱子最后固定、柱间支撑安装完毕后进行,一般利用梁上的工具式吊耳作为吊点或用捆绑法进行吊装。

在屋盖吊装前安装吊车梁可采用单机吊、双机抬吊等各种吊装方法。

在屋盖吊装后安装钢吊车梁,最佳的吊装方法是利用屋架端头或柱顶拴滑轮组来抬吊,或用短臂起重机或独脚桅杆吊装。

(3)吊车梁的校正。钢吊车梁的校正包括标高调整、纵横轴线和垂直度的调整。钢吊车梁的校正必须在结构形成刚度单元以后才能进行。

纵横轴线校正:柱子安装后,及时将柱间支撑安装好形成排架。用经纬仪在柱子纵列端部,把柱基正确轴线引到牛腿顶部水平位置,定出轴线与吊车梁中心线的正确距离,在吊车梁顶面中心线拉一通长钢丝(或用经纬仪),逐根将梁端部调整到位。为方便调整位移,吊车梁下翼缘一端为正圆孔,另一端为椭圆孔,用千斤顶和手拉葫芦进行轴线位移,将铁模再次调整、垫实。

当两排吊车梁纵横轴线无误时复查钢吊车梁跨距。

钢吊车梁标高和垂直度的校正可通过对钢垫板的调整来实现。钢吊车梁垂直度的校正应和钢吊车梁轴线的校正同时进行。

2)轻型钢结构斜梁的安装

门式刚架斜梁跨度大,侧向刚度小,为了降低劳动强度,提高生产效率,安装时,根据起重设备的吊装能力和现场实际,尽可能地在地面进行拼装,拼装后用单机二点(图6-21)或三点、四点法吊装或用铁扁担吊装,或用双机抬吊,减少索具对斜梁的压力,防止斜梁侧向失稳。为了防止构件在吊点部位产生局部变形或损坏,绑扎钢丝绳时可放加强肋板或用木方进行填充。选择安装顺序时,要保证结构能形成稳定的空间体系,防止结构产生永久变形。

3. 钢屋架的安装

钢屋架吊装前,必须对柱子横向进行复测和复校,钢屋架的侧向刚度较差,安装前需要加固。单机吊(一点或二点、三点、四点加铁扁担)要加固下弦,双机抬吊要加固上弦。吊装时,保证钢屋架下弦处于受拉状态,试吊至离地面50 cm检查无误后再继续起吊。

钢屋架的绑扎点必须是屋架节点,以防构件在吊点处产生弯曲变形。其吊装流程如下。

第一榀钢屋架起吊时,在松开吊钩前,作初步校正,对准钢屋架基座中心线和定位轴线就位。就位后,在钢屋架两侧设缆风绳固定。如果端部有挡风柱,校正后可与挡风柱固定,调整钢屋架的垂直度,检查钢屋架的侧向弯曲情况。第二榀钢屋架起吊就位后,不要松钩,用绳索临时与第一榀钢屋架固定,安装支撑系统及部分檩条,每坡用一个屋架间调整器进行钢屋架垂直度校正,固定两端支座处(螺栓固定或焊接),安装垂直支撑、水平支撑,检查无误,成为样板间,依此类推。

为减少高空作业,提高生产效率,在地面将天窗架预先拼装在钢屋架上,并将吊索两面绑扎,把天窗架夹在中间,以保证整体安装的稳定。

钢屋架垂直度校正方法如下:在钢屋架下弦一侧拉一根通长钢丝,同时在钢屋架上弦中心线反出一个同等距离的标尺,用线坠校正,如图6-22所示;也可用经纬仪校正,将经纬仪放在柱顶一侧,平行于轴线平移距离a,在对面柱子上同样有一距离为a的点,从钢屋架中线处用标尺挑出距离a,三点在一条线上,即可使钢屋架垂直,将图6-22中的线坠和通长钢丝换成钢丝绳即可。

4. 平面钢桁架结构的安装

平面钢桁架结构形式多样,跨度大,自重超过一般范围。其常用的安装方法有单榀吊装法、组合吊装法、整体吊装法、顶升法等,常根据现场条件、起重设备能力、结构的刚性及支撑结构的承载能力等综合选择安装方法。

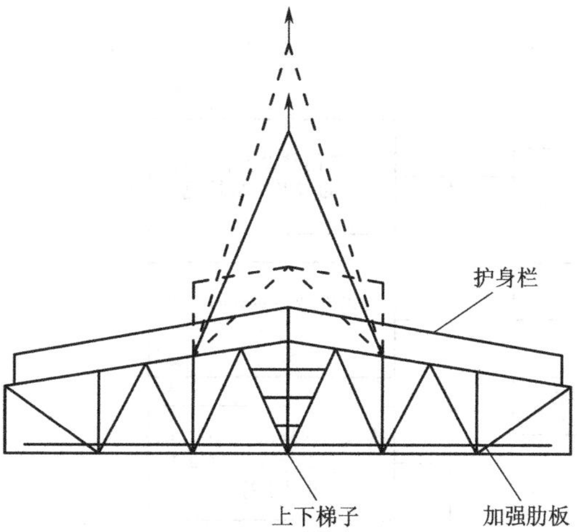

图 6-21 钢屋架吊装示意图

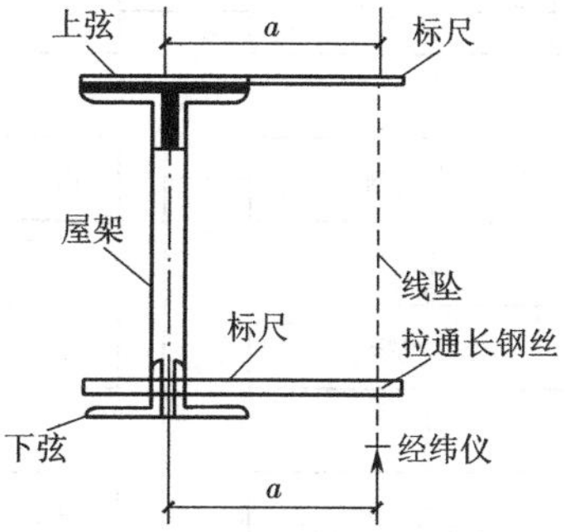

图 6-22 钢屋架垂直度校正示意图

6.3.3 高层及超高层钢结构安装要点

在高层及超高层钢结构现场施工中,合理划分流水作业区段,选择适当的构件安装顺序和吊装机具、吊装方案、测量监控方案、焊接方案,是保证工程顺利进行的关键。

高层及超高层钢结构的安装工艺流程如图 6-23 所示。

1. 总平面规划

编制施工组织设计时,做好总平面规划,包括结构平面纵横轴线尺寸,塔式起重机的布置及其工作范围,机械开行的路线,配电箱和焊接设备的布置,施工现场的道路、消防通道、排水系统、构件的堆放位置等。施工现场构件的堆放位置不足时,考虑中转场地。

吊装在分片、分区的基础上,多采用综合吊装法,对称吊装、对称固定,以消除安装误差的累积和减少节点的焊接变形。构件安装平面从中间或某一对称节间(中间核心区)开始,以一个节间的柱网为一个吊装单元,按照钢柱、钢梁、支撑的顺序进行吊装,并向四周扩展;垂直方向由下至上逐件安装,吊装完毕立即进行测量、校正、高强度螺栓初拧等工序,组成稳定结构后,分层安装次要结构,待几个节间安装完毕后,再对整个钢结构进行测量、校正、高强度螺栓终拧、焊接等,如此一节间一节间钢结构、一层楼一层楼地安装。

2. 钢构件的配套供应

安装现场构件的吊装根据吊装流水顺序进行,钢构件必须按照安装的需要保证供应。为了充分利用施工场地和吊装设备,必须制订出详细的构件进场和吊装周计划、日计划,保证进场的构件满足吊装周计划、日计划并配套。

构件进场后,及时检查构件的数量规格和质量,对制作超过规范要求或在运输过程中产生变形的构件,在地面修复完毕,减少高空作业。进场的构件,按照现场平面布置的要求堆放,堆放点尽可能设在起重机的回转半径内,以减少二次搬运。构件在吊装前,必须清理干净,接触面和摩擦面的铁锈和污物用钢丝刷进行清理。

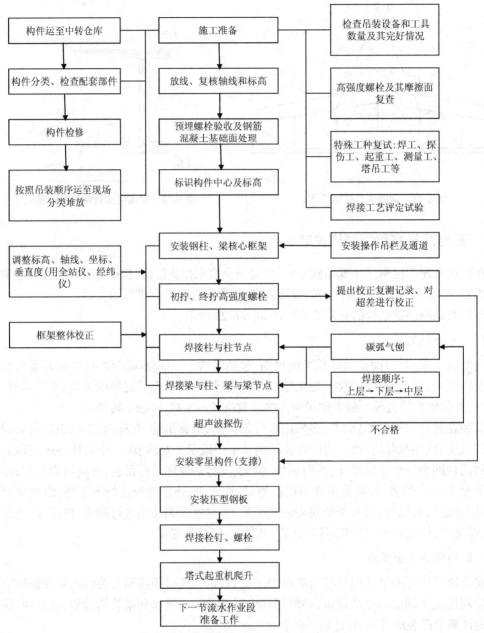

图 6-23 高层及超高层钢结构安装工艺流程

3. 柱基础和预埋螺栓的检查

螺栓连接钢结构和钢筋混凝土基础,预埋应严格按施工方案执行。按国家标准预埋螺栓,标高偏差控制在 5 mm 以内,定位轴线的偏差控制在 ±2 mm。

基础检查按照《验收规范》的规定进行。

4. 钢柱吊装和校正

起吊时钢柱必须垂直,尽量做到回转扶直。起吊回转过程中,应避免同其他已安装的构件相碰撞,吊索应预留有效高度。钢柱起吊扶直前将登高爬梯和挂篮等挂设在钢柱预定位置,并绑扎牢固;就位后,临时固定地脚螺栓,校正垂直度;柱接长时,上节钢柱对准下节钢柱的顶中心,然后用螺栓固定钢柱两侧的临时固定用连接板,钢柱安装到位,对准轴线,临时固定牢固,才能松钩。

钢柱校正主要控制钢柱的水平标高、十字轴线位置和垂直度。测量是关键,在整个施工过程中,应以测量为主。多层钢柱校正比普通单层钢柱的校正更复杂,施工过程中,对每根下节柱都要进行多次重复校正和观测垂直度偏差。

钢柱垂直度校正的重点是对钢柱有关尺寸进行预检,对影响钢柱垂直度的因素进行控制,如下层钢柱的柱顶垂直度偏差就是上节钢柱的底部轴线、位移量、焊接变形、日照、垂直度校正及弹性变形等因素的综合影响,可采取预留垂直度偏差值消除部分误差。当预留值大于下节柱累积偏差值时,只预留累积偏差值;反之则预留可预留值,其方向与偏差方向相反。

多层、高层房屋钢结构的垂直度校正不能完全靠最下一节柱柱脚下的钢垫板来调整,施工时还应考虑安装现场焊接的收缩量和荷载使柱产生的压缩变形值等诸多因素,对每根下节柱进行垂直偏移值测量和多次校正。

5. 标准框架体的安装

标准框架体是指在建筑物核心部分或对称中心,由框架柱、梁、支撑组成刚度较大的框架结构,作为安装的基本单元,其他单元依次扩展。

为确保整体安装质量,在每层选择一个标准框架体(或剪力筒),从标准框架体向外依次安装,选择标准框架体要便于其他柱安装及流水作业段的划分。

采用相互垂直放置的两台经纬仪对钢柱及钢梁进行垂直度观测,在钢柱偏斜方向的一侧打入钢模或顶升千斤顶,柱子校正示意图如图6-24所示。在保证单节柱垂直度不超过规范要求的前提下,将柱顶偏移控制到零,最后拧紧连接板上的高强度螺栓至额定扭矩值。

柱子校正后,安装标准框架体的梁。先安装上层梁,再安装中、下层梁,安装过程会影响柱子的垂直度,采用钢丝绳缆索(只适宜跨内柱)、千斤顶、钢楔和手拉葫芦进行调整,如图6-25所示。其他框架柱从标准框架体向四周安装扩张。

6. 框架梁的安装

框架梁和柱的连接一般采用上下翼缘板焊接、腹板螺栓连接,或者全焊接、全螺栓连接的连接方式。采用专用吊具两点绑扎吊装钢梁,吊升过程中必须保证钢梁处于水平状态。一机吊多根钢梁时绑扎要牢固安全,便于逐一安装。

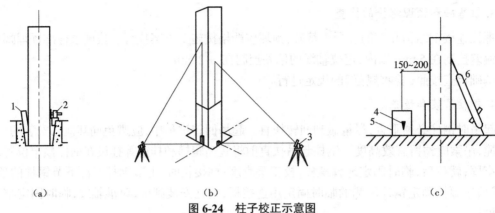

图 6-24　柱子校正示意图

(a)就位调整;(b)用两台经纬仪测量;(c)线坠测量

1—楔块;2—螺丝顶;3—经纬仪;4—线坠;5—水桶;6—调整螺杆千斤顶

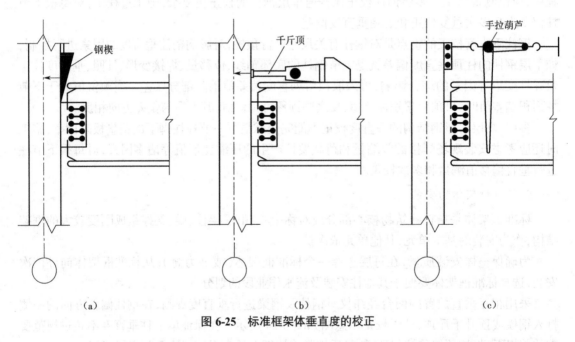

图 6-25　标准框架体垂直度的校正

　　一节柱上一般有 2~4 层梁,由于柱上部和周边都处于自由状态,横向构件安装由上向下逐层进行,便于安装和控制质量。一般情况下,同一列柱的钢梁从中间跨开始对称地向两端扩展安装,同一跨钢梁,先安装上层梁,后安装中、下层梁。

　　在安装柱与柱之间的主梁时,必须跟踪测量校正柱与柱之间的距离,并预留安装余量,特别是节点焊接收缩量,达到控制变形、减小或消除附加应力的目的。

　　柱与柱节点和梁与柱节点的连接,采用对称施工,互相协调。

　　节点采用焊接连接时,一般先焊接一节柱的顶层梁,再从下向上焊接各层梁与柱的节点。柱与柱的节点可以先焊,也可以后焊。

　　节点采用焊接和螺栓混合连接时,一般先拧紧螺栓,后进行焊接,螺栓连接从中心开始,对称拧固。

钢管混凝土桩焊接接长时,严格按工艺评定要求施工,确保焊缝质量。次梁根据实际施工情况一层一层安装完成。

一节柱的一层梁安装完后,立即安装本层的楼梯及压型钢板,楼面堆放物不能超过钢梁和压型钢板的承载力。

7. 柱底灌浆

在第一节柱及柱间钢梁安装完成后,即可进行柱底灌浆。灌浆要留排气孔。钢管混凝土施工也要在钢管柱上预留排气孔。

8. 测量监控工艺

多层与高层钢结构安装阶段的测量放线工作,包括平面轴线控制点的竖向投递、柱顶平面放线、传递标高、平面形状复杂钢结构的坐标测量、钢结构安装变形的监控等,施工时要根据场地情况及设计与施工的要求,合理布置钢结构平面控制网和标高控制网。

为达到符合精度要求的测量目的,全站仪、经纬仪、水平仪、铅直仪、钢尺等必须经计量部门检定。除按规定周期进行检定外,在检定周期内的全站仪、经纬仪、铅直仪等主要有关仪器,还应每2~3个月定期校验。

为减少不必要的测量误差,从钢结构制作、基础放线到构件安装,应该使用统一型号、经过统一校核的钢尺。

1)测量控制网的建立与传递

根据业主提供的测量网基准控制体系,使用全站仪将其引入施工现场,设置现场控制基准点。坐标点设置可用长度2 m的DN50钢管或∟50×5的角钢打桩,顶部焊200 mm×200 mm×10 mm的钢板,周边浇600 mm×600 mm、深800 mm以上的混凝土与钢板平齐,做成永久性的控制点;在钢板上用划针划出十字线,其交点即为基准加焊点,用红角标注,坐标点应设置2~3个。标高点设置方法与坐标点设置方法基本相同,需在钢板上加焊一个半圆头栓钉,混凝土浇筑半圆头平面,其圆头顶部即为标高控制点,标高点只需设置一组。

测量基准点设置方法有外控法和内控法。外控法将测量基准点设在建筑物外部,根据建筑物平面形状,在轴线延长线上设立控制点,控制点一般距建筑物(0.8~1.5)H(H为建筑物高度)。每点引出两条交汇的线,组成控制网,并设立半永久性控制桩,建筑物垂直度的传递都从该控制桩引向高空,适用于场地开阔的工地。内控法是将测量控制基准点设在建筑物内部,它适用于场地狭窄、无法在场外建立基准点的工地。控制点的多少根据建筑物平面形状确定。当从地面或底层把基准线点引至高空楼面时,遇到楼板要留孔洞,最后修补该孔洞。

采取一定的措施(如砌筑砖井)对测量基准点进行围护,并记录所设置的测量基准点数值。各基准控制点轴线标高等都要进行三次或三次以上的复测,以误差最小为准。控制网的测距相对误差应小于1/25 000,测角中误差应小于2″。

2)平面轴线控制点的竖向传递

地下部分可采用外控法,建立井字形控制点,组成一个平面控制网格,并测量布设出纵横轴线。地上部分控制点的竖向传递采用内控法,投递仪器采用激光铅直仪。在地下部分钢结构工程施工完成后,利用全站仪将地下部分的外控点引测到 ±0.000 层楼面,在 ±0.000 层楼面形成井字形内控点。在设置内控点时,为保证控制点间相互通视和向上传递,应避开柱梁位置。在把外控点向内控点引测的过程中,其引测必须符合国家标准工程测量规范中的相关规定。地上部分控制点的向上传递过程:在控制点架设激光铅直仪,精密对中整平;在控制点的正上方,在传递控制点的楼层预留孔(300 mm × 300 mm)上放置一块用有机玻璃做成的激光接收靶,通过移动激光接收靶将控制点传递到施工作业楼层上;然后,在传递好的控制点上架设仪器,复测传递好的控制点需符合《工程测量规范》(GB 50026—2007)中的相关规定。

3)柱顶轴线(坐标)

利用传递上来的控制点,通过全站仪或经纬仪进行平面控制网放线,把轴线(坐标)放到柱顶上。

4)悬吊钢尺传递标高

(1)利用标高控制点,采用水准仪和钢尺测量的方法引测。

(2)多层与高层钢结构工程一般用相对标高法进行测量控制。

(3)根据外围原始控制点的标高,用水准仪引测水准点至外围框架钢柱处,在建筑物首层外围钢柱处确定 ±1.000 m 标高控制点,并做好标记。

(4)从做好标记并经过复测合格的标高点处,用 50 m 标准钢尺垂直向上量至各施工层,在同一层的标高点应检测相互闭合,闭合后的标高点则作为该施工层标高测量的后视点并做好标记。

(5)当超过钢尺长度时,另布设标高起始点,作为向上传递的依据。

6.3.4 大跨度空间网架结构的安装要点

1. 大跨度空间网架结构的形式

大跨度空间网架结构的常用形式有以下几种。

(1)由平面桁架系组成的两向正交正放网架、两向正交斜放网架、两向斜交斜放网架、三向网架、单向折线形网架。

(2)由四角锥体组成的正放四角锥网架、正放抽空四角锥网架、棋盘形四角锥网架、斜放四角锥网架、星形四角锥网架。

(3)由三角锥体组成的三角锥网架、抽空三角锥网架、蜂窝形三角锥网架。

大跨度空间网架结构的节点和杆件在工厂内制作完成并检验合格后运至现场,然后拼装成整体。大跨度空间网架结构的安装方法有高空散装法、分条或分块安装法、高空滑移法、整体吊装法、整体提升法、整体顶升法。根据网架的受力情况、结构选型、刚度、外形特点、支撑形式、支座构造等,在保证质量安全、进度和经济效益的前提下,结合施工现场实际条件、技术和装备水平综合选择安装方法。

2. 大跨度空间网架的安装方法

网架的安装方法及适用范围见表 6-9。

表 6-9 网架的安装方法及适用范围

安装方法	安装内容	适用范围
高空散装法	单杆件拼装	螺栓连接节点的各类型网架,并宜采用少支架的悬挑施工方法。焊接球节点的网架也可采用
	小拼单元拼装	
分条或分块安装法	条状单元组装	分割后刚度和受力状况改变较小的网架,如两向正交正放四角锥、正放抽空四角锥等网架。分条或分块的大小根据起重能力而定
	块状单元组装	
高空滑移法	单条滑移法	正放四角锥、正放抽空四角锥、两向正交正放等网架。滑移时滑移单元应保证成为几何不变体系
	逐条积累滑移法	
整体吊装法	单机、多机吊装	各种类型的网架,吊装时可在高空平移或旋转就位
	单根、多根桅杆吊装	
整体提升法	在桅杆上悬挂千斤顶提升	周边支承及多点支承网架,可用升板机、液压千斤顶等小型机具进行施工
	在结构上安装千斤顶、升板机提升	
整体顶升法	利用网架支承柱作为顶升时的支承结构	支点较少的多点支承网架
	在原支点处或其附近设置临时顶升支架	

注:未注明连接节点构造的网架,指各类连接节点网架均适用。

1)高空散装法

高空散装法是指运输到现场的小拼单元体(平面桁架或锥体)或散件(单根杆件及单个节点),直接用起重机械吊升到高空设计位置,对位拼装成整体结构的方法。其适用于螺栓球或高强度螺栓连接节点的网架结构。高空散装法在开始安置时,在刚开始安装的几个网格处搭满堂脚手架,脚手架高度随网架圆弧而变化,网架安装先从地面两条轴线网墙开始安装,待两个柱距的网架安装完后,网架自然成为一个稳定体系,拆除脚手架,由该稳定体系按照一定的顺序向外扩展。

在拼装过程中始终有一部分网架悬挑着,当网架悬挑拼接成稳定体系后,不需要设置任何支架来承受其自重和施工荷载。当跨度较大,拼接到一定悬挑长度后,设置单肢柱或支架支承悬挑部分,以减少或避免因自重和施工荷载而产生的挠度。

高空散装法脚手架用量大,高空作业多,工期较长,需占建筑物场内用地,且技术上有一定难度。

2)分条或分块安装法

分条或分块安装法指把网架分成条状单元或块状单元,分别用起重机吊装至高空设计位置就位搁置,然后拼装成整体的安装方法。分条或分块安装法是高空散装的组合扩大。

条状单元指网架沿长跨方向分割的若干区段,每个区段的宽度可以是1~3个网格,其长度为(1/2~1)l(l为短跨跨度),适用于分割后刚度和受力状况改变较小的网架。

块状单元指网架沿纵横方向分割后的单元形状为矩形或正方形的单元。每个单元的重量以保证现有起重机的吊装能力为限。

用分条或分块安装法安装网架,大部分焊接、拼装工作量在地面进行,减少了高空作业,有利于保证焊接和组装质量,省去了大部分拼装支架;所需起重设备较简单,不需大型起重设备;可利用现有起重设备吊装网架,可与室内其他工种平行作业,总工期缩短、用工省、劳动强度低、施工速度快、有利于降低成本。

采用分条或分块安装法安装网架需搭设一定数量的拼装平台,拼装容易造成轴线的累积偏差,一般要采取试拼装、套拼、散件拼装等措施来控制。为保证网架顺利拼装,在条与条或块与块合拢处,可采用安装螺栓等措施;设置独立的支承点或拼装支架时,支架上支承点的位置应设在节点处;支架应验算其承载能力,必要时可进行试压,以确保安全可靠。支架支座下应采取措施,防止支座下沉。合拢时可用千斤顶将网架单元顶到设计标高,然后进行总拼连接。

分条或分块安装法适用于分割后刚度和受力状况改变较小的各种中、小型网架,如双向正交正放四角锥、正放抽空四角锥等网架和场地狭小或跨越其他结构、起重机无法进入网架安装区域的场合。分条或分块安装法经常与其他安装法配合使用,如高空散装法、高空滑移法等。

3)高空滑移法

高空滑移法是指把分条的网架单元在事先设置的滑行轨道上单条滑移到设计位置,拼接成整体的安装方法。安装时,在网架端部或中部设置局部拼装架(或利用已建结构物作为高空拼装平台);在地面或支架上扩大拼装条状单元,将网架条状单元用起重机提升到预定高度后,利用安装在支架或圈梁上的专用滑行轨道,用牵引设备将网架滑移到设计位置,拼装成整体网架。

在起重设备吊装能力不足或其他情况下,可用小拼单元甚至散件在高空拼装平台上拼成条状单元。高空支架一般设在建筑物的一端,滑移时网架的条状单元由一端滑向另一端。

4)整体吊装法

整体吊装法指网架在地面总拼后,采用单根或多根桅杆、一台或多台起重机进行吊装就位的施工方法。整体吊装法适用于各种类型的网架结构,吊装时可在高空平移或旋转就位。

(1)总拼及焊接顺序:从中间向四周或从中间向两端进行。

(2)当场地条件许可时,可在场外地面总拼网架,然后用起重机抬吊至建筑物上就位,这样虽解决了室内结构拖延工期的问题,但起重机必须负重行驶较长距离。

(3)网架整体吊装法不需要搭设高的拼装架,高空作业少,易于保证接头焊接质量,但需要起重能力大的设备,吊装技术也复杂,按照住房和城乡建设部的有关规定,重大吊装方案需要专家审定。

(4)吊装前应对总拼装结构的外观及尺寸等进行全面检查,应符合设计要求和《验收规范》的规定。

(5)整体吊装可采用单根或多根拔杆起吊,亦可采用一台或多台起重机起重就位,各吊点提升及下降应同步,提升及下降各点的升差值可取吊点间距离的 1/400,且不宜大于 100 mm,或通过验算确定。

5)整体提升法

整体提升法是指在结构柱上安装提升设备以提升网架。近年来在国内比较有影响的北京西站钢门楼(1 800 t 钢结构整体吊装)、广州白云国际机场等工程均采用该方法,取得了非常好的效果。

整体提升法有两个特点：一是网架必须按高空安装位置在地面就位拼装，即高空安装位置和地面拼装位置必须要在同一投影面上；二是周边与柱子（或连系梁）相碰的杆件必须预留，待网架提升到位后再进行补装（补空）。

大跨度网架整体提升有三种基本方法，即在桅杆上悬挂千斤顶提升网架，在结构上安装千斤顶提升网架，在结构上安装升板机提升网架。

采用安装千斤顶提升时，根据网架形式、重量，选用不同起重能力的液压穿心式千斤顶、钢绞线（螺杆）、泵站等进行网架提升，又可分为以下四种方法。

（1）单提网架法。网架在设计位置就地总拼后，利用安装在柱子上的小型设备（穿心式液压千斤顶）将网架整体提升到设计标高，然后下降就位、固定。

（2）网架提升法。网架在设计位置就地总拼后，利用安装在网架上的小型设备（穿心式液压千斤顶）提升锚点固定在柱上或缆杆上，将网架整体提升到设计标高后就位、固定。

（3）升梁抬网法。网架在设计位置就地总拼，同时安装好支承网架的装配式圈梁（提升前圈梁与柱断开，提升网架完成后再与柱连成整体），把网架支座搁置于此圈梁中部，在每个柱顶上安装好提升设备，这些提升设备在升梁的同时，将网架抬升至设计标高。

（4）滑模提升法。网架在设计位置就地总拼，柱是用滑模施工，网架提升是利用安装在柱内钢筋上的液压千斤顶，一面提升网架、一面滑升模板浇筑混凝土。

6）整体顶升法

整体顶升法是把网架在设计位置的地面拼装成整体，然后用支承结构和千斤顶将网架整体顶升到设计标高。

整体顶升法可利用原有结构柱作为顶升支架，也可另设专门的支架或枕木垛垫高，需要的设备简单，不用大型吊装设备，顶升支承结构可利用结构永久性支承柱，拼装网架不需搭设拼装支架，可节省大量机具和脚手架、支墩费用，降低施工成本；操作简便、安全，但顶升速度较慢，对结构顶升的误差控制要求严格，以防失稳。该方法适用于多支点支承的各种四角锥网架屋盖安装。

6.4　钢结构围护结构的安装

6.4.1　围护结构材料

工业与民用建筑的围护结构（屋面、墙面）与组合楼板等工程钢结构围护结构，主要采用压型金属板，用各种紧固件和各种泛水配件组装而成。

1. 压型金属板

压型金属板根据其波形截面可分为高波板、中波板和低波板。

（1）高波板：波高大于 75 mm，适用于屋面板。

（2）中波板：波高为 50~75 mm，适用于楼面板及中小跨度的屋面板。

（3）低波板：波高小于 50 mm,适用于墙面板。

压型金属板根据金属类别可分为压型钢板和压型铝板,还可以根据使用途径分为屋面板、墙面板、非保温板、保温板等。

2.连接件

围护结构的压型金属板间除了搭接外,还需要使用连接件。连接件分为两类:一类为结构连接件,是将板与承重构件相连的连接件;另一类为构造连接件,是将板与板、板与配件、配件与配件等相连的连接件。

1）结构连接件

结构连接件是将建筑物的围护板材与承重结构连接成整体的重要部件,用以抵抗风的吸力、下滑力、地震力等,一般需要进行承载力验算设计。

结构连接件有以下几类:自攻螺钉,用自攻螺钉直接将板与钢檩条连在一起;挂钩板或扣压板,通过连接支座上的挂钩板或扣压板与板材相连,支座通过自攻螺钉固定在钢檩条上;单向连接螺栓。

2）构造连接件

构造连接件将各种用途(如防水、密封、装饰等)的压型金属板连接成整体,构造连接件有铝合金拉铆钉、自攻螺钉和单向连接螺栓等。

常用的连接件见表 6-10。

表 6-10　常用的连接件

名称	规格及图例	性能	用途
单向固定螺栓		抗剪力 27 kN 抗拉力 15 kN	屋面高波压型金属板与固定支架的连接
单向连接螺栓		抗剪力 13.4 kN 抗拉力 8 kN	屋面高波压型金属板与侧向搭接部位的连接
连接螺栓		—	屋面高波压型金属板与屋面檐口挡水板、封檐板的连接

名称	规格及图例	性能	用途
自攻螺钉 （二次攻）	6 13	表面硬度： HRC50~80	墙面压型金属板与墙梁的连接
钩螺栓	>25 M6螺母 凸形金属垫圈 密封垫圈 6 ≥20 50	—	屋面低波压型金属板与檩条的连接,墙面压型金属板与墙梁的连接
铝合金拉铆钉	铝合金铆钉 芯钉	抗剪力 2 kN 抗拉力 3 kN	屋面低波压型金属板、墙面压型金属板与侧向搭接部位的连接,泛水板之间、包角板之间或泛水板、包角板与压型金属板之间搭接部位的连接

3. 围护结构配件

压型金属板配件分为屋面配件和墙面配件、水落管等。屋面配件有屋脊件、封檐件、山墙封边件、高低跨泛水件、天窗泛水件、屋面洞口泛水件等。墙面配件有转角件、板底泛水件、板顶封边件、门窗洞口包边件等。这些配件一般采用与压型金属板相同的材料,用弯板机进行加工。配件因所在位置、用途、外观要求不同而被设计成各种形状,很难定型。有些屋面或墙面板的专用泛水件已成为定型产品,与板材配套供应。

4. 密封材料

与压型金属板围护结构配套使用的密封材料分为防水密封材料和保温隔热密封材料两种。

1) 防水密封材料

防水密封材料有建筑密封膏、泡沫塑料堵头、三元乙丙橡胶垫圈、密封胶和密封胶条等。防水密封材料应具有良好的耐老化性能、密封性能、黏结性能和施工性能。

密封胶条为中性硅酮胶,包装多为筒装,并用推进器(挤膏枪)挤出;也有软包装,用专用推进器挤出,价格比筒装的低。

密封胶条是一种双面有胶黏剂的带状材料,多用于彩板与彩板之间的纵向缝搭接。

2) 保温隔热密封材料

保温隔热密封材料主要有软泡沫材料、玻璃棉料、聚苯乙烯泡沫板、岩棉材料以及聚氨酯现场发泡封堵材料。这些材料主要用于封堵保温房屋的保温板材或卷材不能达到的位置。

5. 采光板

在大跨和多跨建筑中,由于侧墙采光不能满足建筑的自然采光要求,在屋面上需设置屋面采光板。

采光板按其材料不同分为玻璃纤维增强聚酯采光板、聚碳酸酯制成的蜂窝板或实心板、钢化玻璃、夹胶玻璃等。

采光板按其形状不同分为与屋面板波形相同的玻璃纤维增强聚酯采光板(简称玻璃钢采光瓦)和平面或曲面采光板。

6.4.2 围护结构构造

1.连接构造

压型金属板之间、压型金属板与龙骨(屋面檩条、墙模、平台梁等)之间,均需用连接件进行连接,常用的连接方式见表6-11。

表6-11 压型金属板间、压型金属板与龙骨间常用的连接方式

名称	连接方式	特点
自攻螺钉连接	采用自带钻头的螺钉直接将压型金属板与龙骨连接	施工方便,速度快,连接刚度较好,龙骨的板不能太厚,一般不超过6 mm
拉铆钉连接	在单面使用拉铆枪(手动、电动、气动)将拉铆钉与连接件铆接成一个整体	主要用于压型金属板之间,或压型金属板与泛水、包角板等的搭接连接。施工简单,连接刚度差,防水性能较差
扣件连接	在檩条上安装固定扣件,然后通过压型金属板的板型构造,将压型板与扣件扣接在一起,靠压型板的弹性及扣件间的摩擦连接	压型板长度无限制,可以避免纵向搭接,表面不出现螺钉,可以最大限度地防止漏雨。连接可靠性较差,压型板质量不稳定,在台风地区尤为突出
咬合连接	在扣接的基础上,再在压型板之间的搭接部位,采用180°或360°机械咬合	该连接一般和扣件连接一起使用,既利用了扣件连接的优点,又在一定程度上克服了扣件连接的缺点,基本可以避免漏雨等现象,是目前应用越来越多的连接方式
栓钉连接	通过栓钉将压型钢板穿透焊在支承梁上表面,起到将压型钢板与钢梁连接的作用	多用于组合楼板中的压型钢板连接

1)压型板板间的连接

压型板是装配式围护结构,板间的拼接缝易渗漏雨水。板间连接有压型金属板侧向连接(沿着压型槽长度方向,又称横向连接)、长向连接(垂直于压型槽长度方向,又称纵向连接),压型金属板与采光板的连接等一般采用搭接,以提高其防水功能。

(1)侧向连接。搭接方向应与主导风向一致,搭接形式有自然扣合式、防水空腔式、防水扣盖式、咬口卷边式四种,如图6-26所示。

搭接处的密封宜采用双面粘贴的密封条,密封条应该靠近紧固位置,不能采用密封胶。若采用密封胶,由于两板搭接处孔隙很小,连接后的密封胶被挤压后的厚度很小,且其固化时间较长,在这段时间里施工人员的走动造成搭接处的搭接板间开合频繁,使密封胶失效,故在一般情况下搭接处不采用密封胶进行密封。

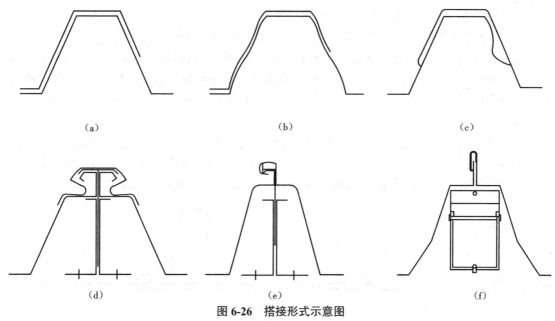

图 6-26 搭接形式示意图

（a）自然扣合式；（b）、（c）防水空腔式；（d）防水扣盖式；（e）咬口卷边式（180°）；（f）咬口卷边式（360°）

搭接部位的连接件设置分两种情况：高波压型金属板的侧向搭接部位必须设置连接杆，其间距一般为 700~800 mm；低波压型金属板的侧向搭接部位，必要时可设置连接件，其间距一般为 300~400 mm。

（2）长向连接。屋面及墙面压型金属板的长向连接均采用搭接连接，长向搭接部位一般设在支承构件上，搭接区段的板间设置防水密封带。

搭接连接采用直接连接法和压板挤紧法两种方法。

直接连接法是在上、下两块板间设置两道防水密封条，在防水密封条处用自攻螺钉或拉铆钉将其紧固在一起，如图 6-27（a）所示。

压板挤紧法是最新的上、下板搭接连接的方法，是将两块彩板的上面和下面设置两块与压型金属板板型相同的厚镀锌钢板，其下设防水胶条，用紧固螺栓将其紧密挤压连接在一起。这种方法零配件较多，施工工序多，但是防水可靠，如图 6-27（b）所示。

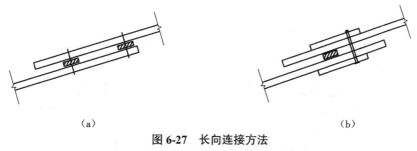

图 6-27 长向连接方法

（a）直接连接法；（b）压板挤紧法

2)压型钢板与檩条(墙梁)间的连接

（1）金属压型板的屋面连接。板与檩条和墙梁的连接有外露连接和隐蔽连接两类。

①外露连接。外露连接采用在压型板上用自攻自钻的螺钉将板材与屋面轻型钢檩条或墙梁连在一起(图 6-28(a))的方式。凡是外露连接的紧固件必须配以寿命长、防水可靠的密封垫、金属帽和装饰彩色盖。这种连接为单面施工,操作方便,简单易行,连接可靠,对钢板材质无特殊要求。

②隐蔽连接。隐蔽连接是通过特制的连接件与专有板型相配合的一类连接形式,有压板连接和咬边连接两种具体连接方式(图 6-28(b)~(e))。隐蔽连接不外露,金属压型板表面不打孔,不受损伤,不因打孔而漏雨,表面美观,但是更换维修某一块板时困难。

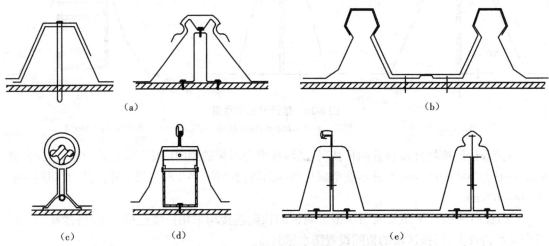

图 6-28　金属压型板屋面连接的典型方法

(a)自攻螺钉连接;(b)压板隐蔽连接;(c)圆形咬边连接(隐蔽);
(d)360° 咬边连接(隐蔽式);(e)180° 咬边连接(隐蔽式)

屋面高波压型金属板用连接件与固定支架连接,每波设置一个;屋面低波压型金属板及墙面压型金属板均用连接件直接与檩条或墙梁连接,每波或隔一个波设置一个,但搭接波处必须设置连接件。连接件一般设置在波峰上。若设置在波谷,则应有可靠的防水措施。

（2）金属压型板的墙面板连接。金属压型板的墙面板连接有外露连接和隐蔽连接两种,如图 6-29 所示。

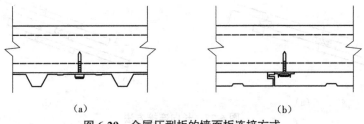

图 6-29　金属压型板的墙面板连接方式

(a)外露连接;(b)隐蔽连接

①外露连接是将连接紧固件在波谷上将板与墙梁连接在一起,使紧固件的头处在墙面凹

下处,比较美观;在一些波距较大的情况下,也可将连接紧固件设在波峰上。

②墙面隐蔽连接的板型覆盖面较窄,它是将第一块板与墙面连接后,将第二块板插入第一块板的板边凹槽口中,起到抵抗负风压的作用。

墙面板或屋面板的隐蔽连接方法无论在上下板的搭接处、屋面的屋脊处、山墙泛水处、高低跨的交接处,还是在墙面的门窗洞口处、墙的转角处等都需要包边、泛水等配件覆盖相应位置,都不可能完全避免外露连接。这些外露连接有的是板与墙梁或檩条的连接,也有金属压型板间的连接。

3)其他结构连接

泛水板之间、包角板之间的连接均采用搭接连接,其搭接长度不小于 60 mm。泛水板、包角板与压型金属板搭接部位均应设置连接件。在支承构件处,泛水板、包角板用连接件与支承构件连接。

在屋脊板高低跨相交处,泛水板与屋面压型金属板的连接采用搭接连接,其搭接长度不小于 200 mm。搭接部位设置挡水板和堵头板,或设置防水堵头材料。屋脊板之间搭接部位的连接件间距不大于 50 mm。

2. 檐口构造

檐口是金属压型板围护结构中较复杂的部位,可分为自由落水檐口、外排水天沟檐口和内排水天沟檐口三种形式。

1)自由落水檐口

自由落水檐口有无封檐和带封檐两种形式。

(1)无封檐的自由落水檐口。这种檐口金属压型板自墙面向外挑出,伸出长度不小于 300 mm。墙板与屋面板间产生的锯齿形空隙用专用板型的挡水件封堵。当屋面坡度小于 1/10 时,屋面板的波谷处板边用夹钳向下弯折 5~10 mm 作为滴水用。

(2)带封檐的自由落水檐口。封檐挑出长度可自由选择,封檐板置于屋面板以下,屋面板挑出檐口板不小于 30 mm。封檐板可用压型板长向使用或侧向使用,有特殊要求的可采用其他材料和结构形式。

封檐板高出屋面的檐口时,按地方降雨要求拉开足够的排水空间,且不宜采用檐口下封底板。檐口处的屋面板边滴水处理与前述相同。

自由落水檐口形式多在北方少雨地区且檐口不高的情况下采用。

采用夹芯板时,自由落水的檐口屋面板切口面应封包,封包件与上层板宜做顺水搭接。封包件下端需进行滴水处理。墙面与屋面板交接处应进行封闭件处理。屋面板与墙面板相重合处宜设软泡沫条找平墙,如图 6-30 所示。

2)外排水天沟檐口

外排水天沟檐口有不带封檐的和带封檐的两类,如图 6-31 所示。

(1)不带封檐的外排水天沟檐口。这种檐口的天沟可用金属压型或焊接钢板。一般情况下,多用金属压型板天沟,不需专门的支承结构,沟壁内侧多与外墙板相贴近,在墙板上设支承件,在屋面板上伸出连接件挑在天沟的外壁上,各段天沟相互搭接,采用拉铆钉连接和密封胶密封。天沟设置在室外,如出现缝隙漏雨,影响不大。

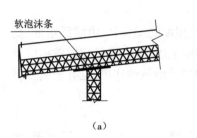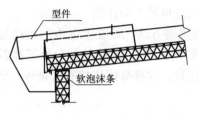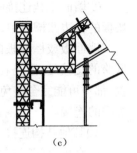

图 6-30 夹芯板檐口做法示意图

(a)外排水檐口;(b)外排水天沟檐口;(c)内排水天沟檐口

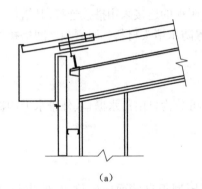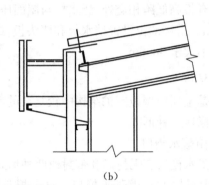

图 6-31 外排水天沟檐口

(a)彩板天沟节点;(b)钢板天沟节点

采用彩板天沟时,各段天沟用焊接连接。这种天沟需在屋面梁上伸出支承件,并需对天沟内外涂防腐油漆和外装饰油漆。这种檐口防水可靠,但施工不如金属压型板方便。

(2)带封檐的外排水天沟檐口。这种檐口多采用钢板天沟,为固定封檐,需设置固定支架。封檐的大小各异,需在梁上挑出牛腿,在牛腿上支承天沟和封檐支架。屋面板挑出天沟内壁不小于 50 mm,其端头应用压型金属板封包并做出滴水。屋面采用夹芯板时,采用这种形式。

3)内排水天沟檐口

内排水天沟檐口分为连跨内天沟和檐口内天沟两种,两种构造形式基本一致。尽量选用外天沟排水,由于建筑造型的需要不得不采用檐口内排水时,应注意以下问题。

(1)天沟上应设置溢水口,避免下水口堵塞时雨水倒灌。

(2)天沟应采用钢板天沟,密焊连接,并应做好防腐处理,有条件时选用不锈钢天沟。

(3)天沟外壁宜高过屋面板在檐口处的高度,避免雨水冲击而引起漏水。

(4)天沟与屋面板之间的锯齿形空隙应封闭。

(5)屋面板挑出檐口不少于 50 mm,并应用工具将金属压型板边沿的波谷部分弯成滴水,避免产生爬水现象。

（6）应做好外墙板与外天沟壁之间的封闭处理,避免墙内壁漏雨。

（7）天沟找坡宜采用天沟自身找坡的方法。

屋面采用夹芯板时,天沟用 3 mm 厚以上的钢板制作,天沟外壁高出屋面板端头高度,并在墙板内壁做泛水。天沟的两个端头做出溢水口,天沟底部用夹芯板做保温（外保温）。天沟内保温的方法较复杂,防水层不易做好,一旦渗漏,不易发现,将可能腐蚀钢板。

建筑物高跨的雨水不能直接排放到低跨屋面压型金属板上,可在低跨屋面压型金属板上设置引水槽,沿着引水槽将雨水引至低跨屋面排水天沟（图 6-32）。

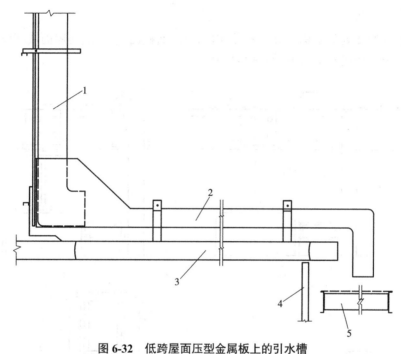

图 6-32 低跨屋面压型金属板上的引水槽

1—高跨屋面雨水管;2—引水槽;3—屋面压型金属板;4—墙面压型金属板;5—天沟

3.屋脊构造

屋脊有两种做法。一种是在屋脊处的压型钢板不断开,屋面板从一个檐口直接到另一个檐口,在屋脊处自然压弯,这种方法多用在跨度不大、屋面坡度小于 1/20 时。其优点是构造简单,防水可靠,节省材料,如图 6-33 所示。另一种是屋面板只铺到屋脊处,这是一种常用的方法。这种做法必须设置上屋脊、下屋脊、挡水板、泛水翻边（高波时应有泛水板）等多种配件,以形成严密的防水构造。由于各种屋面板的板型不同,其构造各不相同,但是订货时供应商应配套供应。采用临时措施解决是不可取的。

屋脊板与屋面板的搭接长度不宜小于 200 mm。

屋面采用夹芯板时,构造无变化,缝间的孔隙用保温材料封填。

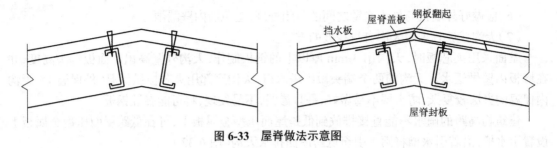

图 6-33　屋脊做法示意图

4.山墙与屋面构造

山墙与屋面交接处的结构可分为三类:山墙处屋面板出檐、山墙随屋面坡度设置和山墙高出屋面且墙面上沿线成水平布置,如图 6-34 所示。

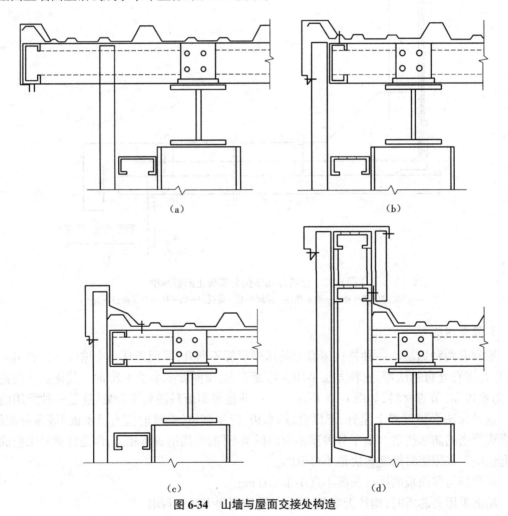

图 6-34　山墙与屋面交接处构造

（1）山墙处屋面板出檐,多用于侧墙处屋面板外挑时,这种方法构造简单、防水可靠、施工方便。

（2）山墙随屋面坡度设置,又分为山墙与屋面等高和高出屋面两种。山墙与屋面等高的做法构造简单;山墙高出屋面时,高出不宜太多,封闭构造可简单一些。

（3）山墙高出屋面且墙面上沿线成水平布置,是压型金属板围护结构中较复杂的构造,需要处理好山墙出屋面后的支承系统和山墙内外面的封闭问题,一般不设为好。

5. 高低跨处的构造

高低跨处理不好会出现漏雨水的现象,一般情况下要避免设置高低跨。当不可避免需要设置高低跨时,对于双跨平行的高低跨,将低跨设计成单坡,从高跨处向外坡下,这时的高低跨处理最简单,高低跨之间用泛水连接,低跨处的构造要求与屋脊构造处理相似。

高跨处的泛水高度应大于或等于 300 mm,如图 6-35 所示。屋面采用夹芯板时,构造也无变化,缝间的孔隙用保温材料封填。

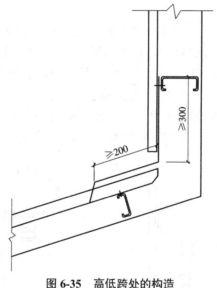

图 6-35　高低跨处的构造

6. 外墙底部

彩钢外墙底部在与地坪或矮墙交接处会形成一道装配构造缝,为防止自墙面流下的雨水从该缝渗流到室内,交接处的地坪或矮墙应高出压型金属板墙的底端 60~120 mm(图 6-36)。采用图 6-36(a)、(b)所示两种做法时,压型金属板底端与砖混围护墙两种材料间应留出 20 mm 以上的净空,避免外墙底部浸入雨水,造成对压型金属板根部的腐蚀;外墙安装在底表面抹灰找平后进行,防止雨水被封入两种材料的缝隙内,导致雨水向室内渗入。

压型金属板墙面底部与砖混围护结构相贴近处,它们间的锯齿形空隙用密封条密封。

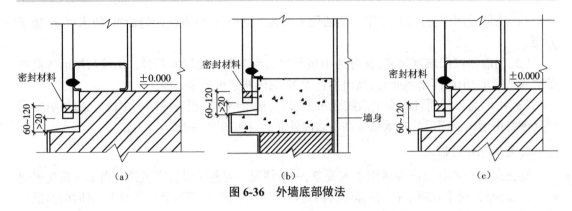

图 6-36　外墙底部做法

7. 外墙门窗洞口

压型金属板建筑的门窗多布置在墙面檩条上,窗口的封闭构造比较复杂。需要特别处理好窗(门)口四面泛水的交接,注意四侧泛水件规格的协调,把雨水导出到墙外侧。

1)窗上口与侧口做法

窗上口的做法种类较多,图 6-37 所示的两种做法是较常用的。图 6-37(a)所示做法简单,容易制作和安装,窗口四面泛水易协调,在外观要求不高时使用。图 6-37(b)所示做法外观好,构造较复杂,窗侧口与窗上、下口的交接处泛水处理应仔细设计,必要时要作出转角处的泛水件交接示意图。可预做专门的转角件,以达到配合精确、外观漂亮的目的。这种做法往往因为施工安装偏差造成板位安装偏差积累,使泛水件不能正确就位,因此应精确控制安装偏差,在墙面安装完毕后,测量实际窗口尺寸,并在修改泛水形状和尺寸后制作安装。

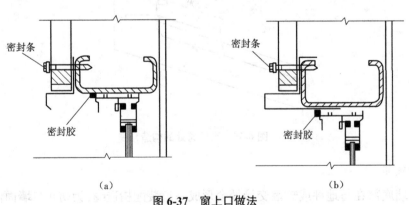

图 6-37　窗上口做法

(a)一般泛水的窗上口做法;(b)带有窗套口的窗上口做法

窗侧口做法如图 6-38 所示。

2)窗下口做法

窗下口泛水应在窗口处做局部上翻,并应注意气密性和水密性密封。

窗下口泛水件与侧口泛水件交接处以及与墙面板的交接都较复杂,应根据板型和排板情况,细致地进行处理,如图 6-39 所示。

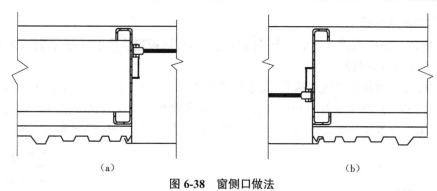

（a） （b）

图 6-38 窗侧口做法

（a）一般泛水的窗侧口做法；（b）带有窗套口的窗侧口做法

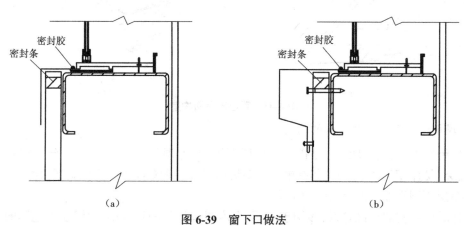

（a） （b）

图 6-39 窗下口做法

（a）一般泛水的窗下口做法；（b）带有窗套口的窗下口做法

8. 外墙转角

压型金属板建筑的外墙内外转角的内外面应用专用包件封包，封包泛水件宜在安装完毕后按实际尺寸制作，如图 6-40 所示。

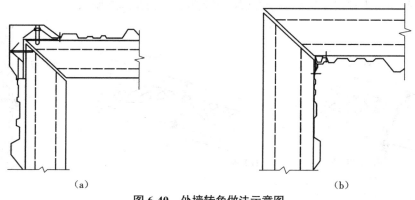

（a） （b）

图 6-40 外墙转角做法示意图

9.管道出屋面构造

管道、通风机出屋面接口和平板上开洞口是压型金属板建筑较难处理的部位,防水方法有多种,较可靠的有以下两种。

（1）在波形屋面板上焊接水簸箕,使水簸箕搭于上板之下、下板之上、两侧板之上,并在洞口处留出泛水口。这种水簸箕可用铝合金或不锈钢等材料焊接制成,如图6-41（a）所示。

（2）使用得泰盖片和成套防水件防水,可以随波就型,密封可靠,如图6-41（b）所示。

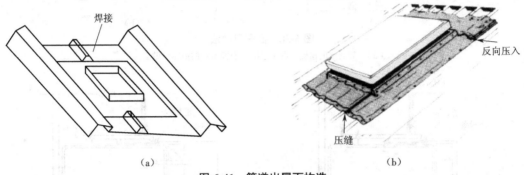

图 6-41　管道出屋面构造

10.现场组装保温围护结构的构造

现场组装的保温围护结构是指将单层压型钢板、保温的卷材（或板材）分层安装在屋面上,保温层不起任何承力作用。其有单层压型板加保温层和双面压型板保温层两类。

1）单层压型板加保温层的围护结构

这种围护结构的标准较低,多用于工厂、仓库或有吊顶的建筑中,保温层为连续的保温棉毡,棉毡下面贴有加筋贴面层,加筋为玻璃纤维。玻璃棉毡的下面需加镀锌钢丝或不锈钢丝承托网。

2）双面压型板保温层的围护结构

这种围护结构内观整齐、美观,使用较多,但造价较单层压型板加保温层的围护结构高。其构成方式有两种:一种是下层压型板装在屋面檩条以上;另一种是下层压型板装在屋面檩条以下。对墙面而言为双层压型板分别在墙面檩条两侧,如图6-42所示。

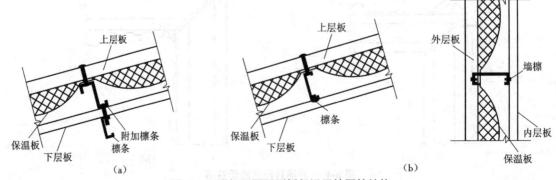

图 6-42　现场双面压型板保温层的围护结构

（a）屋面构造做法;（b）墙面构造做法

6.4.3 压型金属板围护结构的安装

压型金属板非保温围护结构的主要安装工艺流程如图 6-43 所示。

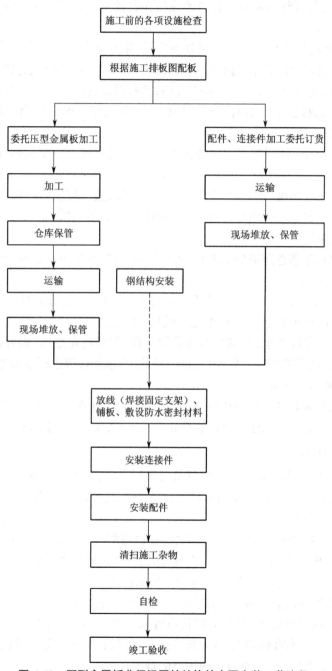

图 6-43 压型金属板非保温围护结构的主要安装工艺流程

1. 安装准备

（1）压型金属板围护结构施工安装之前必须进行排板，并应有施工排板图纸及根据设计文件编制的施工组织设计，对施工人员进行技术培训和安全生产交底。

（2）根据设计文件详细核对各类材料的规格和数量。对损坏了的压型金属板、泛水板、包角板及时修复或更换。

对大型工程，材料需按施工组织计划分步进货，并向供应商提出分步供应清单，清单中需注明每批板材的规格、型号、数量，连接件、配件的规格、数量等，并应规定好到货时间和指定堆放位置。材料到货后应立即清点数量、检查规格，并核对送货清单与实际数量是否符合。

复核与压型金属板施工安装有关的钢构件的安装精度。如果影响压型金属板的安装质量，则应与有关方面协商解决。

（3）机具按施工组织计划的要求准备齐全，并能正常运转。主要机具有提升设备、手提工具和电源连接器具。

①提升设备包括汽车吊、卷扬机、滑轮、桅杆、吊盘等，按工程实际选用不同的方法和机具。

②手提工具按安装队伍分组数量配套，包括电钻、自攻枪、拉铆枪、手提圆盘锯、钳子、螺丝刀、铁剪、手提工具袋等。

③电源连接器具包括总用电的配电柜、按班组数量的配线、分线插座、导线等，各种配电器具必须考虑防雨条件。

（4）脚手架准备，按施工组织计划要求准备脚手架跳板、安全防护网。

（5）要准备临时机具库房，放置小型施工机具和零配件。

（6）按施工组织设计要求，对堆放场地装卸条件、设备行走路线、提升位置、施工道路、临时设施的位置、长车通道及车辆回转条件、堆放场地、排水条件等进行全面布置，以保证运输畅通、材料不受损坏和施工安全。

现场加工板材时应将加工设备放置在平整的场地上，有利于板材二次搬运和直接自装；现场生产时，多为长尺板，一般大于 12 m，生产出的板材尽量避免转向运输。

2. 压型金属板加工

使用长度大于 12 m 的单层彩色压型钢板面积较大时，可选择现场加工。

（1）现场加工的场地可选在屋面板的起吊点处。设备的纵轴方向与屋面板的方向相一致。加工后的板材放置位置应靠近起吊点。

（2）加工的原材料（压型金属板卷）应放置在设备附近，以利更换压型金属板卷。对压型金属板卷应采取防雨措施，堆放地不得设在低洼处，压型金属板卷下应设垫木。

（3）设备宜放在平整的水泥地面上，并应有防雨设施。

（4）设备就位后需作调试，并进行试生产，产品经检验合格后方可成批生产。

单层彩色压型钢板现场加工中，对特长板可采用图 6-44 所示的加工方法，即将压型机放置在和屋面差不多高的临时台架上，成品板直接送到屋面，水平运动就可就位。其适用于大型屋面的安装，可有效解决特长板垂直运输困难的难题。

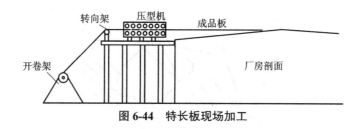

图 6-44 特长板现场加工

3. 压型金属板运输

装卸无外包装的压型金属板时,应采用吊具起吊,严禁直接使用钢丝绳起吊。压型金属板的长途运输宜采用集装箱装载。

用车辆运输无外包装的压型金属板时,应在车上设置衬有橡胶衬垫的枕木,其间距不宜大于 3 m。长尺寸压型金属板应在车上设置刚性支承台架。

压型金属板装载的悬伸长度不应大于 1.5 m。压型金属板应与车身或刚性台架捆扎牢固。

4. 压型金属板堆放

(1)板材堆放地点设在离安装点较近的位置,避免长距离运输。压型金属板应按材质、板型规格分别叠置堆放。工地堆放时,不同板型规格的堆放顺序应与施工安装顺序相配合。

(2)堆放场地应平整,不易受到工程运输施工过程中的外物冲击,并应避免污染、磨损、雨水的浸泡。不得在压型金属板上堆放重物。严禁在压型铝板上堆放铁件。

(3)压型金属板在室内采用组装式货架堆放,并堆放在无污染的地带。

(4)压型金属板在工地可采用衬有橡胶衬垫的架空枕木(架空枕木要保持约 5% 的倾斜度)堆放。堆放时应采取遮雨措施。

5. 压型金属板安装

1)放线

放线前应对安装面上的已有建筑成品进行测量复核,对达不到安装要求的部分进行记录,提出相应的修改意见。

檩条上的固定支架在纵横两个方向均应成行成列,各在一条直线上。在安装墙板和屋面板时墙梁和檩条应保持平直。每个固定支架与檩条的连接均应施满焊,并应清除焊渣和补刷涂料。

屋面板及墙面板安装完毕后应对配件的安装作二次放线,以保证檐口线、屋管线、窗口线、门口线和转角线等的水平度和垂直度。

2)板材吊装

金属压型板和夹芯板的吊装可采用汽车吊提升、塔吊提升、卷扬机提升和人工提升等多种方法。

(1)塔吊提升、汽车吊提升。提升时,采用吊装钢梁多吊点一次提升多块板(图 6-45)。该方法提升方便,被提升的板材不易损坏。

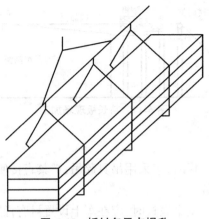

图 6-45　板材多吊点提升

在大面积屋面工程施工时,一次提升的板材不易送到安装点,屋面的人工长距离搬运多,人在屋面上行走困难,易破坏已安装好的金属压型板,这种方法不能充分发挥吊车的提升能力,机械使用率低,费用高。

（2）卷扬机提升。这种方法不用大型机械,卷扬机设备可灵活移动到需要安装的地点,每次提升数量少,屋面移动距离短,操作方便,成本低,是屋面安装时经常采用的方法。

（3）人工提升。人工提升常用于板材不长的工程中,这种方法简单方便、成本最低,但易损伤板材,使用的人力较多,劳动强度较大。

（4）钢丝滑升法。钢丝滑升法是在建筑的山墙处设若干道钢丝,钢丝上设钢管,板置于钢管上,屋面上工人用绳沿钢丝拉动钢管,把特长板提升到屋面上,由人工搬运到安装地点（图6-46）。

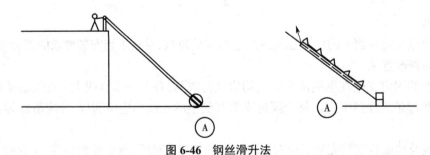

图 6-46　钢丝滑升法

3）压型金属板的铺设和固定

测量压型金属板的实际长度,必要时对其进行剪裁。压型金属板的铺设和固定按下列原则进行。

（1）屋面、墙面压型金属板均应逆主导风向铺设。

（2）压型金属板从屋面或墙面的一端开始铺设。屋面第一列高波压型金属板安放在檩条一端的第一个（和第二个）固定支架上,屋面第一列低波压型金属板和墙面第一列压型金属板分别对准各自的安装基准线铺设。

（3）屋面、墙面压型金属板安装时,应边铺设边调整其位置边固定。对于屋面,在铺设压型金属板的同时,还应根据设计图纸的要求,敷设防水密封材料。

（4）在屋面、墙面上开洞,可先安装压型金属板,然后切割洞口;也可先在压型金属板上切割洞口,然后安装。切割时,必须核实洞口的尺寸和位置。

（5）铺设屋面压型金属板时,在压型金属板上设置临时人行木板。屋面低波压型金属板的屋脊端应弯折截水,其高度不应小于 5 mm（图 6-47）。

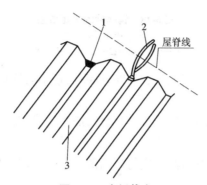

图 6-47 弯折截水

1—截水;2—白铁钳;3—压型金属板

屋面、墙面采光板的波形应分别与屋面、墙面压型金属板的波形一致。

紧固自攻螺钉时应控制紧固的程度,不可过紧,过紧会使密封垫圈上翻,甚至将板面压得下凹而积水。紧固不够也会使密封不到位而出现漏雨。

屋面板搭接处均应设置胶条,纵横方向搭接边设置的胶条应连续,胶条本身应拼接。

6. 采光板安装

采光板的厚度一般为 1~2 mm,一般采用在屋面板安装时留出洞口后安装的方法。安装时,在板的四边搭接处用切角方法进行处理,以防止漏雨。

安装时在固定采光板的紧固件下面使用面积较大的钢垫,避免在长时间的风荷载作用下玻璃钢的连接孔洞扩大而失去连接和密封作用。

保温屋面需设双层采光板时,必须对双层采光板的四个侧面进行密封,防止保温效果减弱而出现结露和滴水现象。

7. 连接件的安装

连接件的安装应符合下列要求。

（1）安装屋面、墙面的连接件时应尽量使连接件成一直线。

（2）连接件为钩螺栓时,压型金属板上的钻孔直径为:屋面,钩螺栓直径 1 mm;墙面,钩螺栓直径 1.5 mm。

钩螺栓的螺杆应紧贴檩条或墙梁（图 6-48）。钩螺栓的紧固程度以密封垫圈稍被挤出为宜。

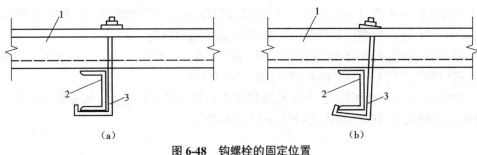

图 6-48　钩螺栓的固定位置
（a）正确；（b）不正确
1—压型金属板；2—檩条；3—钩螺栓

安装屋面压型金属板时，施工人员必须穿软底鞋，且不得聚集在一起。在压型金属板上行走频繁的地方应设置临时木板。

吊放在屋面上的压型金属板、泛水板、包角板，应于当日安装完毕。未安装完的，必须用绳具与屋面骨架捆绑牢固。

在安装屋面压型金属板的过程中，应将屋面清扫干净。竣工后，屋面上不得留有铁屑等施工杂物。

8. 配件安装

（1）屋脊板、高低跨相交处的泛水板均应逆主导风向铺设。

（2）泛水板之间、包角板之间以及泛水板、包角板与压型金属板之间的搭接部位，必须照设计文件的要求设置防水密封材料。

（3）屋脊板之间、高低跨相交处的泛水板之间搭接部位的连接件，应避免设在压型金属板的波峰上。

（4）山墙檐口包角板与屋脊板的搭接，应先安装山墙檐口包角板，后安装屋脊板。

（5）高波压型金属板屋脊端部封头板的周边必须满涂建筑密封膏。高波压型金属板屋脊端部的挡水板必须与屋脊板压坑咬合。

（6）檐口的搭接边除了胶条外还应设置与压型金属板剖面相配合的堵头。

9. 泛水件安装

（1）在压型金属板泛水件安装前应在泛水件的安装处放出准线，如屋脊线、檐口线、窗上下口线等。

（2）安装前检查泛水件的端头尺寸，挑选搭接口处的合适搭接头。

（3）安装泛水件的搭接口时，应在被搭接处涂上密封胶或设置双面胶条，搭接后立即紧固。

（4）安装泛水件至拐角处时，按交接位置的泛水件断面形状加工拐折处的接头，以保证拐点处有良好的防水效果和外观效果。

（5）特别注意门窗洞的泛水件转角处搭接防水口的构造方法，以保证建筑的立面外观效果。

10. 门窗安装

在压型金属板围护结构中,门窗的外轮廓与洞口紧密配合,施工时必须把门窗尺寸控制在比洞口尺寸小 5 mm 左右。门窗尺寸过大,会导致门窗安装困难。

门窗一般安装在钢墙梁上。在夹芯板墙面板的建筑中,也有门窗安装在墙板上的做法,这时应按门窗外廓的尺寸在墙板上开洞。

门窗安装在墙梁上时,应先安装门窗四周的包边件,并使泛水边压在门窗的外边沿处。门窗就位并作临时固定后,对门窗的垂直度和水平度进行测量,检查无误后进行固定。固定后对门窗周边用密封材料进行密封。

11. 防水和密封

压型金属板的安装除了保证安全可靠外,还应注意防水和密封问题,其事关建筑物的使用功能和寿命,在进行压型金属板的安装施工中应注意以下几点。

(1)自攻螺钉、拉铆钉一般要求设在波峰上(墙板可设在波谷上),自攻螺钉所配密封橡胶盖、垫必须齐全,且外露部分使用防水垫圈和防锈螺盖。外露拉铆钉需采用防水型,外露钉头需涂密封膏。

(2)屋脊板、封檐板、包角板及泛水板等配件之间的搭接宜背主导风向,搭接部位接触面宜采用密封胶密封,连接拉铆钉尽可能地避开屋面板波谷。

(3)夹芯板、保温板之间的搭接(或插接)部位应设置密封条,密封条应通长,一般采用软质泡沫聚氨酯密封胶条。

(4)在压型金属板的两端,应设置与板型一致的泡沫堵头进行端部密封,一般采用软质泡沫聚氨酯制品,用不干胶粘贴。

12. 防腐

(1)压型金属板适用于无侵蚀作用、弱侵蚀作用和中等侵蚀作用的建筑物围护结构和楼板结构。压型金属板围护结构暴露在大气中,易受雨水、湿气、腐蚀介质的侵蚀,必须根据侵蚀作用分类,采用相应的防腐蚀措施。

①镀锌压型钢板可用于无侵蚀作用和弱侵蚀作用的围护结构和楼板结构。

②镀锌层不应小于 275 g/m²(两面之和)。

③涂层压型钢板可用于无侵蚀作用、弱侵蚀作用和中等侵蚀作用的围护结构和楼板结构。应根据建筑物所受到的侵蚀作用,采用相应涂料系列的涂层压型钢板。

④本色压型铝板可用于无侵蚀作用和弱侵蚀作用的围护结构。化学氧化和电解氧化压型铝板可用于中等侵蚀作用的围护结构。

(2)压型铝板与钢构件接触时,在钢构件的接触表面上至少涂刷一道铬酸锌底漆或设置其他绝缘隔离层。压型铝板与混凝土、砂浆、砖石、木材接触时,在混凝土、砂浆、砖石、木材的接触表面上至少涂刷一道沥青漆。

(3)压型金属板配套使用的钢质连接件和固定支架必须进行镀锌防护。镀锌层厚度不应小于 17 μm。

【实训任务】

一般单层钢结构安装。

目的:通过单层钢结构安装施工的现场教学或采用课件形式使学生掌握一般单层钢结构安装的施工要点。

能力目标及要求:能进行一般单层钢结构的安装施工。

实训条件:单层钢结构安装施工现场或关于单层钢结构安装施工的课件。

步骤提示:

(1)通过钢结构安装施工的现场教学或采用课件形式,使学生掌握钢柱、钢吊车梁、钢屋架安装要点。

(2)通过现场学习,针对钢结构安装时易出现施工问题的地方,着重讲解解决方法,进一步加深对一般单层钢结构安装施工要点的掌握。

【本章小结】

1. 钢结构安装的常用吊装机具和设备

(1)钢结构安装时,常用的吊装机具有各种自行式起重机、轨道塔式起重机、自制桅杆式起重机和小型吊装机械等。各种起重吊装机械的构造、性能、应用和选择条件是本章的关键知识点。

(2)简易起重设备(包括千斤顶、卷扬机、滑轮及滑轮组、手拉葫芦)、索具(麻绳、钢丝绳)以及其他设备(卡环、铁扁担或横吊梁)的构造、性能、应用和选择条件也是本章的关键知识点。

(3)通过掌握以上知识点,能够在施工中正确选用这些机械设备。

2. 钢结构施工组织设计

(1)钢结构施工组织设计一般以单位工程为对象,简单概括钢结构施工组织设计编制的原则:钢结构施工组织设计应根据初步设计或施工设计图纸和设计技术文件,有关标准规定、其他相关资料、施工现场的实际条件和工程的总施工组织设计等进行编制。

(2)钢结构施工组织设计的内容:工程概况、施工特点和施工难点分析;施工部署和对业主、监理单位、设计单位、其他施工单位的协调和配合,施工总平面布置,能源、道路及临时建筑设施等的规划;施工方案;主要吊装机械的布置和吊装方案;构件的运输方法、堆放及场地管理;施工进度计划;施工资源总用量计划;施工准备工作计划;质量、环境和职业健康安全管理,现场文明施工的策划和保证措施;雨期和冬季、台风和大风常发期的施工技术安全保证措施,施工工期的保证措施等。

(3)了解钢结构季节性施工及其他特殊状况下所采用的施工措施,掌握其施工要点。

3. 主体钢结构安装

（1）钢结构安装前的准备工作包括技术准备、安装用机具和设备准备、材料准备、作业条件准备等。

（2）单层钢结构安装主要有钢柱安装、钢梁安装、钢屋架安装等。安装顺序一般为先安装竖向构件，后安装平面构件，这样既能保证体系纵列形成排架、稳定性好，又能提高生产效率。

（3）高层及超高层钢结构安装同样包括钢柱安装、吊车梁安装、钢屋架安装等。在高层及超高层钢结构现场施工中，合理划分流水作业区段，选择适当的构件安装顺序、吊装机具、吊装方案、测量监控方案、焊接方案是保证工程顺利进行的关键。

（4）大型网架的安装方法有高空散装法、分条或分块安装法、高空滑移法、整体吊装法、整体提升法、整体顶升法。根据网架受力情况、结构选型、网架刚度、外形特点、支撑形式、支座构造等，在保证质量、安全、进度和经济效益的前提下，结合施工现场实际条件、技术和装备水平综合选择安装方法。

4. 钢结构围护结构的安装

（1）围护结构常用的材料有各种压型金属板、紧固件和泛水配件等。
（2）围护结构的构造重点是连接、檐口、屋脊、山墙和屋面、高低跨处、外墙底部、外墙转角及门窗洞口处等。

【思考题】

6-1　常用的吊装机械有哪些？分别说明其应用范围。

6-2　钢结构施工组织设计的编制具体包括哪些内容？

6-3　简述一般单层钢结构安装的流程。

6-4　大跨度空间网架结构有几种安装方法？分别说明其适用范围。

6-5　简述围护结构的外墙构造要求。

7 钢结构施工验收

【学习目标】

通过本章的学习,学生应了解钢结构的隐蔽工程验收、分项工程验收、分部工程验收、单位工程验收的程序和要求,掌握钢结构施工验收资料的整理、归档和备案的程序。

【能力要求】

通过本章的学习,学生能够熟悉钢结构施工验收资料的整理、归档和备案。

7.1 隐蔽工程验收

隐蔽工程是指在施工过程中上一工序的工作结束后被下一工序所掩盖,而无法进行复查的部位。隐蔽工程在下一工序施工以前,现场监理人员应按设计要求和施工规范,采用必要的检查工具,对其进行检查和验收。如果符合设计要求及施工规范规定,应及时签署隐蔽工程记录手续,以便施工单位继续下一工序施工,同时将隐蔽工程记录交施工单位归入技术资料档案。如不符合有关规定,应以书面形式通知施工单位,令其处理。处理符合要求后,再进行隐蔽工程验收。

1. 基础工程

隐蔽工程验收内容包括槽底打钎,槽底土质情况,地槽尺寸和地槽标高,槽底井、坑和橡皮土等的处理情况,地下水的排除情况,排水暗沟、暗管设置情况,土的更换情况,试桩和打桩记录等。

2. 地面工程

隐蔽工程验收内容包括已完成的地面下的地基、各种防护层以及经过防腐处理的结构或配件。如果符合,可签"符合设计和规范要求",否则不予签字。

3. 保温、隔热工程

(1)隐蔽工程验收内容包括将被覆盖的保温层和隔热层。

(2)检查保温、隔热材料是否满足设计对导热系数的要求,保温层的厚度是否达到设计要求,保温材料是否受潮。如果符合,可签"符合设计和规范要求"。

4. 防水工程

(1)隐蔽工程验收内容包括将被土、水、砌体或其他结构所覆盖的防水部位及管道、设备穿过的防水层处。

（2）检查找平层的厚度、平整度、坡度及防水构造节点处理的质量情况。检查组成结构或各种防水层的原料、制品及配件是否符合质量标准，结构和各种防水层是否达到设计要求的抗渗性、强度和耐久性。如果符合，可签"符合设计要求"。

5. 建筑采暖卫生与煤气工程

（1）隐蔽工程验收内容包括各种暗装、埋地和保温的管道、阀门、设备等。

（2）检查管道的管径、走向、坡度，各种接口、固定架、防腐保温质量情况及水压和灌水试验情况。如果符合，可签"符合施工验收规程和设计要求"。

6. 建筑电气安装工程

（1）隐蔽工程验收内容包括各种电气装置的接地及铺设在地下、墙内、混凝土内、顶棚内的照明、动力、弱电信号、高低压电缆和重型灯具及吊扇的预埋件、吊钩，线路经过建筑物的伸缩缝及沉降缝处的补偿装置等。

（2）检查接地的规格、材质、埋设深度、防腐做法；垂直与水平接地体的间距；接地体与建筑物的距离，接地干线与接地网的连接；各类暗设电线管路的规格、位置、标高及功能要求；接头焊接质量；直埋电缆的埋深、走向、坐标、起止点、规格型号、接头位置、埋入方法；埋设件吊钩的材质、规格、锚固方法；补偿装置的规格、形状等。如果符合，可签"符合施工验收规范和设计要求"。

7. 通风与空调工程

（1）隐蔽工程验收内容包括各类暗装和保温的管道、阀门、设备等。

（2）检查管道的规格、材质、位置、标高、走向、防腐保温，阀门的型号、规格、耐压强度和严密性试验结果、位置、进口方向等。如果符合，可签"符合施工验收规范和设计要求"。

8. 电梯安装工程

隐蔽工程验收内容包括牵引机基础、导轨支架、承重梁、电气盘柜基础等。电气装置部分隐蔽工程验收内容与建筑电气安装工程相同。如果符合，可签"符合施工验收规范和设计要求"。

9. 隐蔽工程验收的要求

（1）隐蔽工程验收时，应详细填写验收的分部分项工程名称，被验收部分的轴线、规格和数量。如有必要，应画出简图或做出说明。

（2）每次检查验收的项目，一定要详细填写隐蔽工程验收内容，在检查意见栏内填上"符合设计要求"或"符合施工验收规范要求"或"符合施工验收规范和设计要求"，不得使用"基本符合"或"大部分符合"等不肯定用语，也不能无检查意见。

（3）如果在检查验收中发现有不符合施工验收规范和设计要求之处，应立即进行纠正，并在纠正后再进行验收。凡验收不合格者，不得进行下道工序的施工。

7.2 分项工程验收

对于分项工程,应按照工程合同的质量等级要求,根据该分项工程的实际情况,参照质量评定标准进行验收。

7.2.1 焊接分项工程验收

1. 焊接材料进场

焊接材料的品种、规格、性能等应符合现行国家产品标准和设计要求。焊接材料外观不应有药皮脱落、焊芯生锈等缺陷。焊剂不应受潮结块。

2. 焊接材料复验

重要钢结构采用的焊接材料应进行抽样复验,复验结果应符合现行国家产品标准和设计要求。

3. 材料匹配

焊条、焊丝、焊剂、电渣焊熔嘴等焊接材料与母材的匹配应符合设计要求及《钢结构焊接规范》(GB 50661—2011)的规定。焊条、焊剂、药芯、焊丝、熔嘴等在使用前,应按其产品说明书及焊接工艺文件的规定进行烘焙并存放。

4. 焊工证书

焊工必须经考试合格并取得合格证书。持证焊工必须在其考试合格项目及其认可范围内施焊。

5. 焊接工艺评定

施工单位对其首次采用的钢材、焊接材料、焊接方法、焊后热处理等,应进行焊接工艺评定,并应根据评定报告确定焊接工艺。

6. 内部缺陷

焊缝内部缺陷用无损探伤(超声波或 X 射线、γ 射线)确定。质量等级及缺陷分级应符合《验收规范》的规定。

7. 焊缝表面缺陷

焊缝表面不得有裂纹、焊瘤等缺陷。一级、二级焊缝不得有表面气孔、夹渣、弧坑、裂纹、电弧擦伤等缺陷,且一级焊缝不得有咬边、未焊满、根部收缩等缺陷。

8. 预热和后热处理

对于需要焊接前预热或焊接后热处理的焊缝,其预热温度或后热温度应符合国家现行行业相关标准的规定或通过工艺试验确定。预热区在焊道两侧,每侧宽度均应不大于焊件厚度的 1.5 倍以上,且不应小于 100 mm;后热处理应在焊后立即进行,保温时间应根据板厚每 25 mm 为 1 h 确定。

9. 焊缝外观质量

二级、三级焊缝外观质量标准应符合《验收规范》的规定。三级对接焊缝应按二级焊缝标准进行外观质量检验。

10. 焊缝尺寸偏差

焊缝尺寸允许偏差应符合《验收规范》的规定。

11. 凹形角焊缝

焊成凹形的角焊缝,焊缝金属与母材间距应平稳过渡;加工成凹形的角焊缝,不得在其表面留下切痕。

7.2.2 普通紧固件连接分项工程验收

1. 成品进场

普通螺栓、钢钉、自攻螺钉、拉铆钉、射钉、锚栓(膨胀型和化学试剂型)、地脚锚栓等紧固标准件及螺母、垫圈等标准配件,其品种、规格、性能等应符合现行国家产品标准和设计要求。

2. 螺栓实物复验

普通螺栓作为永久性连接螺栓使用时,当设计有要求或对其质量有疑义时,应进行螺栓实物最小拉力荷载复验,其结果应符合《紧固件力学性能 螺栓、螺钉和螺柱》(GB/T 3098.1—2010)的规定。

3. 匹配及间距

连接薄钢板采用的自攻螺钉、拉铆钉、射钉等,其规格尺寸应与被连接钢板相匹配,其间距、边距等应符合设计要求。

4. 螺栓紧固

永久性普通螺栓紧固应牢固、可靠,外露螺纹不应少于2道。

5. 外观质量

自攻螺钉、钢拉铆钉、射钉等与连接钢板应紧固密贴,外观排列整齐。

7.2.3 高强度螺栓连接分项工程验收

1. 成品进场

钢结构连接用高强度大六角头螺栓连接副、扭剪型高强度螺栓连接副以及钢网架用高强度螺栓的品种、规格和性能等,应符合现行国家产品标准和设计要求。

2. 扭矩系数和预拉力复验

应按《验收规范》的规定检验其扭矩系数,其检验结果应符合《验收规范》的规定。扭剪型高强度螺栓连接副应按《验收规范》的规定检验预拉力,其检验结果应符合《验收规范》的规定。

3. 抗滑移系数试验

钢结构的制作和安装单位,应按《验收规范》的规定分别进行高强度螺栓连接摩擦面的抗滑移系数试验和复验,现场处理的构件摩擦面应单独进行摩擦面抗滑移系数试验,其结果应符合《验收规范》的要求。

4. 终拧扭矩

高强度大六角头螺栓连接副终拧完成1 h后、48 h内应进行终拧扭矩检查,检查结果应符合《验收规范》的规定。扭剪型高强度螺栓连接副终拧后,除因构造原因无法使用专用扳手终拧掉梅花头者外,未在终拧中拧掉梅花头的螺栓数不应大于该节点螺栓数的5%。对所有梅花头未拧掉的扭剪型高强度螺栓连接副,应采用扭矩法或转角法进行终拧并做标记,且按《验收规范》的规定进行终拧扭矩检查。

5. 成品包装

高强度螺栓连接副,应按包装箱配套供货,包装箱上应标明批号、规格、数量及生产日期。螺栓、螺母、垫圈外观表面应涂油保护,不应出现生锈和沾染脏物,螺纹不应损伤。

6. 表面硬度试验

对建筑结构安全等级为一级,跨度40 m及40 m以上的螺栓球节点钢网架结构,其连接高强度螺栓应进行表面硬度试验。

7. 初拧、复拧扭矩

高强度螺栓连接副的施拧顺序和初拧、复拧扭矩应符合设计要求和《钢结构高强度螺栓连接技术规程》(JGJ 82—2011)的规定。

8. 连接外观质量

高强度螺栓连接副终拧后,螺栓螺纹外露应为2~3道,其中允许有10%的螺栓螺纹外露1道或4道。

9. 摩擦面外观

高强度螺栓连接摩擦面应保持干燥、整洁,不应有飞边、毛刺、焊接飞溅物、焊疤、氧化铁皮污垢等,除设计要求外摩擦面不应涂漆。

10. 扩孔

高强度螺栓应自由穿入螺栓孔。高强度螺栓孔不应采用气割扩孔,扩孔数量应征得设计单位同意,扩孔后的孔径不应超过 1.2d(d 为螺栓直径)。

7.2.4 零件及部件加工分项工程验收

1. 材料进场

钢材、钢铸件的品种、规格、性能等应符合现行国家产品标准和设计要求。进口钢材产品的质量应符合设计和合同规定标准的要求。

2. 钢材复验

抽样复验结果应符合现行国家产品标准和设计要求。

3. 切面质量

钢材切割面或剪切面应无裂纹、夹渣、分层和大于 1 mm 的缺棱。

4. 边缘加工

气割或机械剪切的零件,需要进行边缘加工时,其刨削量不应小于 2.0 mm。

5. 螺栓球、焊接球加工

螺栓球成型后,不应有裂纹、褶皱、过烧。钢板压成半圆球后,表面不应有裂纹、褶皱;焊接球的对接坡口应采用机械加工,对接焊缝表面应打磨平整。

6. 制孔

A、B 级螺栓孔(Ⅰ 类孔)应具有 H12 的精度,孔壁表面粗糙度 Ra 不应大于 12.5 μm,其孔径的允许偏差应符合《验收规范》的规定。C 级螺栓孔(n 类孔),孔壁表面粗糙度 Ra 不应大于 25 μm,其允许偏差应符合规范的规定。

7. 材料规格尺寸

钢板厚度及允许偏差应符合其产品标准的要求。型钢的规格尺寸及允许偏差应符合其产品标准的要求。

8. 钢材表面质量

钢材的表面质量除应符合国家现行有关标准的规定外,还应符合《验收规范》的规定。

9. 切割精度

气割的允许偏差应符合规范的规定。机械剪切的允许偏差应符合《验收规范》的规定。

10. 矫正质量

矫正后的钢材表面不应有明显的凹面或损伤,钢材矫正后的允许偏差应符合《验收规范》的规定。

11. 边缘加工精度

边缘加工允许偏差应符合《验收规范》的规定。

12. 螺栓球、焊接球加工精度

螺栓球加工、焊接球加工的允许偏差应符合《验收规范》的规定。

13. 管件加工精度

钢网架(桁架)用钢管杆件加工的允许偏差应符合《验收规范》的规定。

14. 制孔精度

螺栓孔孔距的允许偏差应符合《验收规范》的规定。螺栓孔孔距的允许偏差超过《验收规范》规定的允许偏差时,应采用与母材材质相匹配的焊条补焊后重新制孔。

7.2.5 构件组装分项工程验收

1. 吊车梁(桁架)

吊车梁和吊车桁架不应下挠。

2. 端部铣平精度

端部铣平的允许偏差应符合《验收规范》的规定。

3. 外形尺寸

钢构件外形尺寸主控项目的允许偏差应符合《验收规范》的规定。

4. 焊接 H 型钢的接缝

焊接 H 型钢的翼缘板拼接缝和腹板拼接缝的间距不应小于 200 mm,翼缘板拼接宽度不应小于 300 mm,长度不应小于 600 mm。

5. 焊接 H 型钢的精度

焊接 H 型钢的允许偏差应符合《验收规范》的规定。

6. 焊接组装精度

焊接组装的允许偏差应符合《验收规范》的规定。

7. 顶紧接触面

顶紧接触面应有 75% 以上的面积紧贴。

8. 轴线交点错位

桁架结构杆件轴线交点错位的允许偏差不得大于 3.0 mm,且应符合《验收规范》的规定。

9. 焊缝坡口精度

安装焊缝坡口的允许偏差应符合《验收规范》的规定。

10. 铣平面保护

外露铣平面应有防锈保护。

11. 外形尺寸

钢构件外形尺寸一般项目的允许偏差应符合《验收规范》的规定。

7.2.6 预拼装分项工程验收

1. 多层板叠螺栓孔

高强度螺栓和普通螺栓连接的多层板叠,应采用试孔器进行检查,并应符合规范的规定。

2. 预拼装精度

预拼装的允许偏差应符合规范的规定。

7.2.7　单层结构安装分项工程验收

1. 基础验收

建筑物的定位轴线、基础轴线和标高、地脚螺栓的规格及其紧固应符合设计要求。基础顶面直接作为柱的支承面和基础顶面预埋钢板或支座作为柱的支承面时,其支承面、地脚螺栓(锚栓)位置的允许偏差应符合《验收规范》的规定。采用坐浆垫板时,坐浆垫板的允许偏差应符合《验收规范》的规定。采用杯口基础时,杯口尺寸的允许偏差应符合《验收规范》的规定。

2. 构件验收

钢构件应符合设计要求和《验收规范》的规定。运输、堆放和吊装等造成的钢构件变形及涂层脱落应进行矫正和修补。

3. 顶紧接触面

设计要求顶紧的节点,接触面不应少于70% 紧贴,且边缘最大间隙不应大于 0.8 mm。

4. 垂直度和侧弯曲

钢屋(托)架、桁架梁的垂直度和侧向弯曲的允许偏差应符合《验收规范》的规定。

5. 主体结构尺寸

主体结构的整体垂直度和整体平面弯曲的允许偏差应符合《验收规范》的规定。

6. 地脚螺栓精度

地脚螺栓(锚栓)尺寸的偏差应符合《验收规范》的规定。地脚螺栓(锚栓)的螺纹应受到保护。

7. 标记

钢柱等主要构件的中心线及标高基准点等标记应齐全。

8. 桁架、梁的安装精度

当钢桁架(或梁)安装在混凝土柱上时,其支座中心对定位轴线的偏差不应大于 10 mm;当采用大型混凝土屋面板时,钢桁架(或梁)间距的偏差不应大于 10 mm。

9. 钢柱的安装精度

钢柱安装的允许偏差应符合《验收规范》的规定。

10. 吊车梁的安装精度

钢吊车梁或直接承受动力荷载的类似构件,其安装的允许偏差应符合《验收规范》的规定。

11. 檩条、墙架等的安装精度

檩条、墙架等次要构件安装的允许偏差应符合《验收规范》的规定。

12. 平台等的安装精度

钢平台、钢梯、栏杆安装等应符合《固定式钢梯及平台安全要求 第 1 部分：钢直梯》（GB 4053.1—2009）、《固定式钢梯及平台安全要求 第 2 部分：钢斜梯》（GB 4053.2—2009）、《固定式钢梯及平台安全要求 第 3 部分：工业防护栏杆及钢平台》（GB 4053.3—2009）的规定。钢平台、钢梯和防护栏杆安装的允许偏差应符合《验收规范》的规定。

13. 现场组对精度

现场焊缝组对间隙的允许偏差应符合《验收规范》的规定。

14. 结构表面

钢结构表面应干净，结构主要表面不应有疤痕、泥砂等污垢。

7.2.8 多层及高层结构安装分项工程验收

多层及高层结构安装分项工程的验收内容及标准基本与单层结构安装分项工程的验收内容及标准相同。

7.2.9 网架结构安装分项工程验收

1. 焊接球

焊接球及制造焊接球所采用的原材料，其品种、规格、性能等应符合现行国家产品标准和设计要求。焊接球焊缝应进行无损检验，其质量应符合设计要求，当设计无要求时应符合《验收规范》规定的二级质量标准。

2. 螺栓球

螺栓球及制造螺栓球节点所采用的原材料，其品种、规格、性能等应符合现行国家产品标准和设计要求。螺栓球不得有过烧、裂纹及褶皱缺陷。

3. 封板、锥头和套筒

封板、锥头和套筒及制造封板、锥头和套筒所采用的原材料，其品种、规格、性能等应符合现行国家产品标准和设计要求。封板、锥头和套筒外观不得有裂纹、过烧及氧化皮缺陷。

4. 橡胶垫

钢结构用橡胶垫的品种、规格、性能等应符合现行国家产品标准和设计要求。

5. 基础验收

钢网架结构支座定位轴线的位置、支座锚栓的规格应符合设计要求。支承面顶板的位置标高、水平度及支座锚栓位置的允许偏差应符合《验收规范》的规定。

6. 支座

支承垫块的种类、规格、摆放位置和朝向，必须符合设计要求和国家现行有关标准的规定。橡胶垫块与刚性垫块之间或不同类型刚性垫块之间不得互换使用。网架支座锚栓的紧固应符合设计要求。

7. 拼装精度

小拼单元及中拼单元的允许偏差均应符合《验收规范》的规定。

8. 节点承载力试验

对建筑结构安全等级为一级，跨度为 40 m 及 40 m 以上的公共建筑钢网架结构，且设计有要求时，应进行节点承载力试验，其结果应符合《验收规范》的规定。

9. 结构挠度

钢网架结构总拼完成后及屋面工程完成后应分别测量其挠度值，且所测的挠度值不应超过相应设计值的 1.15 倍。

10. 焊接球精度

焊接球直径、圆度、壁厚减薄量等尺寸及允许偏差应符合《验收规范》的规定。焊接球表面应无明显波纹及局部凹凸不平，偏差不大于 1.5 mm。

11. 螺栓球精度

螺栓球直径、圆度、相邻两螺栓孔中心线夹角等尺寸及允许偏差应符合《验收规范》的规定。

12. 螺栓球螺纹精度

螺栓球螺纹尺寸应符合《普通螺纹　基本尺寸》(GB/T 196—2003)中粗牙螺纹的规定，螺纹公差必须符合《普通螺纹　公差》(GB/T 197—2018)中 6H 级精度的规定。

13. 锚栓精度

支座锚栓尺寸的偏差应符合《验收规范》的规定。支座锚栓的螺栓应受到保护。

14. 结构表面

钢网架结构安装完成后，其节点及杆件表面应干净，不应有明显的疤痕、泥砂和污垢。应将螺栓球节点所有接缝用油腻子填嵌严密，并应将多余螺孔封口。

15. 安装精度

钢网架结构安装完成后，其安装的允许偏差应符合《验收规范》的规定。

7.2.10　压型金属板安装分项工程验收

1. 压型金属板进场

压型金属板及制造压型金属板所采用的原材料，其品种、规格、性能等应符合现行国家产品标准和设计要求。压型金属泛水板、包角板和零配件的品种、规格以及防水密封材料的性能应符合现行国家产品标准和设计要求。

2. 基板裂纹

压型金属板成型后，其基板不应有裂纹。

3. 涂(镀)层缺陷

有涂层、镀层的压型金属板成型后,涂层、镀层不应有肉眼可见的裂纹、剥落和擦痕等缺陷。

4. 现场安装

压型金属板、泛水板和包角板等应固定牢靠,防腐涂料涂刷和密封材料敷设完好,连接件数量、间距应符合设计要求和国家现行有关标准的规定。

5. 搭接

压型金属板应在支承构件上可靠搭接,搭接长度应符合设计要求且不应小于《验收规范》所规定的数值。

6. 端部锚固

组合楼板中压型钢板与主体结构(梁)的连接,其锚固支承长度应符合设计要求且不应小于 50 mm,端部锚固件连接应牢靠,设置位置应符合设计要求。

7. 压型金属板精度

压型金属板的规格及允许偏差、表面质量、涂层质量等应符合设计要求和《验收规范》的规定。

8. 轧制精度

压型金属板的尺寸允许偏差应符合《验收规范》的规定。施工现场制作的压型金属板允许偏差应符合《验收规范》的规定。

9. 表面质量

压型金属板成型后,表面应干净,不应有明显的凹凸和褶皱。

10. 安装质量

压型金属板安装应平整、顺直,板面不应有施工残留物和污物。檐口和墙面下端应呈直线,不应有未经处理的错钻孔洞。

11. 安装精度

压型金属板安装的允许偏差应符合《验收规范》的规定。

7.2.11 防腐涂料涂装分项工程验收

1. 产品进场

钢结构防腐涂料稀释剂和固化剂等材料的品种、规格、性能等应符合现行国家产品标准和设计要求。

2. 表面处理

涂装前钢材表面除锈应符合设计要求和国家现行有关标准的规定。处理后的钢材表面不应有焊渣、焊疤、灰尘、油污、水和毛刺等。当设计无要求时,钢材表面除锈等级应符合《验收规范》的规定。

3. 涂层厚度

涂料涂装遍数、涂层厚度均应符合设计要求。当设计对涂层厚度无要求时,涂层干漆膜总厚度:室外应为 150 μm,室内应为 125 μm,其允许偏差为 −25 μm,每遍涂层干漆膜厚度的允许偏差为 −5 μm。

4. 产品质量

防腐涂料的型号、名称、颜色及有效期应与其质量证明文件相符。开启后,不应存在结皮、结块、凝胶等现象。

5. 表面质量

构件表面不应误涂、漏涂,涂层不应有脱皮和返锈等缺陷。涂层应均匀,无明显皱皮、流坠、孔眼和气泡等缺陷。

6. 附着力测试

当钢结构处在有腐蚀介质的环境或外露且设计有要求时,应进行涂层附着力测试,在检测范围内,当涂层完整程度达到 70% 以上时,涂层附着力达到合格质量标准的要求。

7. 标识

涂装完成后,构件的标识、标记和编号应清晰完整。

7.2.12　防火涂料涂装分项工程验收

1. 产品进场

钢结构防火涂料的品种和技术性能应符合设计要求,并应经过具有资质的检测机构的检测,符合国家现行有关标准的规定。

2. 涂装基层验收

防火涂料涂装前钢材表面除锈及防锈底漆涂装应符合设计要求和国家现行有关标准的规定。

3. 强度试验

钢结构防火涂料的黏结强度、抗压强度应符合《钢结构防火涂料应用技术规范》(CECS 24—1990)的规定。检验方法应符合《建筑构件用防火保护材料通用要求》(GA/T 110—2013)的规定。

4. 涂层厚度

薄涂型防火涂料的涂层厚度应符合有关耐火极限的设计要求。厚涂型防火涂料的涂层厚度,80% 及 80% 以上面积应符合有关耐火极限的设计要求,且最薄处厚度不应低于设计要求的 85%。

5.表面裂纹

薄涂型防火涂料涂层表面裂纹宽度不应大于 0.5 mm,厚涂型防火涂料涂层表面裂纹宽度不应大于 1 mm。

6.产品质量

防火涂料的型号、名称、颜色及有效期应与其质量证明文件相符。开启后,不应存在结皮、结块、凝胶等现象。

7.基层表面

防火涂料涂装基层不应有油污、灰尘和泥砂等污垢。

8.涂层表面质量

防火涂料不应有误涂、漏涂,涂层应闭合,无脱层、空鼓、明显凹陷、粉化松散和浮浆等外观缺陷,乳突已剔除。

7.3 分部(子分部)工程验收

钢结构分部(子分部)工程的验收,应在分部工程中所有分项工程验收合格的基础上,增加三项检查项目:质量控制资料和文件检查,有关安全及功能的检验和见证检测,观感质量检验。

根据《建筑工程施工质量验收统一标准》(GB 50300—2013)的规定,钢结构作为主体结构之一,应按子分部工程竣工验收;当主体结构均为钢结构时应按分部工程竣工验收。大型钢结构工程可划分成若干个子分部工程进行竣工验收。

(1)钢结构子分部工程合格质量标准应符合下列规定。

①各分项工程质量均应符合合格质量标准。

②质量控制资料和文件应完整。

③有关安全及功能的检验记录和见证检测结果应符合以上相应合格质量标准的要求。

④有关观感质量应符合以上相应合格质量标准的要求。

(2)钢结构子分部工程竣工验收时,应提供下列文件和记录。

①钢结构工程竣工图纸及相关设计文件。

②施工现场质量管理检查记录。

③有关安全及功能的检验和见证检测项目检查记录。

④有关观感质量检验项目的检查记录。

⑤分部工程所含各分项工程质量验收记录。

⑥分项工程所含各检验批质量验收记录。

⑦强制性条文检验项目检查记录及证明文件。

⑧隐蔽工程检验项目检查验收记录。

⑨原材料成品质量合格证明文件、中文标志及性能检测报告。

⑩不合格项的处理记录及验收记录,重大质量、技术问题实施方案及验收记录,其他有关文件和记录。

（3）钢结构工程质量验收记录应符合下列规定。

①施工现场质量管理检查记录可按《建筑工程施工质量验收统一标准》（GB 50300—2013）的规定进行。

②分项工程检验批验收记录可按本节各分项工程检验批质量验收记录表记录。

③分项工程验收记录可按《建筑工程施工质量验收统一标准》（GB 50300—2013）》的规定进行。

④分部（子分部）工程验收记录可按《建筑工程施工质量验收统一标准》（GB 50300—2013）的规定进行。

7.4 单位工程验收

7.4.1 单位工程验收标准

单位工程包括房屋建筑工程、设备安装工程和室外管线工程,其验收标准如下。

1. **房屋建筑工程**

（1）交付竣工验收的工程,均按施工图的设计规定全部施工完毕,并经过施工单位预验和监理初验,已符合设计、施工及验收规范要求。

（2）建筑设备（室内上下水、采暖、通风、电气照明等管道、线路敷设工程）经过试验,均已达到设计和使用要求。

（3）建筑物室内外清洁,室外 2 m 以内清理完毕,施工渣土已全部运出现场。

（4）应交付的竣工图和其他技术资料均已齐全。

2. **设备安装工程**

（1）设备安装工程的设备基础、机座、支架、工作台和梯子等附属建筑工程部分已全部施工完毕,经检验符合设计和设备安装要求。

（2）需要的工艺设备、动力设备和仪表等已按设计和技术说明书要求安装完毕,经检验其质量符合施工及验收规范要求,并经试压、检测和单体或联动试车,符合质量要求,具备形成设计规定的生产能力。

（3）设备出厂合格证、技术性能和操作说明书以及试车记录和其他技术资料齐全。

3. **室外管线工程**

室外管线工程主要是指室外管道安装工程和电气线路敷设工程。

（1）全部按设计要求施工完毕,经检验符合项目设计施工及验收规范要求。

（2）室外管道安装工程已通过闭水试验试压并检测合格。

（3）室外电气线路敷设工程已通过绝缘耐压材料检验,并已全部合格。

7.4.2　单项工程竣工验收标准

1. 工业单项工程

（1）初步设计规定的工程，包括建筑工程、设备安装工程、配套工程和附属工程等，均已全部施工完毕，经检验符合设计、施工及验收规范，符合设备技术说明书要求，并形成设计规定的生产能力。

（2）设备安装经过单体试车、无负荷联动试车和有负荷联动试车均合格，生产合格。

（3）项目生产准备已基本完成，能够连续生产。

2. 民用单项工程

（1）全部单项工程均已施工完毕，达到竣工验收标准，并能够交付使用。

（2）对住宅工程，除达到房屋建筑工程竣工验收标准外，按设计文件规定，还要求与住宅配套的室外给排水、供热及供燃气管道工程、电气线路敷设工程等全部施工完毕，而且连同住宅全部都具备交付使用条件，并达到竣工验收标准。

7.4.3　工程文件归档、备案

1. 工程文件归档

钢结构分部工程竣工验收时，应提供以下文件和记录。

（1）钢结构工程竣工图纸及相关设计文件。

（2）施工现场质量管理检查记录。

（3）有关安全及功能的检验和见证检测项目检查记录。

（4）有关观感质量的检验项目检查记录。

（5）分部工程所含各分项工程质量验收记录。

（6）分项工程所含各检验批质量验收记录。

（7）强制性条文检验项目检查记录及证明文件。

（8）隐蔽工程检验项目检查验收记录。

（9）原材料、成品的质量合格证明文件、中文标识及性能检测报告。

（10）不合格项的处理记录及验收记录，重大质量、技术问题实施方案及验收记录，其他有关文件和记录。

2. 验收备案文件

建设单位应当自工程竣工验收合格之日起 15 日内，向工程所在地的县级以上地方人民政府建设行政主管部门的备案机关备案。

建设单位办理工程竣工验收备案应当提交下列文件。

（1）工程竣工验收备案表。

（2）工程竣工验收报告。工程竣工验收报告应当包括工程报建日期，施工许可证号，施工图设计文件审查意见，勘察、设计、施工、工程监理等单位分别签署的质量合格文件及验收人员签署的竣工验收原始文件,市政基础设施的有关质量检测和功能、性能试验资料及备案机关认为需要提供的有关资料。

（3）法律、行政法规规定应当由规划、公安消防、环保等部门出具的认可文件或者准许使用文件。

（4）施工单位签署的工程质量保修书。

（5）法规、规章规定必须提供的其他文件。

商品住宅还应当提交"住宅质量保证书"和"住宅使用说明书"。

3. 验收备案手续

备案部门收到建设单位报送的工程竣工验收备案文件和建设工程质量监督部门签发的"工程质量监督报告"后,验证文件是否齐全,若齐全应当在工程竣工验收备案表上签署文件收讫。

工程竣工验收备案表一式两份,一份由建设单位保存,另一份在备案部门存档。

【实训任务】

1. 隐蔽工程验收

目的:通过隐蔽工程验收实训,掌握隐蔽工程验收的程序、要求、资料记录等验收要点。
能力目标及要求:能进行钢结构隐蔽工程验收。

2. 分项工程验收

目的:通过分项工程验收实训,掌握分项工程验收的程序、要求、资料记录等验收要点。
能力目标及要求:能进行钢结构分项工程验收。
步骤提示:
（1）全数检查。
（2）观察检查。
（3）使用放大镜、焊缝量规和钢尺检查。

【本章小结】

验收是施工中的最后一个环节,也是最后一道关卡,必须在各类建筑交付客户之前将所有问题解决。通过本章的学习,学生可以对施工验收中的各种问题有一个大概的了解,但要完全掌握这些内容必须通过实践积累经验,这样才会对这一部分内容有更深的理解。

（1）隐蔽工程验收。常见的隐蔽工程有基础工程,地面工程,保温、隔热工程,防水工程,建筑采暖卫生和煤气工程,建筑电气安装工程,通风与空调工程,电梯安装工程等。隐蔽工程施工时,现场监理人员必须在下一工序施工以前,按照相关的设计要求和施工规范,采用必要的检查工具,对其进行检查与验收。

（2）分项工程验收。钢结构常见的分项工程有焊接、普通紧固件连接、高强度螺栓连接、零件及部件加工、构件组装、预拼装、单层结构安装、多层及高层结构安装、网架结构安装、压型金属板安装、防腐和防火涂料涂装。对每一分项工程,应按照工程合同的质量等级要求,根据该分项工程的实际情况,参照质量评定标准进行验收,并作验收记录。

（3）分部(子分部)工程验收。分部(子分部)工程的验收,应在分部工程中所有分项工程验收合格的基础上,增加三项检查项目:质量控制资料和文件检查,有关安全及功能的检验和见证检测,观感质量检验。

（4）单位工程验收。单位工程包括房屋建筑工程、设备安装工程和室外管线工程。

【思考题】

7-1 钢结构隐蔽工程验收有哪些注意事项?

7-2 如何进行分项工程验收?

7-3 简述分部工程验收的步骤。

7-4 单位工程验收有哪些程序和要求?

7-5 进行一次施工验收资料的整理。

8 钢结构施工安全

【学习目标】

通过本章的学习,学生应掌握钢结构施工安全的要点及安全作业要求,能进行钢结构施工安全管理。

【能力要求】

通过本章的学习,学生能够熟悉各种钢结构安全作业要求和施工现场消防安全要求。

8.1 钢结构施工的安全隐患

生产和安全同为一体,哪里有生产,哪里就有安全问题存在,而建筑施工现场是各类安全隐患和事故的多发场所之一。保护职工在生产过程中的安全和健康,是我国的一项重要国策,是建筑施工企业不可缺少和忽视的重要工作,是各级领导不可推卸的神圣职责,同时是广大职工的切身需要和要求。认真贯彻"安全第一、预防为主"的安全生产方针,及时消除安全隐患和避免安全意外事故发生,有赖于不断地健全与完善安全管理工作,进一步发展安全技术和提高广大技管人员的安全工作素质。在施工中能够引发安全意外事件和伤亡事故的现存问题称为"安全隐患"。

1. 安全隐患的构成

在安全意外事故的五个基本要素中,"致害物"和"伤害方式"只有在事故发生时才能表现出来。因此,有不安全状态、不安全行为和起因物的存在时,就构成了安全隐患。其构成方式有三种,见表 8-1。

表 8-1 安全隐患的构成方式

类别	安全隐患的构成方式
第一种	不安全状态 + 起因物
第二种	不安全行为 + 起因物
第三种	不安全状态 + 不安全行为 + 起因物

2. 安全隐患的分类

国家有关安全主管部门还未对安全隐患的分类做出明确的规定和解释,但在一些相关文件中提到了"重大安全隐患"。因此,可以把安全隐患大致分为重大安全隐患、严重安全隐患和一般安全隐患三级,见表8-2。

表8-2 安全隐患的分类

分类	解释
重大安全隐患	可能导致重大伤亡事故发生的隐患,包括在工程建设中可能导致发生二级以上工程建设重大事故的安全隐患
严重安全隐患	可能导致死亡事故发生的安全隐患,包括在工程建设中可能导致发生四级至二级工程建设重大事故的安全隐患
一般安全隐患	可能导致发生重伤以下事故的安全隐患,包括未列入工程建设重大事故的各类安全意外事故

钢结构的缺陷有先天性的材质缺陷和后天性设计、加工制作、安装和使用缺陷。无论工作怎样精益求精,缺陷也是在所难免的。但缺陷有大小之分,当缺陷超过了有关规范的要求时,缺陷将对钢结构的各项性能构成有害影响,成为事故的潜在隐患,因此必须对缺陷进行预防和处理。

8.2 钢结构施工安全要点

钢结构建筑施工,安全问题十分突出,应该采取有力措施保证安全施工。施工安全要点如下。

(1)在柱、梁安装后而未设置浇筑楼板用的压型钢板时,为了柱子螺栓施工的方便,需在钢梁上铺设适当数量的走道板。

(2)在钢结构吊装时,为防止人员、物料和工具坠落或飞出造成安全事故,需铺设安全网(平网和竖网)。

①安全平网设置在梁面以上2 m处,当楼层高度小于4.5 m时,安全平网可隔层设置。安全平网要求在建筑平面范围内满铺。

②安全竖网铺设在建筑物外围,防止人和物飞出造成安全事故。竖网铺设的高度一般为两节柱高。

(3)为便于接柱施工,在接柱处要设操作平台。平台固定在下节柱的顶部。

(4)钢结构施工需要许多设备,如电焊机、空压机、氧气瓶、乙炔瓶等,这些设备需随着结构安装而逐渐升高。为此,需在刚安装的钢梁上设置存放设备用的平台。设置平台的钢梁,不能只投入少量临时螺栓,而需将紧固螺栓全部投入并拧紧。

(5)为便于施工登高,吊装柱子前要先将登高钢梯固定在钢柱上。为便于在柱梁节点紧固高强度螺栓和焊接,需在柱梁节点下方安装挂篮脚手架。

(6)施工用的电动机械和设备均需接地,绝对不允许使用破损的导线和电缆,严防设备漏电。施工用电气设备和机械的电缆需集中在一起,并随楼层的施工而逐节升高。每层楼面需分别设置配电箱,供每层楼面施工使用。

(7)高空施工,当风速为10 m/s时,如未采取措施吊装工作应该停止。当风速达到15 m/s

时,所有工作均需停止。

（8）施工时还应注意防火,准备必要的灭火设备和消防人员。

8.3　钢结构安全作业要求

实施安全的施工作业和操作的基本要求是规范和实施安全行为,避免发生不安全行为,以减少安全意外事故的发生。

8.3.1　钢结构安全作业的基本要求

了解和掌握进行作业的施工要求和技术要求,既是确保工程质量,也是确保操作安全的需要。特别是对于有新工艺、新技术、新材料、新设备使用的作业项目,应认真仔细地听取技术或专业主管人员的技术和安全要求交底,努力掌握各操作细节。对于复杂和要求高的操作,还应经过严格的技术培训并达到操作水平。作业人员对于自己没干过或不熟悉的操作,一定要通过认真的学习和作业培训来解决,而不能照搬其他专业经验。

严格按照操作规程规定的程序、要点和要求进行操作。

（1）提高操作技术水平和处理操作中出现问题的能力。要能及时发现机械设备、脚手架等作业设施的异常情况、故障及可能导致事故的征兆,避免设备带病运行和冒险作业。

（2）注意自我保护并保护他人安全。在操作中应注意自己的站位、动作控制以及使用安全防护用品,做好自我保护,还要注意使自己的操作不要威胁别人的安全,做到保护他人安全。

（3）施工作业的安全操作技术是安全文明施工技术在具体操作中的落实。只有把安全文明施工的要求变为工人操作时的具体规定并为工人所掌握和自觉运用与遵守时,安全文明施工的各项要求才能得以落实和实现。

8.3.2　钢结构安全作业防止伤害种类

1. 防止落物、掷物伤害

在交叉作业,特别是多层垂直交叉作业的情况下,由于操作者行为上的不慎,极易发生因落物或掷物造成的伤害,因此,应特别注意做好以下几点。

（1）防止工具和零件掉落。作业工人应使用工具袋或手提的工具盒（箱）,将工具和小零件等放入工具袋（盒、箱）中,随用随取,避免在架上乱放。

（2）防止架上材料物品掉落。作业层面上的材料应堆放整齐和稳固,易发生散落的材料,可视其情况采用捆扎或使用专用夹具、盛器,使其不会发生掉落,此外,作业层满铺脚手板并在其外侧加设挡板,是防止材料物品掉落的一种有效措施。

（3）防止施工中的废弃物（块）料掉落。可在作业层上铺设胶合板、铁皮、油毡等接住施工中掉落的砖块、灰浆、混凝土等,然后将施工废弃料收入袋中或容器中吊运。

（4）禁止抛掷物料。往架上供应材料物品或是由架上清走材料物品时,都应当采用安全的传递和运输方式,禁止上下抛掷。

2. 防止碰撞伤害

在交叉施工中,由于人员多、作业杂,极易在搬运材料和施工操作中出现各种形式的碰撞伤害或损害,包括碰撞人、脚手架、支撑架、设备和正在施工中的工程。为了避免发生碰撞伤(损)害,应注意以下几点。

(1)施工中所用较大、较重和较长的材料物品,宜安排在施工间歇期间或在场人员较少时搬运。在运输方式和人力、机械安排上应能保证运输的安全,避免出现把持不住、晃动、拖带等易导致发生碰撞的状态出现。

(2)供应工作应有条不紊,避免在施工中因待料或紧急需要而提出的急供要求,此时供料者会只顾尽快地运上去而忽视发生碰撞的情况,因此要求越急越要沉着稳重,才能避免忙中出错。

(3)在运输材料时,应注意及时请在场人员配合,必要时可设专人指挥、开路。

3. 防止作业伤害

作业伤害是指作业者在操作时对别人造成的意外伤害,例如焊工突然引弧电焊,使在近处和通过的人员受电弧光伤害,木工用力撬拆模板和支撑时撞到别的工作人员,挥动长的工具脱手时伤及他人等,此类情况常以各种形式发生,因此,应当注意以下几点。

(1)在进行作业操作时,应先环顾周围人员情况,必要时,可请周围人员暂时躲避一下,以免发生误伤事故。

(2)采取必要的防护措施,例如设置电焊作业时的挡弧光围挡等。

(3)安全地进行作业操作。

8.3.3 钢结构各工种安全作业要求

1. 架子工

(1)架上作业人员必须佩挂安全带并站稳把牢。

(2)设置第一排连墙件前,应适当设抛撑以确保架子的稳定和架上作业人员的安全。

(3)在架上传递、放置杆件时,应注意防止失衡闪失。

(4)安装较重的杆部件或作业条件较差时,应避免单人单独操作。

(5)剪力撑、连墙件及其他整体性拉结杆件应随架子高度的上升及时装设,以确保整架稳定。

(6)搭设途中,架上不得集中(超载)堆置杆件材料。

(7)搭设中应统一指挥、协调作业。

(8)确保构架的尺寸、杆件的垂直度和水平度、节点构造和紧固程度符合设计要求。

(9)禁止使用材质、规格和缺陷不符合要求的杆配件。

(10)按与搭设相反的程序进行拆除作业。

(11)凡已松开连接的杆件必须及时取出放下,以免误扶、误靠,引起危险。

(12)拆下的杆件和脚手板应及时吊运至地面,禁止从架上向下抛掷。

2. 油漆工

（1）用喷砂除锈时喷嘴接头要牢固，不准对着人；喷嘴堵塞时，应消除压力方可修理或更换。

（2）使用煤油、汽油、松香水、丙酮等调配漆料时，应佩戴好防护用品并严禁吸烟。

（3）在室内或容器内喷涂时要确保通风良好，且作业周围不允许有火种。

（4）引静电喷涂时，喷涂间应有接地保护装置。

（5）刷外开窗时必须佩戴安全带，刷封檐板时应设置脚手架，铁皮坡屋面上刷油时应使用活动板、防护栏杆和安全网。

3. 电焊工

（1）电焊机外壳必须接地良好，电焊机应设单独开关，焊钳和把线必须绝缘良好、连接牢固。

（2）严禁在带压力的容器和管道上施焊，焊接带电的设备必须切断电源，焊接贮存过易燃、易爆和有毒物质的容器和管道时，应先清洗干净并将所有孔口打开。在潮湿地点施焊时，应站在绝缘板或木板上。

（3）把线、地线禁止与钢丝绳接触，不得以钢丝绳和机电设备代替零线，所有地线接头必须连接牢固。

（4）清除焊渣时应戴防护眼镜或面罩。

（5）多台焊机在一起集中施焊时，焊接平台或焊件必须接地，并设置隔光板。

（6）雷雨时应停止露天电焊作业。

（7）在易燃、易爆气体或液体扩散区域施焊前，必须得到有关部门的检试许可。

（8）施焊时，应清除周围的易燃、易爆物品或进行可靠覆盖、隔离；电焊结束后，应切断焊机电源并检查操作地点，确认无起火危险后，方可离开。

4. 气焊工

（1）施焊场地周围应清除易燃、易爆物品或进行隔离覆盖。

（2）在易燃、易爆气体或液体的扩散区域施焊时，应取得有关部门的检试许可。

（3）乙炔发生器必须设有防止回火的安全装置、保险链，球式浮桶必须有防爆球，浮桶的胶皮薄膜应厚 1~1.5 mm，面积不少于浮桶断面积的 60%~70%。

（4）乙炔发生器零件的管路接头不得采用紫铜制作，不得放置在电线的正下方，与氧气瓶不得同放一处，与易燃、易爆物品和明火的距离不得小于 10 m，检验漏气应用肥皂水，严禁用明火。

（5）氧气瓶、氧气表和割焊工具上严禁沾染油脂。

（6）氧气瓶应有防振胶圈、旋紧安全帽，避免碰撞和剧烈振动，防止暴晒。

（7）氧气瓶、乙炔气胶管和防回火安全装置冻结时，应用热水或蒸汽加热解冻，严禁用火烘烤。

（8）点火时，枪口不得对人，正在燃烧的焊枪不得放在工件或地面上。带有乙炔和氧气时不准放在金属容器内，以防气体逸出，发生燃烧事故。

（9）工作完毕,应将氧气瓶气阀关好,拧上安全罩,将乙炔发生器按规定收放好,检查场地并确认无着火危险时,方可离开。

5.起重工

（1）起重指挥员应站在能够照顾全面的地点,信号要统一准确。

（2）风力达5级时,应停止80 t以上设备和构件的吊装。

（3）严禁所有人员在起重臂和吊起的重物下面停留或行走。

（4）卡环应使其长度方向受力,严防销卡环的销子滑脱,严禁使用有缺陷的卡环。

（5）起吊物件应使用交互捻制的钢丝绳,有扭结变形、断丝和锈蚀的钢丝绳应及时按规定降低使用标准或报废。

（6）编结绳扣的编结长度不得小于钢丝绳直径的15倍和300 mm,用卡子连成绳套时,卡子不得少于3个。

（7）地锚应按施工设计确定的位置和规格设置。

（8）按规定的间距和数量使用绳卡,并应将压板放在长头一面。

（9）使用2根以上绳扣吊装时,如绳扣间的夹角大于100°,应采取防止滑钩的措施。

（10）用4根绳扣吊装时,应加铁扁担,以调节其松紧程度。

（11）使用的开口滑轮必须扣牢。

（12）起吊物件应合理设置溜绳。

（13）组装桅杆用芒刺对孔。

（14）捆绑转向或定滑轮的捆绕数不宜过多,并排列整齐,使其受力均匀。

（15）缆风绳应布置合理,松紧均衡,跨越马路时的架空高度应不低于7 m,与高压电线间应有可靠的安全距离。如需跨过高压线,应采取停电、接地和搭设防护架等安全措施。

（16）定点桅杆应设5根缆风绳,最少不得少于3根,并禁止设多层缆。

（17）桅杆移动倾斜时,其相对高度为:当采用间歇法移动时,不宜大于桅杆高度的1/5;当采用连续法移动时,应为桅杆高度的1/20~1/15。移动时,相邻缆风绳要交错移位。

（18）装运易倒构件应采用专用架子,卸车后应放稳搁实,支撑牢固。

（19）就位的屋架应搁置在道木或方木上,两侧斜撑一般不少于3道,禁止斜靠在柱子上。

（20）使用抽销卡环吊构件时,卡环主体和销子必须系牢在绳扣上,严禁在卡环下方拉销子。

（21）无缆风绳校正柱子时应随吊随校正,但偏心较大、细长,杯口深度不是柱子长度的1/20或不足60 cm时,禁止采用无缆风绳校正。

（22）禁止将吊件放在板形物件上起吊。

（23）吊装时不易放稳的构件应采用卡环,不得使用吊环。

8.3.4　钢结构机械设备安全作业要求

在钢结构施工生产中会较多地使用机械设备。工程施工中需要解决的任何技术问题和要求,最终都化为对工艺、材料和机械这三方面的要求。因此,钢结构机械设备安全使用是安全施工和管理的重要组成部分。

钢结构机械设备使用安全操作的基本要求如下。

（1）提供满足机械安全使用要求的有关条件,这是使用机械的首要问题。其要求条件一般包括以下方面。

①运行和工作场地。

②基础和固定、停靠要求。

③机械运（动）作范围内无障碍要求。

④动力电源和照明条件要求。

⑤辅助和配合作业要求。

⑥对操作工人的要求。

⑦配件和维修要求。

⑧对停电和天气变化等事态出现时的要求。

⑨指挥和协调要求。

由于施工工地的现有条件不一定能满足上述各项要求,因此必须采取相应措施和办法加以解决。有时常会因此而出现一些困难甚至是较大的困难,但一定要解决,并且不能降低机械安全运行和使用的要求。否则,将极易引发事故、损坏机械,从而招致远远超过必要投入的经济损失。

（2）对进场的所有施工机械设备进行认真检查和验收,这是确保机械设备安全运行的基础。其检查验收项目一般包括以下方面。

①查验机械设备的产品生产许可证、合格证、保修证、使用和维修说明书、操作规程（定）、维修合格证、主管部门验收合格证明以及有关图纸和其他资料。这些资料不仅是机械完好的证明材料,还是编制措施和安全使用的依据资料,要求齐全和真实、有效。不属于施工项目管理的租赁设备和分包单位的机械设备则由租赁和分包单位进行查验并负管理责任。

②审验进场机械的安全装置和操作人员的资质证明,不合格的机械设备和人员不得进入施工现场。

③大型的机械设备,如塔吊、搅拌站、固定式混凝土输送设备等,在安装前,工程项目应根据设备提供的设置要求和资料数据进行基础及有关设施的设计与施工,经验收合格后,交有资质的设备安装单位进行安装和调试,调试合格后办理验收、移交和允许使用手续。所有机械设备的产品、维修和验收资料应由企业或项目的机械管理部门（或人员）统一管理并交安全管理部门一份备案。

（3）了解和掌握施工生产对该机械设备作业的技术要求。

（4）严格按照机械设备的操作规程（定）规定的程序和操作要求进行操作。在运行中还应严格地执行定时检查和日常检查制度,以确保机械设备的正常运行。

（5）提高操作技术水平和处理作业中出现问题的能力。发现问题时,应立即停机（车、设备）进行检查和维修处理,避免机械带病运作,以致酿成事故。

施工中常用机械设施等的安全使用和操作要点可以从《建筑机械使用安全技术规程》（JGJ 33—2012）中查找。同时,应当注意主要安全使用和操作要求,在施工生产制订安全措施时,还应仔细学习上述规定并根据实际情况和需要进行必要的细化补充工作。

8.3.5 高处安全作业要求

（1）高处作业的安全技术措施及其所需料具,必须列入工程的施工组织设计。

（2）单位工程施工负责人应对工程的高处作业安全技术负责并建立相应的责任制。施工前,应逐级进行安全技术教育及交底,落实所有安全技术措施和人身防护用品,未经落实不得进行施工。

（3）高处作业的安全标志、工具、仪表、电气设施和各种设备必须在施工前加以检查,确认其完好,方能投入使用。

（4）攀登和悬空高处作业人员以及搭设高处作业安全设施的人员,必须经过专业技术训练及专业考试合格后持证上岗,并必须定期进行体格检查。

（5）施工中发现高处作业的安全技术设施有缺陷和隐患时,必须及时解决;危及人身安全的,必须停止作业。

（6）施工作业场所所有可能坠落的物件,应一律先行撤除或加以固定。高处作业所用的物料,均应堆放平稳,以免妨碍通行和装卸。工具应随手放入工具袋;作业用的走道、通道板和登高用具,应随时清扫干净;拆卸下的物件及余料和废料均应及时清理运走,不得随意乱置或向下丢弃。传递物件禁止抛掷。

（7）雨天和雪天进行高处作业时,必须采取可靠的防滑、防寒和防冻措施。水、冰、霜均应及时清除。对进行高处作业的高耸建筑物,应事先设置避雷设施。遇有 6 级以上大风、浓雾等恶劣天气,不得进行露天攀登与悬空高处作业,暴风雪及台风暴雨后,应对高处作业安全设施逐一加以检查,发现有松动、变形、损坏或脱落等现象,应立即修理、完善。

（8）因作业需要临时拆除或变动安全防护设施时,必须经施工负责人同意,并采取相应的可靠措施,作业后应立即恢复。

（9）防护棚搭设与拆除时,应设警戒区,并应派专人监护。严禁上下同时拆除。

（10）高处作业安全设施的主要受力杆件,力学计算按一般结构力学公式,强度及挠度计算按现行有关规范进行。但受弯钢构件的强度计算不考虑塑性影响,构造上应符合现行相应规范的要求。

8.3.6 防止高处坠落、物体打击的基本安全要求

（1）高处作业人员必须着装整齐,严禁穿硬塑料底的易滑鞋、高跟鞋等,工具应随手放入工具袋。

（2）严禁高处作业人员相互打闹,以免失足发生坠落。

（3）在进行攀登作业时,攀登用具结构必须牢固可靠,使用必须正确。

（4）手持机具使用前应对其进行检查,确保安全牢靠。洞口临边作业应防止物件坠落。

（5）人员应从规定的通道上下,不得攀爬脚手架,跨越阳台,不得在非规定通道进行攀登、行走。

（6）悬空作业时,应有牢靠的立足点并正确系挂安全带;现场应视具体情况配置防护栏

网、栏杆或其他安全设施。

（7）作业时,所有物料应堆放平稳,不可放置在临边或洞口附近,并不可妨碍通行。

（8）拆除作业时,对拆卸下的物料、建筑垃圾都要加以清理和及时运走,不得在走道上任意乱置或向下丢弃,保持作业走道畅通。

（9）作业时,不准往下或向上乱抛材料和工具等物品。

（10）工作场所内,凡有坠落可能的任何物料,都应先行撤除或加以固定,拆卸作业要在设禁区、有人监护的条件下进行。

8.3.7　防止触电伤害的基本安全操作要求

（1）严禁拆接电气线路、插头插座、电气设备、电灯等。

（2）使用电气设备前必须检查线路、插头、插座、漏电保护装置是否完好。

（3）电气线路或机具发生故障时,应找电工处理,非电工不得自行修理或排除故障。

（4）使用振捣器等手持电动机械和其他电动机械从事湿作业时,要由电工接好电源,安装漏电保护器,操作者必须穿戴好绝缘鞋、绝缘手套再进行作业。

8.4　钢结构安全管理

8.4.1　钢结构安全管理概述

1. 施工项目安全控制的对象

安全管理通常包括安全法规、安全技术、工业卫生。安全法规侧重于对"劳动者"的管理、约束,控制劳动者的不安全行为;安全技术侧重于对"劳动对象和劳动手段"的管理,清除或减少不安全因素;工业卫生侧重于对"环境"的管理,以形成良好的劳动条件。施工项目安全管理主要以施工活动中的人、物、环境构成的施工生产体系为对象,建立一个安全的生产体系,确保施工活动的顺利进行。施工项目安全控制的对象见表8-3。

表 8-3　施工项目安全控制的对象

控制对象	措施	目的
劳动者	依法制定有关安全政策、法规、条例,给劳动者的人身安全、健康以法律保障措施	约束、控制劳动者的不安全行为,消除或减少主观上的安全隐患
劳动手段、劳动对象	改善施工工艺,以消除和控制生产过程中可能出现的危险因素,避免损失扩大的安全技术保证措施	规范物的状态,以消除和减轻其对劳动者的威胁和造成的财产损失
劳动条件、劳动环境	防止和控制施工中高温、严寒、粉尘、噪声、振动、毒气、毒物等对劳动者安全与健康影响的医疗、保健、防护措施及对环境的保护措施	改善和创造良好的劳动条件,防止职业伤害,保护劳动者身体健康和生命安全

2. 施工安全管理目标及目标体系

①施工安全管理目标。施工安全管理目标是在施工过程中,安全工作所要达到的预期效

果。工程项目实施施工总承包,总承包单位负责制定施工安全管理目标。

①施工安全管理目标依据项目施工的规模、特点制定,具有先进性和可行性;应符合国家安全生产法律、行政法规和建筑行业安全规章、规程及对业主和社会要求的承诺。

②施工安全管理应实现重大伤亡事故为零的目标以及其他安全目标指标:控制伤亡事故的指标(死亡率、重伤率、千人负伤率、经济损失额等)、控制交通安全事故的指标(杜绝重大交通事故、百车次肇事率等)、尘毒治理要求达到的指标(粉尘合格率)、控制火灾发生的指标等。

(2)施工安全管理目标体系

①施工安全管理目标确定后要按层次把安全目标分解到岗、落实到人,形成安全目标体系,即施工安全管理总目标,项目经理部下属各单位、各部门的安全指标,施工作业班组安全目标,个人安全目标等。

②在安全目标体系中,总目标值是最基本的安全指标,而下一层的安全目标值应略高些,以保证上一层安全目标的实现。如项目安全控制总目标是实现重大伤亡事故为零,中层的安全目标就是除此之外还要求重伤事故为零,施工队级的安全目标还应进一步要求轻伤事故为零,班组一级,要求险肇事故为零。

③施工安全管理目标体系应形成为全体员工所理解的文件,并保证实施。

3. 施工项目安全控制的程序

施工项目安全控制的程序主要有:确定施工安全目标,编制施工项目安全保证计划,施工项目安全保证计划实施,施工项目安全保证计划验证,持续改进,兑现合同承诺等。

8.4.2 钢结构安全管理计划与实施

1. 安全管理策划

针对工程项目的规模、结构、环境、技术含量、施工风险和资源配置等因素进行生产策划,策划内容如下。

(1)配置必要的设施、装备和专业人员,确定控制和检查的手段、措施。

(2)确定整个施工过程中应执行的文件规范,如脚手架工程、高空作业、机械作业、临时用电、动用明火、沉井、深挖基础施工和爆破工程等的作业规定。

(3)确定冬期、雨期、雪天和夜间施工时的安全技术措施及夏季的防暑降温工作。

(4)确定危险部位和过程,对风险大和专业性强的工程项目进行安全论证。同时采取相适宜的安全技术措施,并得到有关部门的批准。

(5)因工程项目的特殊需求所补充的安全操作规定。

(6)制定施工各阶段具有针对性的安全技术交底文本。

(7)制作安全记录表格,确定收集、整理和记录各种安全活动的人员和职责。

2. 施工安全管理计划

施工安全管理计划主要内容如下。

(1)项目经理部应根据项目施工安全目标的要求配置必要的资源,确保施工安全管理目标的实现。专业性较强的施工管理应编制专项安全施工组织设计并采取安全技术措施。

（2）施工安全管理计划应在项目开工前编制,经项目经理批准后实施。

（3）施工安全管理计划的内容主要包括:工程概况、控制程序、控制目标、组织结构、职责权限、规章制度、资源配置、安全措施、检查评价、奖惩制度等。

（4）施工平面图设计是安全管理计划的一部分,设计时应充分考虑安全、防火、防爆、防污染等因素,满足施工安全生产的要求。

（5）项目经理部应根据工程特点、施工方法、施工程序、安全法规和标准的要求,采取可靠的技术措施,消除安全隐患,保证施工安全,保护周围环境。

（6）对结构复杂、施工难度大、专业性强的项目,除制订项目总体安全管理计划外,还需制定单位工程或分部、分项工程的安全施工措施。

（7）对高空作业、井下作业、水上作业、水下作业、深基础开挖、爆破作业、脚手架作业、有害有毒作业、特种机械作业等专业性强的施工作业以及电气、压力容器、起重机、金属焊接、井下瓦斯检验、机动车和船舶驾驶等特殊工种的作业,应制定单项安全技术方案和措施,并应对管理人员和操作人员的安全作业资格和身体状况进行合格审查。

（8）安全技术措施是为防止工伤事故和职业病的危害,从技术上采取的措施,应包括防火、防毒、防爆、防洪、防尘、防雷击、防触电、防坍塌、防物体打击、防机械伤害、防溜车、防高空坠落、防交通事故、防寒、防暑、防疫、防环境污染等方面的措施。

（9）实行分包项目安全计划应纳入总包项目安全计划,分包人应服从承包人的管理。

3.施工安全管理计划的实施

施工安全计划实施前,应按要求上报,经项目业主或企业有关负责人确认审批后报上级主管部门备案。执行安全计划的项目经理部负责人也应参与确认。主要确认安全计划的完整性和可行性,项目经理部具备安全保证的能力,各级安全生产岗位责任制与安全计划不一致的事宜是否解决等。

施工安全管理计划的实施主要包括项目经理部制定建立安全生产控制措施和组织系统、执行安全生产责任制、对全员有针对性地进行安全教育和培训、加强安全技术交底等工作。

8.5　施工现场消防要点

施工现场消防是保障施工能顺利进行的一项重要工作。它涉及面广,项目繁多,情况复杂。如果忽视施工现场消防安全工作,则刚建起来的厂房、大楼就有可能被大火烧毁,影响生产和使用。

施工现场一般包括办公室、宿舍、工人休息室、食堂、锅炉房及其他固定生产用火设施,临时变电所(配电箱)和场地照明设施,木工房、工棚、易燃物品仓库(如电石、油料、油漆等)、非燃烧材料仓库或堆场,可燃材料堆场以及道路、消防设施等。施工现场消防要点如下。

（1）在编制施工组织设计时,应将施工现场的平面布置图、施工方法和施工技术中的消防安全要求一并考虑,如施工现场的平面布置,暂设工程的搭建位置,用火、用电和使用易燃物品的安全管理,各项防火安全规章制度的建立,消防设施和消防组织是否齐全等。

（2）在施工现场明确划分用火作业区，易燃、可燃材料堆场、仓库区，易燃废品集中站和生活区等。注意将火灾危险性大的区域设置在其他区域的下风向。各区域之间的防火间距为：

①用火作业区距修建的建筑物和其他区域不小于 25 m，距生活区不小于 15 m；

②易燃、可燃材料堆场和仓库区距修建的建筑物和其他区域不小于 20 m；

③易燃废品集中站距修建的建筑物和其他区域不小于 30 m。

防火间距中，不应堆放易燃和可燃物质。

（3）施工现场的道路，夜间应有照明设备；在高压架空电力线下面不要搭设临时性建筑物或堆放可燃物质。

（4）施工现场的消防通道必须保证在任何情况下都能通行无阻，其宽度应不小于 3.5 m，当道路的宽度仅能供辆消防车通过时，应在适当地点修建回车道。施工现场的消防水池要筑有消防车能驶入的道路；如果不可能修筑出入通道，应在水池一边铺砌消防车停靠和回车空地。

（5）施工现场要设有足够的消防水源（给水管道或水池），对有消防给水管道设计的工程，最好在建筑施工时，先敷设好室外消防给水管道与消火栓，使建筑开始施工时就可以使用。

（6）临时性的建筑物、仓库以及正在修建的建筑物近旁，都应该配置适当种类和一定数量的灭火器，并布置在明显和便于取用的地点。在寒冷季节还应对消防水池、消火栓和灭火器等做好防冻工作。

（7）关于其他生产、生活用火以及用电管理，易燃、可燃材料和化学危险物品的管理等方面的防火要求，可参照《防火检查手册》的有关章节。

（8）工棚或临时宿舍的规划和搭建，必须符合下列要求。

①临时宿舍应尽可能地搭建在距修建的建筑物 20 m 以外的地区，并且不要搭建在高压架空电线的下面，距离高压架空电线的水平距离不小于 6 m。

②临时宿舍与厨房、锅炉房、变电所和汽车库之间的防火间距应不小于 15 m。

③临时宿舍与铁路的中心线以及小量的易燃物品贮藏室的防火间距至少不小于 30 m。

④临时宿舍距火灾危险性大的生产场所不得小于 30 m。

⑤为贮存大量的易燃物品、油料、炸药等所修建的临时仓库与永久工程或临时宿舍的防火间距，应根据贮存物品的数量，按照有关规定确定。

⑥在独立场地修建成批的临时宿舍应当分组布置，每组最多不超过 12 幢。组与组之间的防火间距，在城市中不小于 10 m，在农村中不小于 15 m。幢与幢之间的防火间距，在城市中不小于 5 m，在农村中不小于 7 m。

临时宿舍、食堂、商店、俱乐部等的修建，不论采用哪一种建筑结构，都应符合下列要求。

①工棚内的高度一般不应低于 2.5 m。

②每幢集体宿舍的居住人数不宜超过 100 人，并且每 25 人要有一个可以直接出入的门，门宽不得小于 1.2 m，门必须向外开。

③采用稻草、芦苇、竹篾等易燃材料修建的临时宿舍，内外最好抹泥或砂浆。接近火炉、烟囱的部位，必须砌砖、砌石、砌土坯、抹泥或者采取其他防火措施以增强耐火强度。

④临时商店、食堂、俱乐部等，门的总宽度至少按每 100 人 2 m 的指标计算，每个门的宽度

应该不小于 1.4 m, 门要向外开。

⑤没有电气照明的临时宿舍, 最好使用马灯照明。灯具应该固定或悬挂牢固。灯火距周围可燃物一般应不小于 40 cm, 距上方可燃物应不小于 80 cm。使用气灯照明时应该采取措施, 严防气灯喷火引起火灾。

（9）电、气焊作业应注意以下几点。

①焊、割。作业点与氧气瓶、电石桶、乙炔发生器的距离不小于 10 m, 与易燃、易爆物品的距离不得小于 30 m。

②乙炔发生器与氧气瓶之间的距离, 在存放时不得小于 2 m, 在使用时不得小于 5 m。

③氧气瓶、乙炔发生器等焊、割设备上的安全附件应完整有效。

④严格执行"十不烧"规定（见中国建筑工业出版社 2003 年出版的《建筑施工手册》（第 4 版）表 35~ 表 65）。

⑤作业前应有书面的防火交底和作业者签字, 作业时备有灭火器材, 作业后清理热物和切断电源、气源。

（10）涂（喷）漆作业应注意以下几点。

①作业场所应通风良好, 防止空气形成爆炸浓度, 采用防爆型电气设备, 严禁带入火源。

②禁止与焊割作业同时或同部位上下交叉进行。

③接触涂料、稀释剂的工具应采用防火花型。

④浸有涂料、稀释剂的破布、棉纱、手套和工作服等应及时清除, 防止堆放生热自燃。

【实训任务】

1. 钢结构安全作业要求

目的: 通过钢结构安全作业图例实训, 掌握钢结构安全作业要求。

能力目标及要求: 能应用安全作业要求进行施工安全管理, 熟悉各种钢结构的安全作业要求。

2. 钢结构施工现场消防实训

目的: 通过施工现场消防安全实训, 掌握钢结构施工现场消防安全。

能力目标及要求: 能进行施工现场消防安全控制, 熟悉各种施工现场的消防安全要求。

步骤提示:

（1）在编制施工组织设计（或方案）时, 应有消防要求。如施工现场平面布置, 暂设工程（临时建筑）搭建位置, 用火、用电和易燃、易爆物品的安全管理, 工地消防设施和消防责任制等都应按消防要求周密考虑和落实。

（2）施工现场要明确划分用火作业区及易燃、易爆材料堆放场、仓库处, 易燃废品集中点和生活区等。各区域之间的间距要符合防火规定。

（3）工棚或临时宿舍的搭建及间距要符合防火规定。

（4）施工现场必须根据防火的需要配置相应种类、数量的消防器材、设备和设施。

【本章小结】

（1）钢结构建筑施工应该采取有力措施保证施工安全,铺设适当数量的走道板和安全网。在接柱处要设操作平台。为便于施工登高,吊装柱子前要先将登高钢梯固定在钢柱上。施工用的电动机械和设备均须接地,绝对不允许使用破损的导线和电缆,严防设备漏电。

（2）钢结构安全作业要求防止落物、掷物伤害,防止碰撞伤害,防止作业伤害。

（3）钢结构施工现场消防是保障施工顺利进行的一项重要工作。要严格控制办公室、宿舍、工人休息室、食堂、锅炉房、木工房、工棚、易燃物品(如电石、油料、油漆等)仓库、非燃烧材料仓库或堆场、可燃材料堆场以及道路、消防设施、临时变电所(配电箱)等的生产用火及场地照明。

【思考题】

8-1 什么是安全隐患?

8-2 在钢结构施工中有哪些安全隐患? 哪些是主要方面?

8-3 钢结构施工有哪些要点?

8-4 在钢结构施工中有哪些工种? 各有哪些安全作业要求?

8-5 安全管理主要有哪些方面?

8-6 如何制订安全保障计划?

8-7 施工现场有哪些地方在消防方面要加强管理?

8-8 施工现场有哪些消防要点?

附 录

附录1 材料性能表

附表 1-1 钢材的强度设计值 （N/ mm²）

钢材		抗拉、抗压和抗弯	抗剪	端面承压(刨平顶紧)
牌号	厚度或直径 /mm	f	f_v	f_{ce}
Q235 钢	≤ 16	215	125	325
	>16~40	205	120	
	>40~60	200	115	
	>60~100	190	110	
Q345 钢	≤ 16	310	180	400
	>16~35	295	170	
	>35~50	265	155	
	>50~100	250	145	
Q390 钢	≤ 16	350	205	415
	>16~35	335	190	
	>35~50	315	180	
	>50~100	295	170	
Q420 钢	≤ 16	380	220	440
	>16~35	360	210	
	>35~50	340	195	
	>50~100	325	185	

注:表中厚度是指计算点的钢材厚度,对轴心受拉和轴心受压构件是指截面中较厚板件的厚度。

附表 1-2　钢铸件的强度设计值

(N/ mm²)

钢号	抗拉、抗压和抗弯 f	抗剪 f_v	端面承压(刨平顶紧) f_{ce}
ZG200-400	155	90	260
ZG230-450	180	105	290
ZG270-500	210	120	325
ZG310-570	240	140	370

附表 1-3　焊缝的强度设计值

(N/ mm²)

焊接方法和焊条型号	牌号	厚度或直径 /mm	抗压 f_c^w	焊缝质量为下列等级时,抗拉 f_t^w 一级、二级	三级	抗剪 f_v^w	抗拉、抗压和抗剪 f_f^w
自动焊、半自动焊和 E43 型焊条的手工电弧焊	Q235 钢	≤ 16	215	215	185	125	160
		>16~40	205	205	175	120	
		>40~60	200	200	170	115	
		>60~100	190	190	160	110	
自动焊、半自动焊和 E50 型焊条的手工电弧焊	Q345 钢	≤ 16	310	310	265	180	200
		>16~35	295	295	250	170	
		>35~50	265	265	225	155	
		>50~100	250	250	210	145	
自动焊、半自动焊和 E55 型焊条的手工电弧焊	Q390 钢	≤ 16	350	350	300	205	220
		>16~35	335	335	285	190	
		>35~50	315	315	270	180	
		>50~100	295	295	250	170	
	Q420 钢	≤ 16	380	380	320	220	220
		>16~35	360	360	305	210	
		>35~50	340	340	290	195	
		>50~100	325	325	275	185	

注:1. 自动焊和半自动焊所采用的焊丝和焊剂,应保证其熔敷金属的力学性能不低于《埋弧焊用碳钢焊丝和焊剂》(GB/T 5293—1999)和《埋弧焊用低合金钢焊丝和焊剂》(GB/T 12470—2003)中相关的规定。

2. 焊缝质量等级应符合《钢结构工程施工质量验收规范》(GB 50205—2001)的规定。其中厚度小于 8 mm 钢材的对接焊缝,不应采用超声波探伤确定焊缝质量等级。

3. 对接焊缝在受压区的抗弯强度设计值取 f_c^w,在受拉区的抗弯强度设计值取 f_t^w。

4. 表中厚度是指计算点的钢材厚度,对轴心受拉和轴心受压构件是指截面中较厚板件的厚度。

附表 1-4　螺栓连接的强度设计值　　　　　　　　　　　　　　　（N/ mm²）

螺栓的性能等级、锚栓和构件钢材的牌号		普通螺栓						锚栓	承压型连接高强度螺栓		
		C 级螺栓			A 级、B 级螺栓						
		抗拉 f_t^b	抗剪 f_v^b	承压 f_c^b	抗拉 f_t^b	抗剪 f_v^b	承压 f_c^b	抗拉 f_t^b	抗拉 f_t^b	抗剪 f_v^b	承压 f_c^b
普通螺栓	4.6 级、4.8 级	170	140	—	—	—	—	—	—	—	—
	5.6 级	—	—	—	210	190	—	—	—	—	—
	8.8 级	—	—	—	400	320	—	—	—	—	—
锚栓	Q235 钢	—	—	—	—	—	—	140	—	—	—
	Q345 钢	—	—	—	—	—	—	180	—	—	—
承压型连接高强度螺栓	8.8 级	—	—	—	—	—	—	—	400	250	—
	10.9 级	—	—	—	—	—	—	—	500	310	—
构件	Q235 钢	—	—	305	—	—	405	—	—	—	470
	Q345 钢	—	—	385	—	—	510	—	—	—	590
	Q390 钢	—	—	400	—	—	530	—	—	—	615
	Q420 钢	—	—	425	—	—	560	—	—	—	655

注:1.A 级螺栓用于 $d \leqslant 24$ mm 和 $l \leqslant 10d$ 或 $l \leqslant 150$ mm（按较小值）的螺栓；B 级螺栓用于 $d > 24$ mm 或 $l > 10d$ 和 $l > 150$ mm（按较小值）的螺栓。d 为公称直径，l 为螺杆公称长度。

2.A、B 级螺栓孔的精度和孔壁表面粗糙度，C 级螺栓孔的允许偏差和孔壁表面粗糙度,均应符合《钢结构工程施工质量验收规范》(GB 50205—2001)的要求。

附表 1-5　铆钉连接的强度设计值　　　　　　　　　　　　　　　（N/ mm²）

铆钉钢号和构件钢材牌号		抗拉(钉头拉脱)f_t^b	抗剪 f_v^b		承压 f_c^b	
			Ⅰ 类孔	Ⅱ 类孔	Ⅰ 类孔	Ⅱ 类孔
铆钉	BL2 或 BL3	120	185	155	—	—
构件	Q235 钢	—	—	—	450	365
	Q345 钢	—	—	—	565	460
	Q390 钢	—	—	—	590	480

注:1. 属于下列情况者为 Ⅰ 类孔:

(1)在装配好的构件上按设计孔径钻成的孔;

(2)在单个零件和构件上按设计孔径分别用钻模钻成的孔;

(3)在单个零件上先钻成或冲成较小的孔径,然后在装配好的构件上再扩钻至设计孔径的孔。

2. 在单个零件上一次冲成或不用钻模钻成设计孔径的孔属于 Ⅱ 类孔。

附表 1-6　钢材和钢铸件的物理性能指标

弹性模量 E/(N/ mm²)	剪切模量 G/(N/ mm²)	线膨胀系数 α(以每℃计)	质量密度 ρ/(kg/m³)
206×10^3	79×10^3	12×10^3	7 850

附录 2　计算系数表

附表 2-1　轴心受压构件的截面分类（板厚 $t<40$ mm）

截面形式			对 x 轴	对 y 轴
轧制			a 类	b 类
轧制，$b/h \leq 0.8$			a 类	b 类
轧制，$b/h \leq 0.8$	焊接，翼缘为焰切边	焊接		
轧制	轧制等边角钢			
轧制，焊接（板件宽厚比大于 20）	轧制或焊接		b 类	b 类
焊接	轧制截面和翼缘为焰切边的焊接截面			
格构式	焊接，板件边缘焰切			

截面形式	对 x 轴	对 y 轴
 焊接,翼缘为轧制或剪切边	b 类	c 类
 焊接,板件边缘为轧制 或剪切边	c 类	c 类

附表 2-2　轴心受压构件的截面分类(板厚 $t<40\,mm$)

截面形式		对 x 轴	对 y 轴
 轧制工字形或 H 形截面	$t<80\,mm$	b 类	c 类
	$t \geqslant 80\,mm$	c 类	d 类
 焊接工字形截面	翼缘为焰切边	b 类	b 类
	翼缘为轧制或剪切边	c 类	d 类
 焊接箱形截面	板件宽厚比大于 20	b 类	b 类
	板件宽厚比小于或等于 20	c 类	b 类

附表 2-3　a 类截面轴心受压构件的稳定系数 φ

$\lambda\sqrt{\dfrac{f_y}{235}}$	0	1	2	3	4	5	6	7	8	9
0	1.000	1.000	1.000	1.000	0.999	0.999	0.998	0.998	0.997	0.996
10	0.995	0.994	0.993	0.992	0.991	0.989	0.998	0.986	0.985	0.983
20	0.981	0.979	0.977	0.976	0.974	0.972	0.970	0.968	0.966	0.964
30	0.963	0.961	0.959	0.957	0.955	0.952	0.950	0.948	0.946	0.944
40	0.941	0.939	0.937	0.934	0.932	0.929	0.927	0.924	0.921	0.919
50	0.916	0.913	0.910	0.907	0.904	0.900	0.897	0.894	0.890	0.886
60	0.883	0.879	0.875	0.871	0.867	0.863	0.858	0.854	0.849	0.844
70	0.839	0.831	0.829	0.824	0.818	0.813	0.807	0.801	0.795	0.789
80	0.783	0.776	0.770	0.763	0.757	0.750	0.743	0.736	0.728	0.721
90	0.714	0.706	0.699	0.691	0.684	0.676	0.668	0.661	0.653	0.645
100	0.638	0.630	0.622	0.615	0.607	0.600	0.592	0.585	0.577	0.570
110	0.563	0.555	0.548	0.541	0.534	0.527	0.520	0.514	0.507	0.500
120	0.494	0.488	0.481	0.475	0.469	0.463	0.457	0.451	0.445	0.440
130	0.434	0.429	0.423	0.481	0.412	0.407	0.402	0.397	0.392	0.387
140	0.383	0.378	0.373	0.369	0.364	0.360	0.356	0.351	0.347	0.343
150	0.339	0.335	0.331	0.327	0.323	0.320	0.316	0.312	0.309	0.305
160	0.302	0.298	0.295	0.292	0.289	0.285	0.282	0.279	0.276	0.273
170	0.270	0.267	0.264	0.262	0.259	0.256	0.253	0.251	0.248	0.246
180	0.243	0.241	0.238	0.236	0.233	0.231	0.229	0.226	0.224	0.222
190	0.220	0.218	0.215	0.213	0.211	0.209	0.207	0.205	0.203	0.201
200	0.199	0.198	0.196	0.194	0.192	0.190	0.189	0.187	0.185	0.183
210	0.182	0.180	0.179	0.177	0.175	0.174	0.172	0.171	0.169	0.168
220	0.166	0.165	0.164	0.162	0.161	0.159	0.158	0.157	0.155	0.154
230	0.153	0.152	0.150	0.149	0.148	0.147	0.146	0.144	0.143	0.142
240	0.141	0.140	0.139	0.138	0.136	0.135	0.134	0.133	0.132	0.131
250	0.130	—	—	—	—	—	—	—	—	—

附表 2-4　b 类截面轴心受压构件的稳定系数 φ

$\lambda\sqrt{\dfrac{f_y}{235}}$	0	1	2	3	4	5	6	7	8	9
0	1.000	1.000	1.000	0.999	0.999	0.998	0.997	0.996	0.995	0.994
10	0.992	0.991	0.989	0.987	0.985	0.983	0.981	0.978	0.976	0.973
20	0.970	0.967	0.963	0.960	0.957	0.953	0.950	0.946	0.943	0.939
30	0.936	0.932	0.929	0.925	0.922	0.918	0.914	0.910	0.906	0.903
40	0.899	0.895	0.891	0.887	0.882	0.878	0.874	0.870	0.865	0.861
50	0.856	0.852	0.847	0.842	0.838	0.833	0.828	0.823	0.818	0.813
60	0.807	0.802	0.797	0.791	0.786	0.780	0.774	0.769	0.763	0.757
70	0.751	0.745	0.739	0.732	0.726	0.720	0.714	0.707	0.701	0.694
80	0.688	0.681	0.675	0.668	0.661	0.655	0.648	0.641	0.635	0.628
90	0.621	0.614	0.608	0.601	0.594	0.588	0.581	0.575	0.568	0.561
100	0.555	0.549	0.542	0.536	0.529	0.523	0.517	0.511	0.505	0.499
110	0.493	0.487	0.481	0.475	0.470	0.464	0.458	0.453	0.447	0.442
120	0.437	0.432	0.426	0.421	0.416	0.411	0.406	0.402	0.397	0.392
130	0.387	0.383	0.378	0.374	0.370	0.365	0.361	0.357	0.353	0.349
140	0.345	0.341	0.337	0.333	0.329	0.326	0.322	0.318	0.315	0.311
150	0.308	0.304	0.301	0.298	0.295	0.291	0.288	0.285	0.282	0.279
160	0.276	0.273	0.270	0.267	0.265	0.262	0.259	0.256	0.254	0.251
170	0.249	0.246	0.244	0.241	0.239	0.236	0.234	0.232	0.229	0.227
180	0.225	0.223	0.220	0.218	0.216	0.214	0.212	0.210	0.208	0.206
190	0.204	0.202	0.200	0.198	0.197	0.195	0.193	0.191	0.190	0.188
200	0.186	0.184	0.183	0.181	0.180	0.178	0.176	0.175	0.173	0.172
210	0.170	0.169	0.167	0.166	0.165	0.163	0.162	0.160	0.159	0.158
220	0.156	0.155	0.154	0.153	0.151	0.150	0.149	0.148	0.146	0.145
230	0.144	0.143	0.142	0.141	0.140	0.138	0.137	0.136	0.135	0.134
240	0.133	0.132	0.131	0.130	0.129	0.128	0.127	0.126	0.125	0.124
250	0.123	—	—	—	—	—	—	—	—	—

附表 2-5 c 类截面轴心受压构件的稳定系数 φ

$\lambda\sqrt{\dfrac{f_y}{235}}$	0	1	2	3	4	5	6	7	8	9
0	1.000	1.000	1.000	0.999	0.999	0.998	0.997	0.996	0.995	0.993
10	0.992	0.990	0.988	0.986	0.983	0.981	0.978	0.976	0.973	0.970
20	0.966	0.959	0.953	0.947	0.940	0.934	0.928	0.921	0.915	0.909
30	0.902	0.896	0.890	0.884	0.887	0.871	0.865	0.858	0.852	0.846
40	0.839	0.833	0.826	0.820	0.814	0.807	0.801	0.794	0.188	0.781
50	0.775	0.768	0.762	0.755	0.748	0.742	0.735	0.729	0.722	0.715
60	0.709	0.702	0.695	0.689	0.682	0.676	0.669	0.662	0.656	0.649
70	0.643	0.636	0.629	0.623	0.616	0.610	0.604	0.597	0.591	0.584
80	0.578	0.572	0.566	0.559	0.553	0.547	0.541	0.535	0.529	0.523
90	0.517	0.511	0.505	0.500	0.494	0.488	0.483	0.477	0.472	0.467
100	0.463	0.458	0.454	0.449	0.445	0.441	0.436	0.432	0.428	0.423
110	0.419	0.415	0.411	0.407	0.403	0.399	0.395	0.391	0.387	0.383
120	0.379	0.375	0.371	0.367	0.364	0.360	0.356	0.353	0.349	0.346
130	0.342	0.339	0.335	0.332	0.328	0.325	0.322	0.319	0.315	0.312
140	0.309	0.306	0.303	0.300	0.297	0.294	0.291	0.288	0.285	0.282
150	0.280	0.277	0.274	0.271	0.269	0.266	0.264	0.261	0.258	0.256
160	0.254	0.251	0.249	0.246	0.244	0.242	0.239	0.237	0.235	0.233
170	0.230	0.228	0.226	0.224	0.222	0.220	0.218	0.216	0.214	0.212
180	0.210	0.208	0.206	0.205	0.203	0.201	0.199	0.197	0.196	0.194
190	0.192	0.190	0.189	0.187	0.186	0.184	0.182	0.181	0.179	0.178
200	0.176	0.175	0.173	0.712	0.170	0.169	0.168	0.166	0.165	0.163
210	0.162	0.161	0.159	0.158	0.157	0.156	0.154	0.153	0.152	0.151
220	0.150	0.148	0.147	0.146	0.145	0.144	0.143	0.142	0.140	0.139
230	0.138	0.137	0.136	0.135	0.134	0.133	0.132	0.131	0.130	0.129
240	0.128	0.127	0.126	0.125	0.124	0.124	0.123	0.122	0.121	0.120
250	0.119	—	—	—	—	—	—	—	—	—

附表 2-6　d 类截面轴心受压构件的稳定系数 φ

$\lambda\sqrt{\dfrac{f_y}{235}}$	0	1	2	3	4	5	6	7	8	9
0	1.000	1.000	0.999	0.999	0.998	0.996	0.994	0.992	0.990	0.987
10	0.984	0.981	0.978	0.974	0.969	0.965	0.960	0.955	0.949	0.944
20	0.937	0.927	0.918	0.909	0.900	0.891	0.883	0.874	0.865	0.857
30	0.848	0.840	0.831	0.823	0.815	0.807	0.199	0.790	0.782	0.774
40	0.766	0.759	0.751	0.743	0.735	0.728	0.720	0.712	0.705	0.697
50	0.690	0.683	0.675	0.668	0.661	0.654	0.646	0.639	0.632	0.625
60	0.618	0.612	0.605	0.598	0.591	0.585	0.578	0.572	0.565	0.559
70	0.552	0.546	0.540	0.534	0.528	0.522	0.516	0.510	0.504	0.498
80	0.493	0.487	0.481	0.476	0.470	0.465	0.460	0.454	0.449	0.444
90	0.439	0.434	0.429	0.424	0.419	0.414	0.410	0.405	0.401	0.397
100	0.394	0.390	0.387	0.383	0.380	0.376	0.373	0.370	0.366	0.363
110	0.359	0.356	0.353	0.350	0.346	0.343	0.40	0.337	0.334	0.331
120	0.328	0.325	0.322	0.319	0.316	0.313	0.310	0.307	0.304	0.301
130	0.299	0.296	0.293	0.290	0.288	0.285	0.282	0.280	0.277	0.275
140	0.272	0.270	0.267	0.265	0.262	0.260	0.258	0.255	0.253	0.251
150	0.248	0.246	0.244	0.242	0.240	0.237	0.235	0.233	0.231	0.229
160	0.227	0.225	0.223	0.221	0.219	0.217	0.215	0.213	0.212	0.210
170	0.208	0.206	0.204	0.203	0.201	0.199	0.197	0.196	0.194	0.192
180	0.191	0.189	0.188	0.186	0.184	0.183	0.181	0.180	0.178	0.177
190	0.176	0.174	0.173	0.171	0.170	0.168	0.167	0.166	0.164	0.163
200	0.162	—	—	—	—	—	—	—	—	—

附表 2-7　系数 α_1、α_2、α_3

构件类别		α_1	α_2	α_3
a		0.41	0.986	0.152
b		0.65	0.965	0.300
c	$\bar{\lambda}\leq 1.05$	0.73	0.906	0.595
	$\bar{\lambda}>1.05$	0.73	1.216	0.302

附表 2-8　无侧移框架柱的长度系数 μ

K_2	K_1												
	0	0.05	0.1	0.2	0.3	0.4	0.5	1	2	3	4	5	$\geqslant 10$
0	1.000	0.990	0.981	0.964	0.949	0.935	0.922	0.875	0.820	0.791	0.773	0.760	0.732
0.05	0.990	0.981	0.971	0.955	0.940	0.926	0.914	0.867	0.814	0.784	0.766	0.754	0.726
0.1	0.981	0.971	0.962	0.946	0.931	0.918	0.906	0.860	0.807	0.778	0.760	0.748	0.721
0.2	0.964	0.955	0.946	0.930	0.916	0.903	0.891	0.846	0.795	0.767	0.749	0.737	0.711
0.3	0.949	0.940	0.931	0.916	0.902	0.889	0.878	0.834	0.784	0.756	0.739	0.728	0.701
0.4	0.935	0.926	0.918	0.903	0.889	0.877	0.866	0.823	0.774	0.747	0.730	0.719	0.693
0.5	0.922	0.914	0.906	0.891	0.878	0.866	0.855	0.813	0.765	0.738	0.721	0.710	0.685
1	0.875	0.867	0.860	0.846	0.834	0.823	0.813	0.774	0.729	0.704	0.688	0.677	0.654
2	0.820	0.814	0.807	0.795	0.784	0.774	0.765	0.729	0.686	0.663	0.648	0.638	0.615
3	0.791	0.784	0.778	0.767	0.756	0.747	0.738	0.704	0.663	0.640	0.625	0.616	0.593
4	0.773	0.766	0.760	0.749	0.739	0.730	0.721	0.688	0.648	0.625	0.611	0.601	0.580
5	0.760	0.754	0.748	0.737	0.728	0.719	0.710	0.677	0.638	0.616	0.601	0.592	0.570
$\geqslant 10$	0.732	0.726	0.721	0.711	0.701	0.693	0.685	0.654	0.615	0.593	0.580	0.570	0.549

注:1. 表中的计算长度系数 μ 值按下式计算:

$$\left[\left(\frac{\pi}{\mu}\right)^2 + 2(K_1+K_2) - 4K_1K_2\right]\frac{\pi}{\mu}\cdot\sin\frac{\pi}{\mu} - 2\left[(K_1+K_2)\left(\frac{\pi}{\mu}\right)^2 + 4K_1K_2\right]\cos\frac{\pi}{\mu} + 8K_1K_2 = 0$$

式中　K_1、K_2——相交于柱上端、柱下端的横梁线刚度之和的比值。当横梁远端为铰接时，应将横梁线刚度乘以 1.5；当横梁远端为嵌固时，则应乘以 2.0。

2. 当横梁与柱铰接时，取横梁线刚度为零。

3. 对底层框架柱：当柱与基础铰接时，取 $K_2 = 0$（对平板支座可取 $K_2 = 0.1$）；当柱与基础刚接时，取 $K_2 = 10$。

4. 当与柱刚性连接的横梁所受轴心压力 N_b 较大时，横梁线刚度应乘以折减系数 a_N。

（1）横梁远端与柱刚接和横梁远端铰支时：$a_N = 1 - N_b/N_{Eb}$。

（2）横梁远端嵌固时：$a_N = 1 - N_b/(2N_{Eb})$。

式中　$N_{Eb} = \pi^2 EI_b/l^2$，I_b 为横梁截面惯性矩，l 为横梁长度。

附表 2-9　有侧移框架柱的长度系数 μ

K_2	K_1												
	0	0.05	0.1	0.2	0.3	0.4	0.5	1	2	3	4	5	$\geqslant 10$
0	—	6.02	4.46	3.42	3.01	2.78	2.64	2.33	2.17	2.11	2.08	2.07	2.03
0.05	6.02	4.16	3.47	2.86	2.58	2.42	2.31	2.07	1.94	1.90	1.87	1.86	1.83
0.1	4.46	3.47	3.01	2.56	2.33	2.20	2.11	1.90	1.79	1.75	1.73	1.72	1.70
0.2	3.42	2.86	2.56	2.23	2.05	1.94	1.87	1.70	1.60	1.57	1.55	1.54	1.52
0.3	3.01	2.58	2.33	2.05	1.90	1.80	1.74	1.58	1.49	1.46	1.45	1.44	1.42
0.4	2.78	2.42	2.20	1.94	1.80	1.71	1.65	1.50	1.42	1.39	1.37	1.37	1.35
0.5	2.64	2.31	2.11	1.87	1.74	1.65	1.59	1.45	1.37	1.34	1.32	1.32	1.30

K_2	K_1												
	0	0.05	0.1	0.2	0.3	0.4	0.5	1	2	3	4	5	≥ 10
1	2.33	2.07	1.90	1.70	1.58	1.50	1.45	1.32	1.24	1.21	1.20	1.19	1.17
2	2.17	1.94	1.79	1.60	1.49	1.42	1.37	1.24	1.16	1.14	1.12	1.12	1.10
3	2.11	1.90	1.75	1.57	1.46	1.39	1.34	1.21	1.14	1.11	1.10	1.09	1.07
4	2.08	1.87	1.73	1.55	1.45	1.37	1.32	1.20	1.12	1.10	1.08	1.08	1.06
5	2.07	1.86	1.72	1.54	1.44	1.37	1.32	1.19	1.12	1.09	1.08	1.07	1.05
≥ 10	2.03	1.83	1.70	1.52	1.42	1.35	1.30	1.17	1.10	1.07	1.06	1.05	1.03

注:1. 表中的计算长度系数 μ 值按下式计算:

$$\left[36K_1K_2 - \left(\frac{\pi}{\mu}\right)^2\right]\sin\frac{\pi}{\mu} + 6(K_1+K_2)\frac{\pi}{\mu}\cdot\cos\frac{\pi}{\mu} = 0$$

式中 K_1、K_2——相交于柱上端、柱下端的横梁线刚度之和的比值。当横梁远端为铰接时,应将横梁线刚度乘以 0.5;当横梁远端为嵌固时,则应乘以 2/3。

2. 当横梁与柱铰接时,取横梁线刚度为零。

3. 对底层框架柱:当柱与基础铰接时,取 $K_2=0$(对平板支座可取 $K_2=0.1$);当柱与基础刚接时,取 $K_2=10$。

4. 当与柱刚性连接的横梁所受轴心压力 N_b 较大时,横梁线刚度应乘以折减系数 a_N。

(1)横梁远端与柱刚接时:$a_N=1-N_b/(4N_{Eb})$。

(2)横梁远端铰支时:$a_N=1-N_b/N_{Eb}$。

(3)横梁远端嵌固时:$a_N=1-N_b/(2N_{Eb})$。

附录 3 型钢规格表

附表 3-1 热轧等边角钢截面特性

型号	圆角 r	形心矩 z_0	截面面积 A	质量	惯性矩 I_x	W_{xmax}	W_{xmin}	i_x	i_{x0}	i_{y0}	i_y 6 mm	8 mm	10 mm	12 mm
	mm	mm	cm²	kg/m	cm⁴	cm³	cm³	cm	cm	cm	cm	cm	cm	cm
∟20× 3	3.5	6.0	1.13	0.89	0.40	0.66	0.29	0.59	0.75	0.39	1.08	1.16	1.25	1.34
4		6.4	1.46	1.15	0.50	0.78	0.36	0.58	0.73	0.38	1.11	1.19	1.28	1.37
∟20× 3	3.5	7.3	1.43	1.12	0.82	1.12	0.46	0.76	0.95	0.49	1.27	1.36	1.44	1.53
4		7.6	1.86	1.46	1.03	1.34	0.59	0.74	0.93	0.48	1.30	1.38	1.46	1.55
∟20× 3	4.5	8.5	1.75	1.37	1.46	1.72	0.68	0.91	1.15	0.59	1.47	1.55	1.63	1.71
4		8.9	2.28	1.79	1.84	2.08	0.87	0.90	1.13	0.58	1.49	1.57	1.66	1.74
3	4.5	10.0	2.11	1.66	2.58	2.59	0.99	1.11	1.39	0.71	1.71	1.75	1.86	1.94
∟20×4		10.4	2.76	2.16	3.29	3.16	1.28	1.09	1.38	0.70	1.73	1.81	1.89	1.97
5		10.7	3.38	2.65	3.95	3.70	1.56	1.08	1.36	0.70	1.74	1.82	1.91	1.99
3	5	10.9	2.36	1.85	3.59	3.28	1.23	1.23	1.55	0.79	1.86	1.94	2.01	2.09
∟20×4		11.3	3.09	2.42	4.60	4.07	1.60	1.22	1.54	0.79	1.88	1.96	2.04	2.12
5		11.7	3.79	2.98	5.53	4.73	1.96	1.21	1.52	0.78	1.90	1.98	2.06	2.14
3	5	12.2	2.66	2.09	5.17	4.24	1.58	1.39	1.76	0.90	2.06	2.14	2.21	2.29
4			3.49	2.74	6.65	5.28	2.05	1.38	1.74	0.89	2.08	2.16	2.24	2.32
∟20× 5		13.0	4.29	3.37	8.04	6.19	2.51	1.37	1.72	0.88	2.11	2.18	2.26	2.34
6		13.3	5.08	3.99	9.33	7.00	2.95	1.36	1.70	0.88	2.12	2.20	2.28	2.36
3	5.5	13.4	2.97	2.33	7.18	5.36	1.96	1.55	1.96	1.00	2.26	2.33	2.41	2.48
4		13.8	3.90	3.06	9.26	6.71	2.56	1.54	1.94	0.99	2.28	2.35	2.43	2.51
∟20× 5		14.2	4.80	3.77	11.21	7.89	3.13	1.53	1.92	0.99	2.30	2.38	2.45	2.53
6		14.6	5.69	4.47	13.05	8.94	3.68	1.52	1.91	0.98	2.32	2.40	2.48	2.56
3	6	14.8	3.34	2.62	10.19	6.89	2.48	1.75	2.20	1.13	2.49	2.57	2.64	2.71
4		15.3	4.39	3.45	13.18	8.63	3.24	1.73	2.18	1.11	2.52	2.59	2.67	2.75
∟20× 5		15.7	5.42	4.25	16.02	10.2	3.97	1.72	2.17	1.10	2.54	2.62	2.69	2.77
8		16.8	8.37	6.57	23.62	14.0	6.03	1.68	2.11	1.09	2.60	2.67	2.75	2.83
4	7	17.0	4.98	3.91	19.03	11.2	4.13	1.96	2.46	1.26	2.80	2.87	2.94	3.02
5		17.4	6.14	4.82	23.17	13.3	5.08	1.94	2.45	1.25	2.82	2.89	2.97	3.04
∟20×6		17.8	7.29	5.72	27.12	15.2	6.00	1.93	2.43	1.24	2.83	2.91	2.99	3.06
8		18.5	9.52	7.47	34.46	18.6	7.75	1.90	2.40	1.23	2.87	2.95	3.02	3.10
10		19.3	11.66	9.15	41.09	21.3	9.39	1.88	2.36	1.22	2.91	2.99	3.07	3.15

单角钢 / 双角钢 / i_y，当 a 为下列数值时 / 回转半径 / 截面模量

续表

型号		圆角 r	形心矩 z_0	截面面积 A	质量	惯性矩 I_x	截面模量		回转半径			i_y，当 a 为下列数值时			
							W_{xmax}	W_{xmin}	i_x	i_{x0}	i_{y0}	6 mm	8 mm	10 mm	12 mm
	mm	mm		cm²	kg/m	cm⁴	cm³		cm			cm			
	4		18.6	5.57	4.37	26.39	14.2	5.14	2.18	2.74	1.40	3.07	3.14	3.21	3.28
	5		19.1	6.88	5.40	32.21	16.8	6.32	2.16	2.73	1.39	3.09	3.17	3.24	3.31
∟20×6	6	8	19.5	8.16	6.41	37.77	19.4	7.48	2.15	2.71	1.38	3.11	3.19	3.26	3.34
	7		19.9	9.42	7.40	43.09	21.6	8.59	2.14	2.69	1.38	3.13	3.21	3.28	3.36
	8		20.3	10.7	8.37	48.17	23.8	9.68	2.13	2.68	1.37	3.15	3.23	3.30	3.38
	5		20.4	7.41	5.82	39.97	19.6	7.32	2.33	2.92	1.50	3.30	3.37	3.45	3.52
	6		20.7	8.80	6.91	46.95	22.7	8.64	2.31	2.90	1.49	3.31	3.38	3.46	3.53
∟20×7	8	9	21.1	10.16	7.98	53.57	25.4	9.93	2.30	2.89	1.48	3.33	3.40	3.48	3.55
	8		21.5	11.50	9.03	59.96	27.9	11.2	2.28	2.88	1.47	3.35	3.42	3.50	3.57
	10		22.2	14.13	11.09	71.98	32.4	13.6	2.26	2.84	1.46	3.38	3.46	3.53	3.61
	5		21.5	7.91	6.21	48.79	22.7	8.34	2.48	3.13	1.60	3.49	3.56	3.63	3.71
	6		21.9	9.40	7.38	57.35	26.1	9.87	2.47	3.11	1.59	3.51	3.58	3.65	3.73
∟20×7	7	9	22.3	10.86	8.53	65.58	29.4	11.4	2.46	3.10	1.58	3.53	3.60	3.67	3.75
	8		22.7	12.30	9.66	73.49	32.4	12.8	2.44	3.08	1.57	3.55	3.62	3.69	3.77
	10		23.5	15.13	11.87	88.43	37.6	15.6	2.42	3.04	1.56	3.59	3.66	3.74	3.81
	6		24.4	10.64	8.35	82.77	33.9	12.6	2.79	3.51	1.80	3.91	3.98	4.05	4.13
	7		24.8	12.30	9.66	94.83	38.2	14.5	2.78	3.50	1.78	3.93	4.00	4.07	4.15
∟20×8	8	10	25.2	13.94	10.95	106.47	42.1	16.4	2.76	3.50	1.78	3.95	4.00	4.09	4.17
	10		25.9	17.17	13.48	128.58	49.7	20.1	2.74	3.45	1.16	3.98	4.05	4.13	4.20
	12		26.7	20.31	15.94	149.22	56.0	23.6	2.71	3.41	1.75	4.02	4.10	4.17	4.25
	6		26.7	11.93	9.37	114.95	43.1	15.7	3.10	3.90	2.00	4.30	4.37	4.44	4.51
	7		27.1	13.80	10.83	131.86	48.6	18.1	3.09	3.89	1.99	4.31	4.39	4.46	4.53
	8		27.6	15.64	12.28	148.24	53.7	20.5	3.08	3.88	1.98	4.34	4.41	4.48	4.56
∟20×10	10	12	28.4	19.26	15.12	179.51	63.2	25.0	3.05	3.84	1.96	4.38	4.45	4.52	4.60
	12		29.1	22.80	17.90	208.90	71.9	29.5	3.03	3.81	1.95	4.41	4.49	4.56	4.63
	14		29.9	26.26	20.61	236.53	79.1	33.7	3.00	3.77	1.94	4.45	4.53	4.60	4.68
	16		20.6	29.63	23.26	262.53	89.6	37.8	2.98	3.74	1.93	4.49	4.56	4.64	4.72

附表 3-2　热轧不等边角钢截面特性

单角钢　　双角钢

型号	圆角 r (mm)	形心矩 z_x (mm)	形心矩 z_y (mm)	截面面积 A (cm²)	质量 (kg/m)	I_x (cm⁴)	I_y (cm⁴)	i_x (cm)	i_y (cm)	i_{y0} (cm)	i_{y_1} a=6mm	i_{y_1} a=8mm	i_{y_1} a=10mm	i_{y_1} a=12mm	i_{y_2} a=6mm	i_{y_2} a=8mm	i_{y_2} a=10mm	i_{y_2} a=12mm
∟25×16×3	3.5	4.3	8.6	1.16	0.91	0.22	0.70	0.44	0.78	0.34	0.84	0.93	1.02	1.11	1.40	1.48	1.57	1.65
∟25×16×4		4.6	9.0	1.50	1.18	0.27	0.88	0.43	0.77	0.34	0.87	0.96	1.05	1.14	1.42	1.51	1.60	1.68
∟32×20×3	3.5	4.9	10.8	1.49	1.17	0.46	1.53	0.55	1.01	0.43	0.97	1.05	1.14	1.23	1.23	1.79	1.88	1.96
∟32×20×4		5.3	11.2	1.94	1.52	0.57	1.93	0.54	1.00	0.42	0.99	1.08	1.16	1.25	1.25	1.82	1.90	1.99
∟40×25×3	4	5.9	13.2	1.89	1.48	0.93	3.08	0.70	1.28	0.54	1.13	1.21	1.30	1.38	1.38	2.14	2.22	2.31
∟40×25×4		6.3	13.7	2.47	1.94	1.18	3.93	0.69	1.26	0.54	1.16	1.24	1.32	1.41	1.41	2.17	2.26	2.34
∟45×28×3	5	6.4	14.7	2.15	1.69	0.34	4.45	0.79	1.44	0.61	1.23	1.31	1.39	1.47	1.47	2.36	2.44	2.52
∟45×28×4		6.8	15.1	2.81	2.20	1.70	5.69	0.78	1.42	0.60	1.25	1.33	1.41	1.50	1.50	2.38	2.46	2.55
∟50×32×3	5.5	7.3	16.0	2.43	1.91	2.02	6.24	0.91	1.60	0.70	1.38	1.45	1.51	1.61	1.61	2.56	2.64	2.72
∟50×32×4		7.7	16.5	3.18	2.49	2.58	8.02	0.90	1.59	0.69	1.40	1.48	1.56	1.64	1.64	2.59	2.67	2.75
∟56×36×3	6	8.0	17.8	2.74	2.15	2.92	8.88	1.03	1.80	0.79	1.51	1.58	1.66	1.74	1.74	2.83	2.90	2.98
∟56×36×4		8.5	18.2	3.59	2.82	3.76	11.45	1.02	1.79	0.79	1.54	1.62	1.69	1.77	1.77	2.85	2.93	3.01
∟56×36×5		8.8	18.7	4.42	3.47	4.49	13.86	1.01	1.77	0.78	1.55	1.63	1.71	1.79	1.79	2.87	2.96	3.04
∟63×40×4	7	9.2	20.4	4.06	3.19	5.23	16.49	1.14	2.02	0.88	1.67	1.74	1.82	1.90	1.90	3.16	3.24	3.32
∟63×40×5		9.5	20.8	4.99	3.92	6.31	20.02	1.12	2.00	0.87	1.68	1.76	1.83	1.91	1.91	3.19	3.27	3.35
∟63×40×6		9.9	21.2	5.91	4.64	7.29	23.36	1.11	1.98	0.86	1.70	1.78	1.86	1.94	1.94	3.21	3.29	3.37
∟63×40×7		10.3	21.5	6.80	5.34	8.24	26.53	1.10	1.96	0.86	1.73	1.80	1.88	1.97	1.97	3.23	3.30	3.39
∟70×45×4	7.5	10.2	22.4	4.55	3.57	7.55	23.17	1.29	2.26	0.98	1.84	1.92	1.99	2.07	3.40	3.48	3.56	3.62
∟70×45×5		10.6	22.8	5.61	4.40	9.13	27.95	1.28	2.23	0.98	1.86	1.94	2.01	2.09	3.41	3.49	3.57	3.64
∟70×45×6		10.9	23.2	6.65	5.22	10.62	32.54	1.26	2.21	0.98	1.88	1.96	2.03	2.11	3.43	3.51	3.58	3.66
∟70×45×7		11.3	23.6	7.66	6.01	12.01	37.22	1.25	2.20	0.97	1.89	1.98	2.06	2.14	3.45	3.53	3.61	3.69
∟75×50×5	8	11.7	24.0	6.13	4.81	12.61	34.86	1.44	2.39	1.09	2.05	2.13	2.20	2.28	3.60	3.68	3.76	3.83
∟75×50×6		12.1	24.4	7.26	5.70	14.70	41.12	1.42	2.38	1.08	2.07	2.15	2.22	2.30	3.63	3.71	3.78	3.86
∟75×50×8		12.9	25.2	9.47	7.43	18.53	52.39	1.40	2.35	1.07	2.12	2.20	2.27	2.35	3.67	3.75	3.83	3.91
∟75×50×10		13.6	26.0	11.6	9.10	21.96	62.71	1.38	2.33	1.06	2.16	2.23	2.31	2.40	3.71	3.80	3.88	3.96
∟80×50×5	8	11.4	26.0	6.38	5.01	12.82	41.96	1.42	2.56	1.10	2.02	2.06	2.17	2.24	3.87	3.95	4.02	4.10
∟80×50×6		11.8	26.5	7.56	5.94	14.95	49.49	1.41	2.55	1.08	2.04	2.12	2.19	2.27	3.90	3.98	4.06	4.14
∟80×50×7		12.1	26.9	8.72	6.85	16.96	56.16	1.39	2.54	1.08	2.06	2.13	2.21	2.28	3.92	4.00	4.08	4.15
∟80×50×8		12.5	27.3	9.87	7.75	18.85	62.83	1.38	2.52	1.07	2.08	2.15	2.23	2.31	3.94	4.02	4.10	4.18

续表

型号	单角钢													双角钢							

型号	圆角 r	形心矩		截面面积 A	质量	惯性矩		回转半径			i_{y1}，当a为下列数值时				i_{y2}，当a为下列数值时			
		z_x	z_y			I_x	I_y	i_x	i_y	i_{y0}	6 mm	8 mm	10 mm	12 mm	6 mm	8 mm	10 mm	12 mm
	mm	mm		cm²	kg/m	cm⁴		cm³			cm				cm			
L 90×56× 5	9	12.5	29.1	7.21	5.66	18.32	60.45	1.59	2.90	1.23	2.22	2.29	2.37	2.44	4.32	4.40	4.47	4.55
6		12.9	29.5	8.56	6.72	21.42	71.03	1.58	2.88	1.23	2.24	2.32	2.39	2.46	4.34	4.42	4.49	4.57
7		13.3	30.0	9.88	7.76	24.36	81.01	1.57	2.86	1.22	2.26	2.34	2.41	2.49	4.37	4.45	4.524	4.60
8		13.6	30.4	11.18	8.78	27.15	91.03	1.56	2.85	1.21	2.28	2.35	2.43	2.50	4.39	4.47	.55	4.62
L 100×63× 6	10	14.3	32.4	9.62	7.55	30.94	99.06	1.79	3.21	1.38	2.49	2.56	2.63	2.71	4.78	4.85	4.93	5.00
7		14.7	32.8	11.11	8.72	35.26	113.45	1.78	3.20	1.38	2.51	2.58	2.66	2.73	4.80	4.87	4.95	5.03
8		15.0	33.2	12.58	9.88	39.39	127.37	1.77	3.18	1.37	2.52	2.60	2.67	2.75	4.82	4.89	4.97	5.05
10		15.8	34.0	15.47	12.14	47.12	153.81	1.74	3.15	1.35	2.57	2.64	2.72	2.79	4.86	4.94	5.02	5.09
L 100×80× 6	10	19.7	29.5	10.64	8.35	61.24	107.04	2.40	3.17	1.72	3.30	3.79	3.44	3.52	4.54	4.61	4.69	4.76
7		20.1	30.0	12.30	9.66	70.08	123.73	2.39	3.16	1.72	3.32	3.39	3.46	3.54	4.57	4.64	4.71	4.79
8		20.5	30.4	13.94	10.95	78.58	137.92	2.37	3.14	1.71	3.34	3.41	3.48	3.56	4.59	4.66	4.74	4.81
10		21.3	31.2	17.17	13.48	94.65	166.87	2.35	3.12	1.69	3.38	3.45	3.53	3.60	3.60	4.70	4.78	4.85
L 110×70× 6	10	15.7	35.3	10.64	8.35	42.92	133.37	2.01	3.54	1.54	2.74	2.81	2.88	2.97	5.22	5.29	5.36	5.44
7		16.1	35.7	12.30	9.66	49.01	153.00	2.00	3.53	1.53	2.76	2.83	2.90	2.98	5.24	5.31	5.39	5.46
8		16.5	36.2	13.94	10.95	54.87	172.04	1.98	3.51	1.53	2.78	2.85	2.93	3.00	5.26	5.34	5.41	5.49
10		17.2	37.0	17.17	13.48	65.88	208.39	1.96	3.48	1.51	2.81	2.89	2.96	3.04	5.30	5.38	5.46	5.53
L 125×80× 7	11	18.0	40.1	14.10	11.07	74.42	227.98	2.30	4.02	1.76	3.11	3.18	3.25	3.33	5.89	5.97	6.04	6.12
8		18.4	40.6	16.99	12.55	83.49	256.77	2.28	4.01	1.75	3.13	3.20	3.27	3.34	5.92	6.00	6.07	6.15
10		19.2	41.4	19.71	15.47	100.67	312.04	2.26	3.98	1.74	3.17	3.24	3.31	3.38	5.96	6.04	6.11	6.19
12		20.0	42.2	23.35	18.33	116.67	361.41	2.24	3.95	1.72	3.21	3.28	3.35	3.43	6.00	6.08	6.15	6.23
L 140×80× 8	12	20.4	45.0	18.04	14.16	120.69	365.64	2.59	4.50	1.98	3.49	3.56	3.63	3.70	6.58	6.65	6.72	6.79
10		21.2	45.8	22.26	17.46	146.03	445.50	2.56	4.47	1.96	3.52	3.59	3.66	3.74	6.62	6.69	6.77	6.84
12		21.9	46.6	26.40	20.72	169.79	521.59	2.54	4.44	1.95	3.56	3.62	3.70	3.77	6.66	6.74	6.81	6.89
14		22.7	47.4	30.47	23.91	192.10	594.10	2.51	4.42	1.94	3.59	3.67	3.74	3.81	6.70	6.78	6.85	6.93
L 160×100× 10	13	22.8	52.4	25.32	19.87	205.03	668.69	2.85	5.14	2.19	3.84	3.91	3.98	4.05	7.56	7.63	7.70	7.78
12		23.62	53.2	30.05	23.59	239.06	784.91	2.82	5.11	2.17	3.88	3.95	4.02	4.09	7.60	7.67	7.75	7.82
14		4.3	54.0	34.71	27.25	271.20	896.30	2.80	5.08	2.16	3.91	3.98	4.05	4.12	7.64	7.71	7.79	7.86
16		25.1	54.8	39.28	30.84	301.60	1 003.04	2.77	5.05	2.16	3.95	4.02	4.09	4.17	7.68	7.75	7.83	7.91
L 180×110× 10	14	24.4	58.9	28.37	22.27	278.11	965.25	3.13	5.80	2.42	4.16	4.23	4.29	4.36	8.47	8.56	8.63	8.71
12		25.2	59.8	33.71	26.46	325.03	1 124.72	3.10	5.78	2.40	4.19	4.26	4.33	4.40	8.53	8.61	8.68	8.76
14		25.9	60.6	38.97	30.59	369.55	1286.91	3.08	5.75	2.39	4.23	4.29	4.36	4.43	8.57	8.65	8.72	8.80
16		26.7	61.4	44.14	34.65	411.85	1443.06	3.06	5.72	2.38	4.26	4.33	4.40	4.47	8.61	8.69	8.76	8.84

型号	单角钢									双角钢							

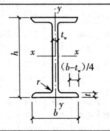

型号	圆角 r	形心矩		截面面积 A	质量	惯性矩		回转半径			i_{y_1}，当 a 为下列数值时				i_{y_2}，当 a 为下列数值时			
		z_x	z_y			I_x	I_y	i_x	i_y	i_{y0}	6 mm	8 mm	10 mm	12 mm	6 mm	8 mm	10 mm	12 mm
		mm		cm²	kg/m	cm⁴		cm³			cm				cm			
∟ 200×125× 12	14	28.3	65.4	37.91	29.76	483.16	1570.90	3.57	6.44	2.75	4.75	4.81	4.88	4.95	9.39	9.47	9.54	9.61
14		29.1	66.2	43.87	34.44	550.83	1800.97	3.54	6.41	2.73	4.78	4.85	4.92	4.99	9.43	9.50	9.58	9.65
16		29.9	67.0	49.74	39.05	615.44	2023.35	3.52	6.38	2.71	4.82	4.89	4.96	5.03	9.47	9.54	9.62	9.69
18		30.6	67.8	55.53	43.59	677.19	2238.30	3.49	6.35	2.70	4.85	4.92	4.99	5.07	9.51	9.58	9.66	9.74

附表 3-3　热轧普通工字钢截面特征

符号：
h —高度
b —翼缘宽度
t_w —腹板厚度
t —翼缘平均厚度
I —截面惯性矩
W —截面模量

i —回转半径
S —半截面的面积矩
长度：型号 10~18，长 5~19 m；型号 20~63，长 6~19 m

型号	尺寸 / mm					截面面积 /cm²	质量 /（kg/m）	x-x 轴				y-y 轴		
	h	b	t_w	t	r			I_x/cm⁴	W_x/cm³	i_x/cm	I_x/S_x/cm	I_y/cm⁴	W_y/cm³	i_y/cm
10	100	68	4.5	7.6	6.5	14.35	11.26	245	49	4.14	8.59	33	9.7	1.52
12.6	126	74	5.0	8.4	7.0	18.12	14.22	488	78	5.20	10.8	47	12.7	1.61
14	140	80	5.5	9.1	7.5	21.52	16.89	712	102	5.76	12.0	64	16.1	1.73
16	160	88	6.0	9.9	8.0	26.13	20.51	1 130	141	6.58	13.8	93	21.2	1.8
18	180	94	6.5	10.7	8.5	30.76	24.14	1 660	185	7.36	15.4	122	26.0	92.00
20 a	200	100	7.0	11.4	9.0	35.58	27.93	2 370	237	8.15	17.2	158	31.5	2.12
20 b		102	9.0			39.58	31.07	2 500	250	7.96	16.9	169	33.1	2.06
22 a	220	110	7.5	12.3	9.5	35.58	33.07	3 400	309	8.99	18.9	225	40.9	2.31
22 b		112	9.5			39.58	36.52	3 570	325	8.78	18.7	239	42.7	2.27
25 a	250	116	8.0	13.0	10.0	48.54	38.11	5 020	402	10.2	21.7	280	48.3	2.40
25 b		118	10.0			53.54	42.03	5 280	423	9.94	21.3	309	52.4	2.40
28 a	280	122	8.5	13.7	10.5	55.40	43.49	7 110	508	11.3	24.6	345	56.6	2.50
28 b		124	10.5			61.00	47.89	7 480	534	11.1	24.2	379	61.2	2.49

续表

符号：
h—高度
b—翼缘宽度
t_w—腹板厚度
t—翼缘平均厚度
I—截面惯性矩
W—截面模量

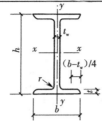

i—回转半径
S—半截面的面积矩
长度：型号 10~18，长 5~19 m；型号 20~63，长 6~19 m

型号		尺寸 / mm					截面面积 /cm²	质量 / (kg/m)	x-x 轴				y-y 轴		
		h	b	t_w	t	r			I_x/cm⁴	W_x/cm³	i_x/cm	I_x/S_x/cm	I_y/cm⁴	W_y/cm³	i_y/cm
32	a	320	130	9.5	15.0	11.5	67.16	52.72	11 100	692	12.8	27.5	460	70.8	2.62
	b		132	11.5			73.56	57.74	11 600	726	12.6	27.1	502	76.0	2.61
	c		134	13.5			79.96	62.77	12 200	760	12.3	26.8	544	81.2	2.61
36	a	360	136	10.0	15.8	12.0	76.48	60.04	15 800	875	14.4	30.7	552	81.2	2.69
	b		138	12.0			83.68	65.69	16 500	919	14.1	30.3	582	84.3	2.64
	c		140	14.0			90.88	71.34	17 300	962	13.8	29.9	612	87.4	2.60
40	a	400	142	10.5	16.5	12.5	86.11	67.60	21 700	1 090	15.9	34.1	660	93.2	2.77
	b		144	12.5			94.11	73.88	22 800	1 140	15.6	33.6	692	96.2	2.71
	c		146	14.5			102.11	80.16	23 900	1 190	15.2	33.2	727	99.6	2.65
45	a	450	150	11.5	18	13.5	102.45	80.42	32 200	1 430	17.7	38.6	855	114	2.89
	b		152	13.5			111.45	87.49	33 800	1 500	17.4	38.0	894	118	2.84
	c		154	15.5			120.45	94.55	35 300	1 570	17.1	37.6	938	122	2.79
50	a	500	158	12.0	20	14	119.30	93.65	46 500	1 860	19.7	42.8	1 122	142	3.07
	b		160	14.0			129.30	101.50	48 600	1 940	19.4	42.4	1 171	146	3.01
	c		162	16.0			139.30	109.35	50 600	2 080	19.0	41.8	1 220	151	2.96
56	a	560	166	12.5	21	14.5	135.44	106.32	65 600	2 340	22.0	47.7	1 370	165	3.18
	b		168	14.5			146.44	115.11	68 500	2 440	21.6	47.2	1 487	174	3.16
	c		170	16.5			157.84	123.90	71 400	2 550	21.3	46.7	1 558	183	3.16
63	a	630	176	13.0	22	15	154.66	121.41	93 900	2 980	24.6	54.2	1 701	193	3.31
	b		178	15.0			167.26	131.30	98 100	3 160	24.2	53.5	1 812	204	3.29
	c		180	17.0			179.86	141.19	102 000	3 300	23.8	52.9	1 925	214	3.27

附表3-4 热轧普通槽钢截面特征

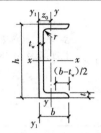

符号:同普通工字钢

长度:
型号 5~8,长 5~12 m;
型号 10~18,长 5~19 m;
型号 20~40,长 6~19 m

型号		尺寸/mm					截面面积 A/cm²	质量/(kg/m)	x-x轴			y-y轴			y1-y1轴	z₀/cm
		h	b	t_w	t	r			I_x/cm⁴	W_x/cm³	i_x/cm	I_y/cm⁴	W_y/cm³	i_y/cm	I_{y1}/cm⁴	
5		50	37	4.5	7.0	7.0	6.93	5.44	26	10.4	1.94	8.3	3.55	1.10	20.9	1.35
6.3		63	40	4.8	7.5	7.5	8.45	8.45	51	16.1	2.45	11.9	4.50	1.19	28.4	1.36
8		80	43	5.0	8.0	8.0	10.25	10.25	101	25.3	3.15	16.6	5.79	1.27	37.4	1.43
10		100	48	5.3	8.5	8.5	12.75	12.75	198	39.7	3.95	25.6	7.80	1.41	54.9	1.52
12.6		126	53	5.5	9.0	9.0	15.69	15.69	391	62.1	4.95	38.0	10.2	1.57	77.1	1.59
14	a	140	58	6.0	9.5	9.5	18.52	14.54	564	80.5	5.52	53.2	13.0	1.70	107	1.71
	b		60	8.0			21.32	16.73	609	87.1	5.35	61.1	14.1	1.69	121	1.67
16	a	160	63	6.5	10.0	10.0	21.96	17.24	866	108	6.28	73.3	16.3	1.83	144	1.80
	b		65	8.5			25.16	19.75	935	117	6.10	83.4	17.6	1.82	161	1.75
18	a	180	68	7.0	10.5	10.5	25.70	20.17	1 270	141	7.04	98.6	20.0	1.96	190	1.88
	b		70	9.0			29.30	23.00	1 370	152	6.84	111	21.5	1.95	210	1.84
20	a	200	73	7.0	11.0	11.0	28.84	22.64	1 780	178	7.86	128	24.2	2.11	244	2.01
	b		75	9.0			32.84	25.78	1 910	191	7.64	144	25.9	2.09	268	1.95
22	a	220	77	7.0	11.5	11.5	31.84	25.00	2 390	218	8.67	158	28.2	2.23	298	2.10
	b		79	9.0			36.25	28.45	2 570	234	8.42	176	30.1	2.21	326	2.03
25	a	250	78	7.0	12.0	12.0	34.92	27.41	3 370	270	9.82	176	30.6	2.24	322	2.07
	b		80	9.0			39.92	31.34	3 530	282	9.41	196	32.7	2.22	353	1.98
	c		82	11.0			44.92	35.26	3 690	295	9.07	218	35.9	2.21	384	1.92
28	a	280	82	7.5	12.5	12.5	40.03	31.34	4 760	340	10.9	218	35.9	2.33	388	2.10
	b		84	9.5			45.63	35.82	5 130	366	10.6	242	35.7	2.30	428	2.02
	c		86	11.5			51.23	40.22	5 500	393	10.4	268	40.3	2.29	463	1.95
32	a	320	88	8.0	14.0	14.0	48.51	38.08	7 600	475	12.5	305	46.5	2.50	552	2.24
	b		90	10.0			54.91	43.11	8 140	509	12.2	336	49.2	2.47	593	2.16
	c		92	12.0			61.31	48.13	8 690	543	11.9	374	52.6	2.47	643	2.09
36	a	360	96	9.0	16.0	16.0	60.91	47.81	11 900	660	14.0	455	63.5	2.73	818	2.44
	b		98	11.0			68.11	53.47	12 700	703	13.6	497	66.9	2.70	880	2.37
	c		100	13.0			75.31	59.12	13 400	746	13.4	536	70.0	2.67	948	2.34
40	a	400	100	10.5	18.0	18.0	75.07	58.93	17 600	879	15.3	592	78.8	2.81	1 070	2.49
	b		102	12.5			83.07	65.21	18 600	932	15.0	640	82.5	2.78	1 140	2.44
	c		104	14.5			91.07	71.49	19 700	986	14.7	688	86.2	2.75	1 220	2.42

附表 3-5　热轧 H 型钢规格及截面特性

符号：
h—高度　　　　I—截面惯性矩
b—翼缘宽度　　W—截面模量
t_1—腹板厚度　　r—圆角半径
t_2—翼缘厚度

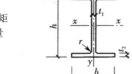

类别	型号 （$h \times b$）	尺寸 / mm				截面 面积 A/cm^2	质量 / （kg/m）	特性参数					
								惯性矩 /cm^4		回转半径 /cm		截面模量 /cm^3	
		$h \times b$	t_1	t_2	r			I_x	I_y	i_x	i_y	W_x	W_y
HW	100×100	100×100	6	8	10	21.90	17.2	383	134	4.18	2.47	76.5	26.7
	125×125	125×125	6.5	9	10	30.31	23.8	847	294	5.29	3.11	136	47.0
	150×150	150×150	7	10	13	40.55	31.9	1 660	564	6.39	3.73	221	75.1
	175×175	175×175	7.5	11	13	51.43	40.3	2 900	984	7.50	4.37	331	112
	200×200	200×200	8	12	16	64.28	50.5	4 770	1 600	8.61	4.99	477	160
		#200×204	12	12	16	72.28	56.7	5 030	1 700	8.35	4.85	503	167
	250×250	250×250	9	14	16	92.18	72.4	10 800	3 650	10.8	6.29	867	292
		#250×255	14	14	16	104.7	82.2	11 500	3 880	10.5	6.09	919	304
	300×300	#294×300	12	12	20	108.3	85.0	17 000	5 520	12.5	7.14	1 160	365
		300×300	10	15	20	120.4	94.5	20 500	6 760	13.1	7.49	1 370	450
		300×305	15	15	20	135.4	106	21 600	7 100	12.6	7.24	1 440	466
	350×350	#344×348	10	16	20	146.0	115	33 300	11 200	15.1	8.78	1 940	646
		350×350	12	19	20	173.9	137	40 300	13 600	15.2	8.84	2 300	776
	400×400	#388×402	15	15	24	179.2	141	49 200	16 300	16.6	9.52	2 540	809
		#394×398	11	18	24	187.6	147	56 400	18 900	17.3	10.0	2 860	951
		400×400	13	21	24	219.5	172	66 900	22 400	17.5	10.1	3 340	1 120
		#400×408	21	21	24	251.5	197	71 100	23 800	16.8	9.73	3 560	1 170
		#414×405	18	28	24	296.2	233	93 000	31 000	17.7	10.2	4 490	1 530
		#428×407	20	35	24	361.4	284	119 000	39 400	18.2	10.4	5 580	1 930
		458×417	30	50	24	529.3	415	187 000	60 500	18.8	10.7	8 180	2 900
		498×432	45	70	24	770.8	605	298 000	94 400	19.7	11.1	12 000	4 370
HN	150×150	148×100	6	9	13	27.25	21.4	1 040	151	6.17	2.35	140	30.2
	200×150	194×150	6	9	16	39.76	31.2	2 740	508	8.30	3.57	283	67.7
	250×175	244×175	7	11	16	56.24	44.1	6 120	985	10.4	4.18	502	113
	300×200	294×200	8	12	20	73.03	57.3	11 400	1 600	12.5	4.69	779	160
	350×250	340×250	9	14	20	101.5	79.7	21 700	3 650	14.6	6.00	1 280	292
	400×300	390×300	10	16	24	136.7	107	38 900	7 210	16.9	7.26	2 000	481
	450×300	440×300	11	18	24	157.4	124	56 100	8 110	18.9	7.18	2 550	541
	500×300	482×300	11	15	28	146.4	115	60 800	6 770	20.4	6.80	2 520	451
		488×300	11	18	28	164.4	129	71 400	8 120	20.8	7.03	2 930	541

符号:
h—高度　　I—截面惯性矩
b—翼缘宽度　W—截面模量
t_1—腹板厚度　r—圆角半径
t_2—翼缘厚度

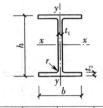

类别	型号 ($h \times b$)	尺寸 / mm				截面面积 A/cm^2	质量 / (kg/m)	特性参数					
		$h \times b$	t_1	t_2	r			惯性矩 /cm⁴		回转半径 /cm		截面模量 /cm³	
								I_x	I_y	i_x	i_y	W_x	W_y
HN	600 × 300	582 × 300	12	17	28	174.5	137	103 000	7 670	24.3	6.63	3 530	511
		588 × 300	12	20	28	192.5	151	118 000	9 020	24.8	6.85	4 020	601
	100 × 50	100 × 50	5	7	10	12.16	9.54	192	14.9	3.98	1.11	38.5	5.96
	125 × 60	125 × 60	6	8	10	17.01	13.3	417	29.3	4.95	1.31	66.8	9.75
	150 × 75	150 × 75	5	7	10	18.16	14.3	679	49.6	6.12	1.65	90.6	13.2
	175 × 90	175 × 90	5	8	10	23.21	18.2	1 220	97.6	7.26	2.05	140	21.7
	200 × 100	198 × 99	4.5	7	13	23.59	18.5	1 610	114	8.27	2.20	163	23.0
		200 × 100	5.5	8	13	27.57	21.7	1 880	134	8.25	2.21	188	26.8
	250 × 125	248 × 124	5	8	13	32.89	25.8	3 560	255	10.4	2.78	287	41.1
		250 × 125	6	9	13	37.87	29.7	4 080	294	10.4	2.79	326	47.0
	300 × 150	298 × 149	5.5	8	16	41.55	32.6	6 046	443	12.4	3.26	433	59.4
		300 × 150	6.5	9	16	47.53	37.3	7 350	508	12.4	3.27	490	67.7
	350 × 175	346 × 174	6	9	16	53.19	41.8	11 200	792	14.5	3.86	649	91.0
		350 × 175	7	11	16	63.66	50.0	13 700	985	14.7	3.93	782	113
	#400 × 150	#400 × 150	8	13	16	71.12	55.8	18 800	734	16.3	3.21	942	97.9
	400 × 200	396 × 199	7	11	16	72.16	56.7	20 000	1 450	16.7	4.48	1 010	145
		400 × 200	8	13	16	83.41	66.0	23 700	1 740	16.8	4.54	1 190	174
	#450 × 150	#450 × 150	9	14	20	84.12	66.5	27 100	793	18.0	3.08	1 200	106
	450 × 200	446 × 199	8	12	20	84.95	66.7	29 000	1 580	18.5	4.31	1 300	159
		450 × 200	9	14	20	97.41	76.5	33 700	1 870	18.6	4.38	1 500	187
	#500 × 150	#500 × 150	10	16	20	98.23	77.1	38 500	907	19.8	3.04	1 540	127
	500 × 200	496 × 199	9	14	20	101.3	79.5	41 900	1 840	20.3	4.27	1 690	185
		500 × 200	10	16	20	114.2	89.6	47 800	2 140	20.5	4.33	1 910	214
		#506 × 201	11	19	20	131.3	103	56 500	2 580	20.8	4.43	2 230	257
	600 × 200	596 × 199	10	15	24	121.2	95.1	69 300	1 980	23.9	4.04	2 330	199
		600 × 200	11	17	24	135.2	106	78 200	2 280	21.4	4.11	2 610	228
		#606 × 201	12	20	24	153.3	120	91 000	2 720	24.4	4.21	3 000	271
	700 × 300	#692 × 300	13	20	28	211.5	166	172 000	9 020	28.6	6.53	4 980	602
		700 × 300	13	24	28	235.5	185	201 000	10 800	29.3	6.78	5 760	722

续表

符号：

h—高度　　　I—截面惯性矩
b—翼缘宽度　　W—截面模量
t_1—腹板厚度　　r—圆角半径
t_2—翼缘厚度

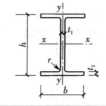

类别	型号 ($h \times b$)	尺寸 / mm				截面 面积 A/cm^2	质量 / (kg/m)	特性参数					
								惯性矩 /cm⁴		回转半径 /cm		截面模量 /cm³	
		$h \times b$	t_1	t_2	r			I_x	I_y	i_x	i_y	W_x	W_y
HN	800 × 300	792 × 300	14	22	28	243.4	191	254 000	9 930	32.3	6.39	6 400	662
		800 × 300	14	26	28	267.4	210	292 000	11 700	33.0	6.62	7 290	782
	900 × 300	890 × 299	15	23	28	270.9	213	345 000	10 300	35.7	6.16	7 760	688
		900 × 300	16	28	28	309.8	243	411 000	12 600	36.4	6.39	9 140	843
		912 × 302	18	34	28	364.0	286	498 000	15 700	37.0	6.56	10 900	1 040

注：1. "#"表示的规格为非常用规格；

2. 型号属于同一范围的产品，其内侧净空高度相同；

3. 截面面积计算公式为：$A = t_1(h - 2t_2) + 2bt_2 + 0.858r^2$。

附表 3-6　部分 T 型钢规格及截面特性

符号：

h—高度
b—宽度
t_1—腹板厚度
t_2—翼缘厚度
z_x—重心
r—圆角半径

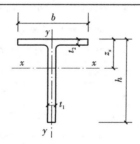

类别	型号 ($h \times b$)	尺寸 / mm					截面 面积 $A/$ cm²	质量 / (kg/m)	特性参数							对应 H 型钢系列
									惯性矩 /cm⁴		回转半径 /cm		截面模量 /cm³		重心 / cm	
		h	b	t_1	t_2	r			I_x	I_y	i_x	i_y	W_x	W_y	z_x	型号
TW	50 × 100	50	100	6	8	10	10.95	8.56	16.1	66.9	1.21	2.47	4.03	13.4	1.00	100 × 100
	62.5 × 125	62.5	125	6.5	9	10	15.16	11.9	35.0	147	1.52	3.11	6.91	23.5	1.19	125 × 125
	75 × 100	75	150	7	10	13	20.28	15.9	66.4	282	1.81	3.73	10.8	37.6	1.37	150 × 150
	87.5 × 175	87.5	175	7.5	11	13	25.71	20.2	115	492	2.11	4.37	15.9	56.2	1.55	175 × 175
	100 × 200	100	200	8	12	16	32.14	25.2	185	801	2.40	4.99	22.3	80.1	1.73	200 × 200
		#100	204	12	12	16	36.14	28.3	256	851	2.66	4.85	32.4	83.5	2.09	
	125 × 250	125	250	9	14	16	46.09	36.2	412	1 820	2.99	6.29	39.5	146	2.08	250 × 250
		#125	255	14	14	16	52.34	41.1	589	1 940	3.36	6.09	59.4	152	2.58	

续表

符号：
h—高度
b—宽度
t_1—腹板厚度
t_2—翼缘厚度
z_x—重心
r—圆角半径

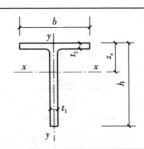

类别	型号 ($h \times b$)	尺寸 /mm					截面面积 A / cm^2	质量 / (kg/m)	特性参数							对应 H 型钢系列
		h	b	t_1	t_2	r			惯性矩 /cm^4		回转半径 /cm		截面模量 /cm^3		重心 /cm	型号
									I_x	I_y	i_x	i_y	W_x	W_y	z_x	
TW	150 × 300	#147	302	12	12	20	54.16	42.5	858	2 760	3.98	7.14	72.3	183	2.83	300 × 300
		150	300	10	15	20	60.22	47.3	798	3 380	3.64	7.49	63.7	225	2.47	
		150	305	15	15	20	67.72	53.1	1 110	3 550	4.05	7.24	92.5	233	3.02	
	175 × 350	#172	348	10	16	20	73.00	57.3	1 230	5 620	4.11	8.78	84.7	323	2.67	350 × 350
		175	350	12	19	20	86.94	68.2	1 520	6 790	4.18	8.84	104	388	2.86	
	200 × 400	#194	402	15	15	24	89.62	70.3	2 480	8 130	5.26	9.52	158	405	3.69	400 × 400
		#197	398	11	18	24	93.80	73.6	2 050	9 460	4.67	10.0	123	476	3.01	
		200	400	13	21	24	109.7	86.1	2 480	11 200	4.75	10.1	147	560	3.21	
		#200	408	21	21	24	125.7	98.7	3 650	11 900	5.39	9.73	229	584	4.07	
		#207	405	18	28	24	148.1	116	3 620	15 500	4.95	10.2	213	766	3.68	
		#214	407	20	35	24	180.7	142	4 380	19 700	4.92	10.4	250	967	3.90	
TM	74 × 100	74	100	6	9	13	13.63	10.7	51.7	75.4	1.95	2.35	8.80	15.1	1.55	150 × 100
	97 × 150	97	150	6	9	16	19.88	15.6	125	254	2.50	3.57	15.8	33.9	1.78	200 × 150
	122 × 175	122	175	7	11	16	28.12	22.1	289	492	3.20	4.18	29.1	56.3	2.27	250 × 175
	147 × 200	147	200	8	12	20	36.25	28.7	572	802	3.96	4.69	48.2	80.2	2.82	300 × 200
	170 × 250	170	250	9	14	20	50.76	39.9	1 020	1 830	4.48	6.00	73.1	146	3.09	350 × 250
	200 × 300	195	300	10	16	24	68.37	53.7	1 730	3 600	5.03	7.26	108	240	3.40	400 × 300
	220 × 300	220	300	11	18	24	78.69	61.8	2 680	4 060	5.84	7.18	150	270	4.05	450 × 300
	250 × 300	241	300	11	15	28	73.23	57.5	3 420	3 380	6.83	6.80	178	226	4.90	500 × 300
		244	300	11	18	28	82.23	64.5	3 620	4 060	6.64	7.03	184	271	4.65	
	300 × 300	291	300	12	17	28	87.25	68.5	6 360	3 830	8.54	6.63	280	256	6.39	600 × 300
		294	300	12	20	28	96.25	75.5	6 710	4 510	8.35	6.85	288	301	6.08	
		#297	302	14	23	28	111.2	87.	7 920	5 290	8.44	6.90	339	351	6.33	

符号：
h—高度
b—宽度
t_1—腹板厚度
t_2—翼缘厚度
z_x—重心
r—圆角半径

| 类别 | 型号 $(h \times b)$ | 尺寸 /mm | | | | | 截面面积 A / cm^2 | 质量 / (kg/m) | 特性参数 | | | | | | | | 对应 H 型钢系列 |
| | | h | b | t_1 | t_2 | r | | | 惯性矩 /cm⁴ | | 回转半径 /cm | | 截面模量 /cm³ | | 重心 / cm | | 型号 |
									I_x	I_y	i_x	i_y	W_x	W_y	z_x		
TN	50×50	50	50	5	7	10	6.079	4.79	11.9	7.45	1.40	1.11	3.18	2.98	1.27		100×50
	62.5×60	62.5	60	6	8	10	8.499	6.67	27.5	14.6	1.80	1.31	5.96	4.88	1.63		125×60
	75×75	75	70	5	7	10	9.079	7.14	42.7	24.8	2.17	1.65	7.46	6.61	1.78		150×75
	87.5×90	87.5	90	5	8	10	11.60	9.11	70.7	48.8	2.47	2.05	10.4	10.8	1.92		175×90
	100×100	99	99	4.5	7	13	11.80	9.26	94.0	56.9	2.82	2.20	12.1	11.5	2.13		200×100
		100	100	5.5	8	13	13.79	10.8	115	67.1	2.88	2.21	14.8	13.4	2.27		
	125×125	124	124	5	8	13	16.45	12.9	208	128	2.56	2.78	21.3	20.6	2.62		250×125
		125	124	6	9	13	18.94	14.8	249	147	2.62	2.79	25.6	23.5	2.78		
	150×150	149	149	5.5	8	16	20.77	16.3	395	221	4.36	3.26	33.8	29.7	3.22		300×150
		150	150	6.5	9	16	23.76	18.7	465	254	4.42	3.27	40.0	33.9	3.38		
	175×175	173	174	6	9	16	26.60	20.9	681	396	5.06	3.86	50.0	45.5	3.68		350×175
		175	175	7	11	16	31.83	25.0	816	492	5.06	3.93	59.3	56.3	3.74		
TN	200×200	198	199	7	11	16	36.08	28.3	1 190	724	5.76	4.48	76.4	72.7	4.17		400×200
		200	200	8	13	20	42.06	33.0	1 400	868	5.76	4.54	88.6	86.8	4.23		
	225×200	223	199	8	12	20	42.54	33.4	1 880	790	6.65	4.31	109	79.4	5.07		450×200
		225	200	9	14	20	48.71	38.2	2 160	936	6.66	4.38	124	93.6	5.13		
	250×200	248	199	9	14	20	50.64	39.7	2 840	922	7.49	4.27	150	92.7	5.90		500×200
		250	200	10	16	20	57.12	44.8	3 210	1 070	7.50	4.33	169	107	5.96		
		#253	201	11	19	20	65.56	51.5	3 670	1 290	7.48	4.43	190	128	5.95		
	300×200	298	199	10	15	24	60.62	47.6	5 200	991	9.27	4.04	236	100	7.76		600×200
		300	200	11	17	24	67.60	53.1	5 820	1 140	9.28	4.11	262	114	7.81		
		#303	201	12	20	24	76.63	60.1	6 580	1 360	9.26	4.21	292	135	7.76		

注："#"表示的规格为非常用规格。

281

附录 4 材料检验项目要求表

附表 4-1 材料主控项目检验的要求与方法

项目	项次	项目内容	规范编号	验收要求	检验方法	检查数量
钢材	1	钢材、钢铸件品种、规格	第 4.2.1 条	钢材、钢铸件的品种、规格、性能等应符合现行国家产品标准和设计要求。进口钢材产品的质量应符合设计和合同规定标准的要求	检查质量证明文件、中文标志及检验报告等	全数检查
	2	钢材复验	第 4.2.2 条	对属于下列情况之一的钢材,应进行抽样复验,其复验结果应符合现行国家产品标准和设计要求: (1)国外进口钢材; (2)钢材混批; (3)板厚大于或等于 40 mm,且设计有 Z 向性能要求的厚板; (4)建筑结构安全等级为一级,大跨度钢结构中主要受力构件所采用的钢材; (5)设计有复验要求的钢材; (6)对质量有疑义的钢材	检查复验报告	全数检查
焊接材料	1	焊接材料品种、规格	第 4.3.1 条	焊接材料的品种、规格、性能等应符合现行国家产品标准和设计要求	检查焊接材料质量合格证明文件、中文标志及检验报告等	全数检查
	2	焊接材料复验	第 4.3.2 条	重要钢结构采用的焊接材料应进行抽样复验,复验结果应符合现行国家产品标准和设计要求	检查复验报告	全数检查
连接用紧固标准件	1	成品进场	第 4.4.1 条	钢结构连接用高强度大六角头螺栓连接副、扭剪型高强度螺栓连接副、钢网架用高强度螺栓、普通螺栓、铆钉、自攻钉、拉铆钉、射钉、锚栓、地脚螺栓等紧固标准件及螺母、垫圈等标准配件,其品种、规格、性能等应符合现行国家产品标准和设计要求。高强度大六角头螺栓连接副和扭剪型高强度螺栓连接副出厂时应分别随箱带有扭矩系数和紧固轴力(预拉力)的检验报告	检查产品的质量合格证明文件、中文标志及检验报告等	全数检查
	2	扭矩系数	第 4.4.2 条	高强度大六角头螺栓连接副应按《钢结构工程施工质量验收规范》(GB 50205—2001)附录 B 的规定检验其扭矩系数,其检验结果应符合《钢结构工程施工质量验收规范》(GB 50205—2001)附录 B 的规定	检查复验报告	随机抽取,每批 8 套

项目	项次	项目内容	规范编号	验收要求	检验方法	检查数量
连接用紧固标准件	3	预拉力复验	第4.4.3条	扭剪型高强度螺栓连接副应按《钢结构工程施工质量验收规范》(GB 50205—2001)附录B的规定检验预拉力,其检验结果应符合《钢结构工程施工质量验收规范》(GB 50205—2001)附录B的规定	检查复验报告	随机抽取,每批8套
焊接球	1	材料品种、规格	第4.5.1条	焊接球及制造焊接球所采用的原材料,其品种、规格、性能等应符合现行国家产品标准和设计要求	检查产品的质量合格证明文件、中文标志及检验报告等	全数检查
	2	焊接球加工	第4.5.2条	焊接球焊缝应进行无损检验,其质量应符合设计要求,当设计无要求时应符合《验收规范》中规定的二级质量标准	超声波探伤或检查检验报告等	每种规格按数量抽查5%,且不应少于3个
螺栓球	1	材料品种、规格	第4.6.1条	螺栓球及制造螺栓球节点所采用的原材料,其品种、规格、性能等应符合现行国家产品标准和设计要求	检查产品的质量合格证明文件、中文标志及检验报告等	全数检查
	2	螺栓球加工	第4.6.2条	螺栓球不得有过烧、裂纹及褶皱	用10倍放大镜观察和表面探伤	每种规格抽查5%,且不应少于5只
封板、锥头、套筒	1	材料品种、规格	第4.7.1条	封板、锥头和套筒及制造封板、锥头和套筒所采用的原材料,其品种、规格、性能等应符合现行国家产品标准和设计要求	检查产品的质量合格证明文件、中文标志及检验报告等	全数检查
	2	外观检查	第4.7.2条	封板、锥头、套筒的外观不得有裂纹、过烧及氧化皮	用放大镜观察检查和表面探伤	每种抽查5%,且不应少于10只
金属压型板	1	材料品种、规格	第4.8.1条	金属压型板及制造金属压型板所采用的原材料,其品种、规格、性能应符合现行国家产品标准和设计要求	检查产品的质量合格证明文件、中文标志及检验报告等	全数检查
	2	材料品种、规格	第4.8.2条	压型金属泛水板、包角板和零配件的品种、规格以及防水密封材料的性能应符合现行国家产品标准和设计要求	检查产品的质量合格证明文件、中文标志及检验报告等	全数检查

项目	项次	项目内容	规范编号	验收要求	检验方法	检查数量
涂装材料	1	防腐涂料性能	第4.9.1条	钢结构防腐涂料、稀释剂和固化剂等材料的品种、规格以及防水密封材料的性能应符合现行国家产品标准和设计要求	检查产品的质量合格证明文件、中文标志及检验报告等	全数检查
	2	防火涂料性能	第4.9.2条	钢结构防火涂料的品种和技术性能应符合设计要求,并应经过具有资质的检测机构检测符合国家现行有关标准的规定	检查产品的质量合格证明文件、中文标志及检验报告等	全数检查
其他材料	1	橡胶垫	第4.10.2条	钢结构用橡胶垫的品种、规格以及防水密封材料的性能应符合现行国家产品标准和设计要求	检查产品的质量合格证明文件、中文标志及检验报告等	全数检查
	2	特殊材料	第4.10.2条	钢结构工程所涉及的其他特殊材料,其品种、规格、性能应符合现行国家产品标准和设计要求	检查产品的质量合格证明文件、中文标志及检验报告等	全数检查

附表4-2　材料一般项目检验的要求与方法

项目	项次	项目内容	规范编号	验收要求	检验方法	检查数量
钢材	1	钢板厚度	第4.2.3条	钢板厚度及允许偏差应符合其产品标准的要求	用游标卡尺测量	每一品种、规格的钢板抽查5处
	2	型钢规格、尺寸	第4.2.4条	型钢的规格、尺寸及允许偏差应符合其产品标准的要求	用钢尺和游标卡尺测量	每一品种、规格的型钢抽查5处
	3	钢材表面	第4.2.5条	钢材的表面外观质量除应符合国家现行有关标准的规定外,还应符合下列规定: (1)当钢材的表面有锈蚀、麻点或划痕等缺陷时,其深度不得大于该钢材厚度允许偏差值的1/2; (2)钢材表面的锈蚀等级应达到现行国家标准《涂装前钢材表面锈蚀等级和除锈等级》规定的C级及C级以上; (3)钢材端边或断口处不应有分层、夹渣等缺陷	观察检查	全数检查
焊接材料	1	焊钉及焊接瓷环	第4.3.3条	焊钉及焊接瓷环的规格、尺寸及偏差应符合现行国家标准《电弧螺柱焊用圆柱头焊钉》的规定	用钢尺和游标卡尺测量	按量抽查1%,且不应少于10套
	2	焊条检查	第4.3.4条	焊条外观不应有药皮脱落、焊芯生锈等缺陷;焊剂不应受潮结块	观察检查	按量抽查1%,且不应少于10包

项目	项次	项目内容	规范编号	验收要求	检验方法	检查数量
连接用紧固标准件	1	成品进场检验	第4.4.4条	高强度螺栓连接副应按包装箱配套供货,包装箱上应标明批号、规格、数量及生产日期。螺栓、螺母、垫圈外观表面应涂油保护,不应出现生锈和沾染脏物,螺纹不应损伤	观察检查	按包装箱数抽查5%,且不应少于3箱
	2	表面硬度试验	第4.4.5条	对建筑结构安全等级为一级,跨度为40 m及40 m以上的螺栓球节点钢网架结构,其连接高强度螺栓应进行表面硬度试验,8.8级高强度螺栓的硬度应为HRC21~29;10.9级高强度螺栓的硬度应为HRC32~36,且不得有裂纹或损伤	用硬度计、10倍放大镜或磁粉探伤检查	按规格抽查8只
焊接球	1	焊接球尺寸	第4.5.3条	焊接球直径、圆度、壁厚减薄量等尺寸及允许偏差应符合《钢结构工程施工质量验收规范》(GB 50205—2001)的规定	用卡尺和测量仪检查	每种规格按数量抽查5%,且不应少于3个
	2	焊接球表面	第4.5.4条	焊接球表面应无明显波纹,局部凹凸不平不大于1.5 mm	用弧形套膜、卡尺检查和观察检查	每种规格按数量抽查5%,且不应少于3个
螺栓球	1	螺栓球螺纹	第4.6.3条	螺栓球螺纹尺寸应符合现行国家标准《普通螺纹 基本尺寸》中粗牙螺纹的规定,螺纹公差必须符合现行国家标准《普通螺纹 公差》中6H级精度的规定	用标准螺纹规检查	每种规格抽查5%,且不应少于5只
	2	螺栓球尺寸	第4.6.4条	螺栓球直径、圆度、相邻两螺栓孔中心线夹角等尺寸及允许偏差应符合《钢结构工程施工质量验收规范》(GB 50205—2001)的规定	用卡尺和分度头仪检查	每种规格按数量抽查5%,且不应少于3个
金属压型板	1	压型金属板的规格、尺寸	第4.8.3条	压型金属板的规格、尺寸、允许偏差、表面质量、涂层质量等应符合设计要求和《钢结构工程施工质量验收规范》(GB 50205—2001)的规定	观察和用10倍放大镜检查及尺量	每种规格抽查5%,且不应少于3件
涂装材料	1	防腐涂料和防火涂料质量要求	第4.8.4条	防腐涂料和防火涂料的型号、名称、颜色及有效期应与其质量证明文件相符。开启后,不应存在结皮、结块、凝胶等现象	观察检查	按桶数抽查5%,且不应少于3桶

参考文献

[1] 中华人民共和国住房和城乡建设部. 钢结构设计标准: GB 50017—2017[S]. 北京:中国建筑工业出版社,2018.

[2] 中华人民共和国住房和城乡建设部. 建筑制图标准: GB/T 50104—2010[S]. 北京:中国计划出版社,2011.

[3] 中华人民共和国住房和城乡建设部. 钢结构焊接规范: GB 50661—2011[S]. 北京:中国建筑工业出版社,2012.

[4] 中华人民共和国建设部. 钢结构工程施工质量验收规范: GB 50205—2001[S]. 北京:中国计划出版社,2002.

[5] 中华人民共和国住房和城乡建设部. 钢结构高强度螺栓连接技术规程: JGJ 82—2011 [S]. 北京:中国建筑工业出版社,2011.

[6] 中华人民共和国住房和城乡建设部. 钢桁架构件: JG/T 8—2016[S]. 北京:中国标准出版社,2016.

[7] 中华人民共和国住房和城乡建设部. 高层民用建筑钢结构技术规程: JGJ 99—2015[S]. 北京:中国建筑工业出版社,2016.

[8] 中华人民共和国住房和城乡建设部. 空间网格结构技术规程: JGJ 7—2010[S]. 北京:中国建筑工业出版社,2010.

[9] 中国建筑工程总公司. 钢结构工程施工工艺标准 [M]. 北京:中国建筑工业出版社,2003.

[10] 周绥平. 钢结构 [M]. 武汉:武汉理工大学出版社,2000.

[11] 魏明钟. 钢结构 [M]. 武汉:武汉理工大学出版社,2002.

[12] 董卫华. 钢结构 [M]. 北京:高等教育出版社,2002.

[13] 何敏娟. 钢结构复习与习题 [M]. 上海:同济大学出版社,2002.

[14] 汪一骏. 轻型钢结构设计手册 [M]. 北京:中国建筑工业出版社,2018.

[15] 冯东,张志平,刘彦青. 轻型钢结构设计指南 [M]. 北京:中国建筑工业出版社,2000.

[16] 侯兆欣. 钢结构工程施工质量验收规范实施指南 [M]. 北京:中国建筑工业出版社,2002.

[17] 唐丽萍,乔志远. 钢结构制造与安装 [M]. 北京:机械工业出版社,2008.

[18] 李凤臣. 钢结构设计原理 [M]. 广州:华南理工大学出版社,2013.